/ 中 国 首 部 全 译 插 图 本 /

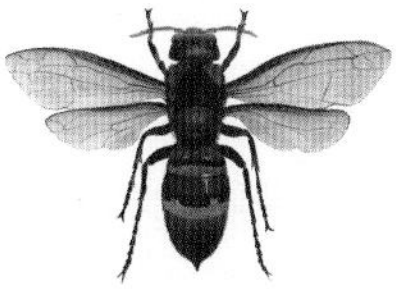

SOUVENIRS ENTOMOLOGIQUES

昆虫记

· 典 藏 版 ·

·I·

[法] 法布尔　著

张广学　学术顾问

梁守锵　译

SPM 南方传媒 | 花城出版社

中国 · 广州

图书在版编目（CIP）数据

昆虫记 : 典藏版. Ⅰ / (法) 法布尔著 ; 梁守锵译
. -- 4版. -- 广州 : 花城出版社, 2022.6
ISBN 978-7-5360-9276-1

Ⅰ. ①昆… Ⅱ. ①法… ②梁… Ⅲ. ①昆虫学－普及读物 Ⅳ. ①Q96-49

中国版本图书馆CIP数据核字(2022)第045762号

出 版 人：张　懿
特约策划：邹皡华　秦　颖
责任编辑：黎　萍　夏显夫
技术编辑：凌春梅
封面插画：空　澈
封面设计：介　桑

书　　名　昆虫记：典藏版
KUNCHONGJI：DIANCANGBAN
出版发行　花城出版社
（广州市环市东路水荫路 11 号）
经　　销　全国新华书店
印　　刷　佛山市浩文彩色印刷有限公司
（广东省佛山市南海区狮山科技工业园 A 区）
开　　本　880 毫米×1230 毫米　32 开
印　　张　8.375　8 插页
字　　数　203,000 字
版　　次　2022 年 6 月第 1 版　2022 年 6 月第 1 次印刷
定　　价　388.00 元（全十卷）

如发现印装质量问题，请直接与印刷厂联系调换。
购书热线：020－37604658　37602954
花城出版社网站：http://www.fcph.com.cn

J.H.法布尔（1823—1915）

法布尔的出生地圣雷翁以及他生活过的阿维尼翁、奥朗日、塞里昂都矗立着他的塑像。这尊金属塑像是雕塑家西卡尔为晚年法布尔塑的半身像，逼真地再现了法布尔智慧的面容。

法布尔就诞生在圣雷翁村的这座房屋里。

荒石园是全世界自然爱好者心中的圣地。法布尔的后半生就隐居于此，为世界奉献出一部昆虫的史诗——《昆虫记》（上图为宅第，下图为荒石园外观）。

法布尔在荒石园里观察昆虫。

在法国国家自然历史博物馆工作人员的悉心照料下，法布尔所喜爱的花草树木依然生长在荒石园里。

法布尔坐在胡桃木小桌前观察和描述昆虫。这张著名的小桌在日本已被仿制23000件。

实验室里保存着法布尔在法国南部采集的植物标本。

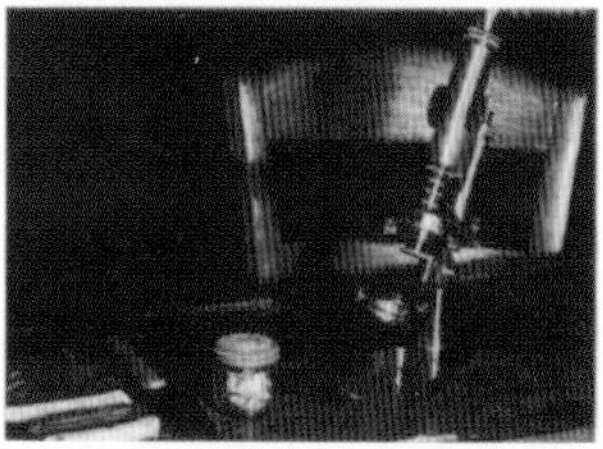

化学家巴斯德送给法布尔的显微镜。

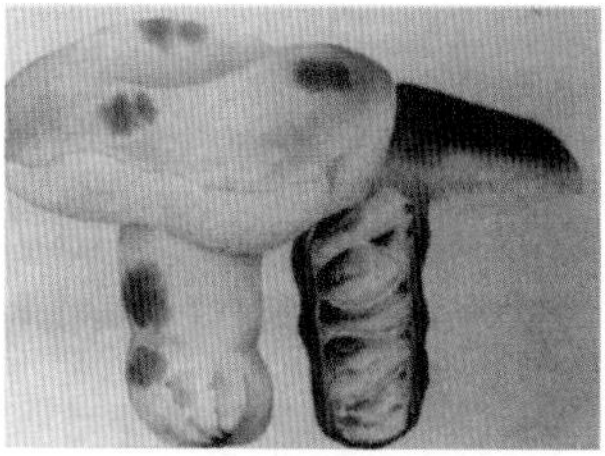

法布尔手绘的蘑菇水彩画。

荒石园里的昆虫实验室。

1910年8月，欧洲各界人士拥向塞里昂，庆祝法布尔从事昆虫学研究50周年。法布尔在庆祝会上。

1913年，法国总统普安卡雷前往塞里昂，向法布尔致以共和国的敬意，家人将90岁的法布尔安坐在一张椅子上。

二十世纪三四十年代有影响的几个中文译本。

法布尔是掌握田野无数小虫子秘密的语言大师。

——［法］罗曼·罗兰

目录
Contents

法布尔小传 / 001

修订本说明 / 005

导言 昆虫的史诗 / 007

第一章 圣甲虫 / 001

第二章 大笼子 / 021

第三章 捕食吉丁的节腹泥蜂 / 031

第四章 栎棘节腹泥蜂 / 041

第五章 高明的杀手 / 053

第六章 黄足飞蝗泥蜂 / 062

第七章 匕首三击 / 071

第八章 幼虫和蛹 / 077

第九章 高超的理论 / 087

第十章 朗格多克飞蝗泥蜂 / 099

JEAN-HENRI CASIMIR FABRE

第十一章　本能赋予的技能　/　110

第十二章　本能的无知　/　123

第十三章　登上万杜山　/　135

第十四章　迁徙者　/　146

第十五章　砂泥蜂　/　155

第十六章　泥蜂　/　166

第十七章　捕捉双翅目昆虫　/　176

第十八章　寄生虫与茧　/　183

第十九章　回窝　/　194

第二十章　石蜂　/　204

第二十一章　实验　/　218

第二十二章　换窝　/　231

附录　/　239

法布尔小传

法布尔（Jean-Henri Fabre），法国著名昆虫学家。1823年12月21日，出生于法国南部小镇圣雷翁一户贫穷人家，童年是在乡间与花草虫鸟一起度过，大自然是那么神妙莫测，童年的法布尔总是睁着一双好奇的眼睛，警觉地注视着虫鸟和花草，抑制不住去探索自然万物奥秘的渴望。

法布尔的童年时代，家里多一张吃饭的嘴都是一种沉重的负担。他7岁进入村里的小学，开始接受启蒙教育，10岁随家人迁往罗德兹市，入罗德兹中学；然而，家里没有面包了，法布尔不得不突然告别学校，踏上艰辛的人生之路，他在路边卖过柠檬，去铁路工地做过工人。

不能进入学校，他就坚持自学。1838年，15岁的法布尔以优异的成绩获得沃克吕兹师范学校的奖学金，成为该校的一名师范生。少年法布尔对昆虫和花草的痴迷依然不改，他常常偷偷地在课堂上研究步甲的鞘翅和金鱼草的壳。离开学校的时候，他比任何时候都更加醉心于昆虫，然而，未来的谋生手段以及有待进一步提高的教育程度，迫使他告别心爱的虫子，将自然学书籍压在箱底。

1841年，师范毕业后，法布尔在卡班特拉的中学谋得了一个初级教师职位，开始了一生中漫长的教师生涯。在卡班特拉的日子，他一边教书，一边坚持自学，先后取得了文学、数学、物理学等学士学位。

1847年，法布尔被派到科西嘉岛的阿雅克修中学教授物理和数学。大自然的诱惑太强烈了，华美的自然天堂同数学的余弦搏斗，法布尔屈服了，他将余暇分成两部分，一部分用于学习数学，一部分用于采集植物标本。在阿雅克修的日子，他遇到了两位影响了他的人生选择的学者，一位是阿维尼翁的植物学家雷基安，一位是图卢兹的博物学家莫干-唐东，他的人生从此出现了转折。当法布尔和唐东从寒冷的雷诺索山采集植物标本归来时，他就打定主意，放弃数学，教学之余潜心研究昆虫，从此走上了一条艰难的不归路。

1853年，法布尔返回大陆，在阿维尼翁中学任教。好运从不抛弃顽强的人，通过自学，而立之年的法布尔在两年内先后取得了自然科学的学士学位和博士学位。

1854年，法布尔偶然读到著名昆虫学家杜福尔的昆虫学考察笔记，深受启发，开始研究节腹泥蜂。1857年，34岁的法布尔发表处女作《节腹泥蜂习性观察记》。这篇论文修正了杜福尔的错误观点，被法兰西科学院授予实验生理学奖。杜福尔亲自写信向法布尔表示祝贺，并鼓励他在这条路上走下去。达尔文也给予了他很高的赞誉，在两年后出版的《物种起源》一书中称法布尔为“无与伦比的观察家”。

贫穷一直困扰着这位满怀理想的年轻昆虫学家，中学教员那份微薄的薪水，维持一家的生计都成问题，他不得不兼任许多家教与大众教育课程来贴补家用。既没有充裕的时间，筹建一个实验室又是何等的艰难，然而，这一切都没有让法布尔研究昆虫的热情减退。在阿维尼翁的17年，他利用闲暇时间，乐此不疲地在野外研究活生生的昆虫，留下了大量的观察笔记和实验记录。

法布尔开设科学讲座，向公众传播自然科学知识，虽然深受大众好评，却遭到保守势力的抨击，甚至被天主教房东赶出寓所。1870年，心灰意冷的法布尔辞去教职，在朋友、英国哲学家穆勒的资助下，举家迁往奥朗日。在奥朗日的日子，法布尔主要依靠编写科普书籍维持生活，他总共编写了61本科普书，有许多相当畅销，甚至被指定为教科书或辅助教材。稳定的版税收入使法布尔的经济状况逐渐得到改善，他便开始整理三十余年研究昆虫的观察笔记、实验记录、实验报告、科学札记等资料，于1878年著成《昆虫记》第一卷。

1879年，法布尔在奥朗日附近的小镇塞尼昂，购买了一栋意大利风格的房子和一公顷的荒地。他终于有了一间朝思暮想的实验室，一块荒芜不毛，却是矢车菊和膜翅目昆虫钟爱的土地。他风趣地给这个实验室取名为“荒石园”。余生的三十几年，法布尔就蛰居在荒石园，一边继续进行观察和实验，一边总结前半生研究昆虫的资料，以每三年一卷的进度，完成了《昆虫记》的后九卷。

1907年，《昆虫记》第十卷完成时，法布尔已是84岁高龄的老人，他的手已经颤抖，已经无法再为他心爱的昆虫继续谱写诗篇，只得将为第十一卷而写的两章作为第十卷的附录。

《昆虫记》的出版震惊了科学界和文学界，荣誉像雪片似的飞向孤寂的荒石园。

1892年，成为比利时昆虫学会名誉会员。

1902年，成为俄国、法国、伦敦和斯德哥尔摩昆虫学会会员。

1910年，获得斯德哥尔摩科学院林奈奖章，他的好友和学生向欧洲知名人士呼吁举办“法布尔纪念日”，各地的仰慕者群集塞里昂，庆祝法布尔研究昆虫50周年。

1911年，法国学术界和文学界推荐法布尔为诺贝尔文学奖候选人。

1915年10月11日，92岁的法布尔在他钟爱的昆虫陪伴下，静静地长眠在荒石园。

修订本说明

《昆虫记》的法文书名为SOUVENIRS ENTOMOLOGIQUES，副标题为ÉTUDES SUR L'INSTINCT ET LES MŒURS DES INSECTES，按照法文直译，书名应为《昆虫学回忆录》，副标题为《昆虫的本能与习性的研究》。1923年，周作人第一次将该著作介绍到中国时，将书名译为《昆虫记》；1933年，上海商务印书馆出版首部中文节译本，书名也译为《昆虫记》。"昆虫记"这个译名已经为国人所熟悉和接受，因此，花城版也将书名译为《昆虫记》。

自周作人将《昆虫记》介绍到中国后，80年来不断有各种节译本或改写本面世，曾出现过两次翻译热潮，但一直没有中文全译本出版。花城出版社于1996年开始组织翻译《昆虫记》，历时五年，于2001年推出中文全译本。这个版本是目前唯一的中文全译本，而且是直接译自法文版原著，不做任何删节，更不是转译自日文或英文版。

花城版中文全译本出版后，引起了社会各界的广泛关注，也引起了昆虫学家们的高度重视。中国昆虫学会理事长张广学院士阅读后，发现书中有些译法不合学术规范，于是组织了印象初院士、赵建铭、吴燕如、黄复生、章有为、陈军等13位昆虫学专家，对译本进行全面校订，核定译本的昆虫名称，校正译文中的常识性错误，并对因科学发展而成为错误的理论或观点加注说明，使译本达到学术规范的要求。在此，谨向中国昆虫学会的科学家们表示由衷的感谢！

修订本除了从专业角度进行校订外，还做了其他几方面的修订。译文根据法文原著重新润色；书中所配近400幅插图，系法布尔为法文版原著所绘，修订本统一在图旁用数字标示昆虫标本图的比例；正文中除保留作者和译者注外，增加校者注，帮助读者更深入地理解相关的昆虫研究以及文化、哲学背景；卷十后所附的译名对照表，增加人名和地名，方便读者查阅相关的人名、地名与昆虫名。

修订本力争尽可能完美地传达《昆虫记》的美，但限于编者学识，瑕疵在所难免。书中错误，概由编者负责，敬祈读者指正。

导言 昆虫的史诗

泥沙滚滚的埃格河，湍急地穿越贫瘠的塞里昂原野，孤寂地流过岁月的长河。19世纪末，泥沙奔流的小河，突然涌动起人流，人们为了一个叫法布尔的老人，为了一个叫荒石园的昆虫伊甸园，前往河岸边的小村庄塞里昂朝圣。

荒石园原本是一块多石子的荒地，经法布尔的妙手而回春，万木竞生，百花争妍，八方昆虫奔走相告，蜂拥而至这方虫间乐土。法布尔后半生就隐居在荒石园，深入昆虫世界，用田野实验的方法对昆虫进行观察和实验，真实地记录下昆虫的本能与习性，并总结一生研究昆虫的心得，用散文的形式著成《昆虫记》。

正是《昆虫记》这部被奉为“自然圣经”的鸿篇巨制，吸引着远方虔诚的崇拜者，使寂寂无名的塞里昂成了自然爱好者心中的圣地。

小小昆虫竟有如此的魅力，《昆虫记》从出版迄今，已有数十种版本，并被翻译成50多种文字，横跨几个大洲，纵贯两个世纪，启蒙着一代又一代童蒙稚子。自1923年周作人首次将《昆虫记》介绍到我国，它从此便与我国书界结下了剪不断的情缘，诱惑着一代又一代的读者。

《昆虫记》既是一部严谨的学术著作，又是一部优美的生命散文，是“诗与科学两相调和”的范例，被誉为“昆虫的史诗”。法布尔写作《昆虫记》耗时30余年，字数达200余万，除了记录对昆虫进行观察与实验的结果，用朴素纯真的文字表现生命之美外，同时也记载了法布尔研究昆虫的心路历程，对学问的辨证，对人类生活与社会的反省。在法布尔的笔下，昆虫的灵性栩栩如生，一部严肃的学术著作变得如诗、如画，在愉悦的阅读之中，不仅能获得知识、思想和趣味，更引起人们的思考。《昆虫记》简直就是一座无尽的宝藏，从不同的角度阅读都能读出各自的意味。

❖ 科学的《昆虫记》

读《昆虫记》，我们可以深刻地感受到其中所蕴含的一种精神，那种精神就是求真，即追求真理，探求真相。这种精神就是法布尔精神。法布尔研究昆虫不是出于实用的目的，研究动力来自他对自然界的好奇，他要用自己的观察和思考去感受和理解这个世界，法布尔的生命意义和乐趣就在发现昆虫世界的真相的过程之中。实际上，这就是科学研究的本质之所在。如果没有这样的科学精神，就没有《昆虫记》，人类的精神之树上将少掉一颗智慧之果。

法布尔的童年是在乡间与花草虫鸟一同度过。大自然那迷人的美深深地吸引着他，他抑制不住去探索自然万物的奥秘的渴望。灿烂的阳光使六岁的小男孩心醉神迷，“我是用嘴、用眼来享受灿烂的光辉吗？”初生的科学好奇心提出了这个童稚的问题。小法布尔受好奇心的驱使，在无意中锻炼自己，他要通过自己的观察去了解大自然的真相。于是，这个未来的观察家开始实验了，他把嘴张得大大的，眼睛闭得紧紧的，灿烂的光辉消失了；他又把嘴闭得紧紧的，眼睛睁得大大的，灿烂的光辉又重新出现了；他反反复复地实验，结果都相同。啊，多么了不起的新发现！求真的精神在小法布尔身上发出了第一道微弱的光芒。

在那个和昆虫彼此不分的童年时代，小法布尔热衷于将山楂树当床，把松树鳃金龟放在山楂小床上喂养，他想知道为什么鳃金龟穿着栗底白点的衣裳；夏日的夜晚他匍匐在荆棘旁，伺机逮住田野里的歌手，他想知道是谁在荆棘丛里悠悠鸣唱。昆虫世界是那么神妙莫测，童年的法布尔总是睁着一双明亮的眼睛，警觉地注视着虫儿和花草，好奇心唤起了他探索昆虫世界的真相的欲望。这种欲望一发不可收，而且至死不渝。法布尔对昆虫的痴迷，就好似蛱蝶寻找蓟草、粉蝶飞向甘蓝，没有什么能割断他与昆虫的联系，没有什么能阻止他探索昆虫世界的真相。

法布尔的一生，就是探求生命真相的一生。在法布尔那个时代，以分类学为基础的博物学是主流的生物科学，欧洲的博物学家热衷于在世界各地收集动植物标本，然后蹲在实验室里做解剖与分类的工作。昆虫学家的研究是把昆虫钉在软木盒里，浸在烧酒里，睁大眼睛观察昆虫的触角、大颚、翅膀、足，却不思考这些器官在昆虫的劳动过程中起什么作用；他们给昆虫工人命名，却不知道这个工人生产的是什么。昆虫生命最重要的特征，比如本能、习性等等，登不了昆虫学研究的大雅之堂。这种流于公式化和表面化的研究方法，当然不可能了解到昆虫世界的真相，以致一些大师的著作中也充斥着荒诞的理论与说法。

法布尔的心中燃烧着求真的火种，他挑战传统，将自己变成虫人，深入到昆虫的生活之中，用田野实验的方法研究昆虫的本能和习性，比如昆虫的劳动、婚恋、生育、死亡、智力、伦理道德等等。法布尔的研究方法无异于离经叛道，自然遭到了正统力量的责难，法布尔辩驳说：

你们是把昆虫开膛破肚，而我是在它们活蹦乱跳时进行研究；你们让昆虫变得既可怖又可怜，而我则使人们喜欢它们；你们在酷刑室和碎尸场里工作，而我是在蔚蓝的天空下，在鸣蝉的歌声中观察；你们用试剂测试蜂房和原生质，而我却是研究本能的最高表现；你们探究死亡，而我却探究生命。（卷二）

在当时，虽然有少数科学家了解观察的重要性，但对于“实验”的概念还未成熟，甚至认为博物学是不必实验的科学。法布尔又进一步说道：

仅仅观察常常会引人误入歧途，因为我们是按照自己的思维模式来诠释观察所得的数据。为使真相从中现身，就必须进行实验，只有实验才能帮助我们探索昆虫智力这一深奥的问题……通过观察可以提出问题，通过实验则可以解决问题，当然问题本身必须是可以解决的；即使实验不能让我们茅塞顿开，至少可以从一片混沌的云雾中投射些许光明。（卷四）

正是这种求真的精神，使得法布尔对昆虫行为的描述相当深刻而有趣，法布尔也不厌其烦地在书中交代他的思路和实验，让读者可以融入情景去体验实验与观察结果所呈现的意义。不仅如此，求真的精神还使法布尔把昆虫研究的实证精神发展到极其严谨的地步。法布尔说：

我是圣多马难于对付的弟子，在对某个现象说“是”以前，我要观察、实验，而且不是一次，是两三次，甚至没完没了，直到我的疑心在如山的铁证下冰释。（卷七）

法布尔不会观察到一例现象就匆忙下结论，他认为这样的结论是脑子里的产物，而不是事物的逻辑结果。如果局限于偶然观察到的事实，即使观察十分仔细，那也不能说明什么；在做结论之前应当反复观察和实验，寻找大量的例证，并且把观察和实验的结果相互核对，同时还必须对事实进行质疑，寻究后续的事实，打乱事实间的连贯性，只有在这个时候，才可以提出而且是十分有保留地提出可信的看法。

昆虫能够思考吗？会把“所以”跟“因为”联系起来决定自己的行为吗？面对事故，它会改变自己的行为吗？对于这些问题，法布尔决定让观察和实验的事实来说话。法布尔看见一只胡蜂捉到了一只大苍蝇，当时天刮着风，而猎物又太大，猎手飞起来很累赘，于是胡蜂便切掉猎物的肚子、头、翅膀，只带着胸部飞走了。通过这例现象，法布尔会得出结论说，胡蜂的行为是由理智所决定的吗？不，法布尔不会轻易说“是”或者“不是”，他还必须反复观察，他在风和日丽和狂风呼啸的天气里观察，他在高墙厚瓦的隐庐里和日晒雨淋的露天里观察，他发现在任何情况下胡蜂都是只带着猎物的胸部飞走。这下法布尔该可以得出结论了吧，不，还未到时候。或许一种昆虫的证据还不足以说明问题，他又观察石蜂筑蜂房为幼虫储蜜的行为，他还必须实验，人为地制造一些偶然事件来测试石蜂的应对能力；此外，他还用狼蛛、蜾蠃等昆虫反复进行实验，最后他才十分谨慎地得出结论：本能是昆虫唯一的向导，在正常条件下，这个向导是可靠的，然而面对偶发事件，昆虫却无能为力。

求真的精神其实就是一种百折不挠的科学精神。贫穷和偏见困惑了法布尔的一生，他完全可以利用化学和数学天赋走一条驾轻就熟的捷径，过上梦想中的好日子。然而不论在怎样的环境下，法布尔依然初衷不改，执着而艰难地探索昆虫的本能问题，揭示昆虫世界的生命真相。为了挚爱的昆虫，他放弃了赢得掌声和荣誉的机会，默默无闻地做了一世中学教员。中学教员那份微薄的薪水，维持一家的生计都成问题，更别说购置实验设备了。当一个人整天都要为面包一筹莫展地操心时，在旷野里为自己准备一个实验室是何等的艰难啊。没有实验室，他就去到田野里的葡萄架下，一蹲就是一天，观察飞蝗泥蜂狩猎；他不怕从田间归来的村妇怜悯地对他说一声："哦，可怜的傻瓜！"没有设备，他就动用家里的瓶瓶罐罐造一个昆虫园，邀请蝎子、金龟子、蜣螂同居一室；他不怕邻居嘲笑他把家变成了虫宅。

一块地，这就是我的梦想。哦！一块不要太大，但四周有围墙，不会有公路上的各种麻烦的土地；一块日晒雨淋，荒芜不毛，被人抛弃却被矢车菊和膜翅目昆虫所钟爱的土地。在那里，我可以不必担心过路人的打扰，与砂泥蜂和泥蜂交谈，这种艰难的对话，就靠实验表达出来；在那里，无需耗费时间的远行，无需急不可待的奔走，我可以编制进攻计划，设置埋伏陷阱，每天时时刻刻观察实验的效果。一块地，是的，这就是我的愿望，我的梦想，我一直苦苦追求的梦想，但将来能否实现却没有明确把握。（卷二）

这就是法布尔朝思暮想的实验室，这是怎样的一个实验室啊！为了拥有这样一个实验室，法布尔以不折不挠的勇气跟穷困潦倒的生活斗争了整整四十年。当他终于有了一个属于自己的实验室的时候，法布尔已是近花甲之年的老人了，连他自己都禁不住感叹：

愿望是实现了，只是迟了一点啊，我的美丽的昆虫！我很害怕有了桃子的时候，我的牙齿却啃不动了。（卷二）

法布尔后半生就隐居在百里香滋生的荒石园里，一边继续进行观察和实验，一边整理前半生研究昆虫的观察笔记和实验记录，以每三年一本的速度写出了十卷本的《昆虫记》。

在冷酷无情的大自然环境中，昆虫们坚忍不拔地为个体与种族的生存而斗争。法布尔也一如他所挚爱的昆虫一样，顽强不屈地坚持用田野实验的方法研究昆虫的本能与习性。正是这种求真的精神，使法布尔成为第一位在自然环境中观察昆虫的科学家，成为昆虫新世界的拓荒者，他为昆虫行为学的研究，为科学的、客观的实验和观察工作开辟了一条新道路。正是这种求真精神，我们才会有幸读到《昆虫记》，才能根据法布尔观察与实验得来的第一手资料，了解纷繁复杂的昆虫世界的真相。

虽然法布尔的观察细致入微，实验也相当有趣，但是，随着科学的进步，后人的研究也更正了《昆虫记》中的某些错误，比如，蚜虫的腹管，法布尔认为是分泌蜜露的蜜管，现在的研究证实，它其实是蚜虫的警报系统。如果我们在阅读时，能够像法布尔一样以求真的精神，抱着怀疑的态度，以现代科学的最新成果去验证，或者用本地昆虫重复实验，或许《昆虫记》才真正起到了启蒙作用，而不仅仅是提供了大量翔实的研究成果。

文学的《昆虫记》

法布尔的时代是一个“风格即人”的时代，雨果、巴尔扎克、左拉等在文学的星空发出耀眼的光芒，法布尔也因为不朽的《昆虫记》，而成为其中一颗璀璨的星。《昆虫记》是一部严谨的学术著作，包括科学札记、观察记录、实验报告、科学论文等等，可是，它示人的面容却是一篇篇优美的散文，没有干巴巴的学究气，没有学术著作的晦涩枯燥与一本正经。法布尔刻意在文章风格上下功夫，他选择用散文的形式，并不时引用希腊神话、寓言故事和家乡普罗旺斯的民间故事与民俗，用朴素的语言表现生命的真实与细节之美，而不是采用拟人化或夸张的手法讲故事，从《昆虫记》里读不出一般的文学作品花里胡哨的俗态，更读不出玩文字技巧的哗众取宠，读《昆虫记》犹如饮清清的山泉水，纯美甘甜，回味无穷，阅读本身就是独特的审美过程。

我们且随这位“昆虫的维吉尔”到昆虫世界去看看，去体验和感受发现的快乐吧：

> 当两只雄蝎子遇到一只雌蝎子时，谁将能够邀请它去散步呢？那要看谁能拉得赢。它们一左一右各抓住美丽姑娘的一只手，拼命往自己身边拉。它们用后腿作杠杆支撑身体，臂部微微颤抖，尾巴轻轻摇摆，以增强爆发力。加油啊！它们拽着姑娘又是摇，又是猛力向后拉，好像要把它分成两半，一人带一半回家。小伙子求爱时，姑娘可有被撕裂的危险哦……看着它们争夺得那么疯狂，我真害怕姑娘的胳膊被拽下来，然而姑娘完好无损。争夺了老半天仍然不分胜负，两位情敌已不耐烦了，干脆把闲着的那只手也拉在一起。于是，三只蝎子围成了一个圆圈，又开始更激烈的争夺。大家都在用力，它们时而前进，时而后退，拉呀拉，直到用尽力气为止。突然那位疲劳不堪的情敌放弃争夺，溜走了，将全力争夺了半天的温柔姑娘让给了自己的情敌。胜利者马上就用另一只螯肢抓住姑娘的另一只手，开始散步。（卷九）

这是蝎子在求爱吗？不，在法布尔的眼里，只有他的亲兄弟的求爱场景才会如此温馨动人。这两位棒小伙儿多像我们生活中的和平主义者，决不会为占有自己中意的姑娘大打出手，虽然态度生硬，却决不伤害情敌。

我们再看看宽厚的蝉在7月的一个下午钻了一口水井，却被侵略者抢占的情景：

果然，一大群口干舌燥的家伙在东张西望地转悠，它们发现了这口井，井边渗出来的汁液把它暴露了。这群家伙蜂拥而上，开始还有一些小心翼翼，只是舔舔渗出来的汁液。我看到匆忙赶到甜蜜的井口边的，有胡蜂、苍蝇、球螋、泥蜂、蛛蜂、花金龟，最多的是蚂蚁。

那些小个子为了走近清泉，便钻到蝉的肚子下，蝉宽厚地抬起足，让不速之客自由通过；那些大一点的昆虫，不耐烦地跺着脚，快速地吸了一口就退开，到旁边的树枝上去兜一圈，然后更加大胆地回来。它们越发贪婪了，刚才还有所收敛，现在已变成了一群乱哄哄的侵略者，一心要把开源引水的凿井人从泉水边赶走。

在这群强盗中，最不罢休的是蚂蚁。我曾看见它们一点一点地乱咬蝉的足尖，逮着正被它们拉扯的蝉的翅尖，爬到蝉背上，挠着蝉的触角。一只大胆的蚂蚁就在我的眼前，竟然抓住蝉的吸管，拼命想把它拔出来。

巨人给小矮子烦得没了耐心，最终放弃了水井，朝这群拦路抢劫的家伙撒一泡尿逃走了。（卷五）

大自然本身充满了令人着迷的美，生命本身就是一种至纯的美，法布尔唯恐破坏了这种造物之美。单纯的文字技巧，无论怎么高妙，并不一定能产生深刻动人的作品。如果是发自内心地欣赏造物之美，又何必借妙笔来生花，弄巧反拙呢？天然去雕饰，清水出芙蓉，只有朴素而真实的描写才配得上大自然的美，打动任何一颗热爱生命的心。

这一篇篇优美的生命散文，将我们平时漠然视之的昆虫世界，如此生动、如此富有人情味、如此悲壮地展现出来，《昆虫记》不再是曲高和寡的科学记录，它因为这一只只令人怦然心动的小小昆虫，而在文学史上占有一席之地。

大文豪雨果读过《昆虫记》后，将法布尔尊为“昆虫的荷马”，并情不自禁吟诵出“老虎般的狂怒和狮子似的吼叫，在这小小的天地中回响缭绕”，来形容法布尔笔下的昆虫世界。法布尔的好友、著名剧作家罗斯丹评价法布尔“像哲学家一般地思，美术家一般地看，文学家一般地写”；罗曼·罗兰称他为“掌握田野无数小虫子语言的魔术大师”；进化论之父达尔文则赞美他为“无与伦比的观察家”，法国文学界甚至推举法布尔为诺贝尔文学奖候选人。

然而，在19世纪末，法布尔的写作方法并未得到法国科学家的认同，他们认为他的写作不严肃。毋庸置疑，所有重大的发现本身都是经得起推敲的，对于定理来说，只要清晰，蕴含的真理便一目了然。可是，当涉及阐述真理时，如果表达无力，便会损害真理，削弱真理的力量，有时甚至带来事与愿违的后果。法布尔坚持自己的理念，用文学的手法来写科学著作。仿佛这位艺术大师的出现，就是为了调和科学研究支离破碎的片断，给这些毫无生气的东西注入生命，重新赋予它们勃勃的生机。

今天，法布尔的这种理念已经成为科普的典范。其实，从内在精神实质来说，科学和文学从来都不是截然分开的，科学研究是一种从未知求已知的动态过程，这个过程就好像文艺作品逐渐展开的情节，其中蕴含着研究者的主体精神、情感和审美态度，科学研究过程本身就具有文学的因素。如果科学著作抽去了研究者主体，将整个研究过程浓缩在由公式、定理所体现的枯燥结论之中，留下的只能是一个被高度抽象化、客观化的符号体系，必然导致科学与文学的泾渭分明。

《昆虫记》是一个特例，它既不是单纯的科学著作，也不是纯粹的文学作品，而是将文艺作品的艺术性和科学著作的科学性水乳般地交融起来，为科学与文学的完美结合提供了一个典型范例。法布尔没有试着去建立一种新的科学体系，也不仅仅是展示研究的结论，而是记录整个研究的动态过程，带着读者一起去经历这个实验过程，一起去感受发现的快乐。

《昆虫记》向我们揭示出，科学与文学不是相互分离的，科学也可以是文学的，科学能够向文学提供如此广阔而又未被探索的新天地，提供如此取之不竭而又深深埋藏于地下的宝藏。如果法布尔的《昆虫记》能够使我们的学子不再只沉浸在自己的领域，跨出学门去丰富自己的知识，实地去了解孕育我们的土地，或许我们将有幸读到一本浸淫着爱心的《熊猫记》。

❖ 人文的《昆虫记》

《昆虫记》受到当代知识分子的推崇，不仅仅因为它本身所具有的文学与科学双重价值，更在于它能够引起人们一系列的思考。

科学是否需要人文关怀？《昆虫记》为我们提供了完美的答案，科学需要人文关怀，而且科学与人文并不是相互对立的。科学是和人的生命存在形式无法分离的，科学的发展是人类尊重自己的生命、热爱自己的生命的表现，同时又是滋养生命、发展生命的一种形式。如果我们强调的是科学成果的直接使用价值，而不是科学家从事科学研究的人性基础，人文主义和科学主义必须成为两个对立的概念。

读《昆虫记》我们可以感到，科学研究直接发源于生活，法布尔研究昆虫不是出于实用的目的，研究动力来自他对自然界的好奇，来自对昆虫一种与生俱来的爱，这样的研究活动本身就充满了艺术精神和人文关怀。如果我们强调科学的工具性，而不是研究活动本身，必然会导致科学研究缺乏人文关怀和原动力。毫无疑问，《昆虫记》对形成我们的完整的科学意识是有启迪意义的。

整部《昆虫记》都浸淫着爱心与人文关怀，法布尔对生命始终心存敬畏，对昆虫有一种发自内心的爱。《昆虫记》自始至终都顽强地表达着一个主旨，那就是对微小如昆虫的生命的热爱，对自然万物的赞美。

> 这些歌唱欢乐的小生命，令我忘记了群星璀璨；天上的眼睛平静而冷漠地瞧着我们，却无法扣动我们的心弦。……为什么？因为星星缺乏生命的秘密。……哦，我的蟋蟀们，因为有你们的陪伴，我才感到生命的悸动，而生命是我们这片土地上的灵魂；这就是我为什么身倚迷迭香树篱，只是漫不经心地向天鹅星座瞥上一眼，却全神贯注地倾听你的小夜曲。一个有生命的小不点，一粒能够感受快乐和痛苦的生蛋白，比起庞大的无生命的星球，更能引起我的无穷兴趣。（卷六）

法布尔就是这样以大生命观看待大自然的生命，对于生命始终诚惶诚恐，怀着尊重与热爱的敬畏之情。法布尔对生命的关爱主要从两个方面表现出来。一方面表现在对昆虫的人性观照，将人性倾注在昆虫身上，昆虫世界上演的那一幕幕悲喜剧，紧紧地揪着他的心，让他像关切血浓于水的亲人一样关注昆虫的命运。

周作人说，读法布尔所讲的昆虫的生活，比读那些无聊的小说戏剧更有趣味，更有意义。翻开《昆虫记》第一卷，瞧，一只圣甲虫推着一个圆圆的粪球在陡峭的斜坡上艰难地攀登，一个同伴忽然抛下自己的工作，前来助它一臂之力。然而，它不是真正的伙伴，而是一个强盗，假装帮忙以便伺机盗走粪球。它知道自己做成一个圆球需要艰苦的劳动，而偷窃就容易多了。昆虫世界也像人类一样，幻想不劳而获的懒汉大有虫在，而且也一样会耍弄小小的狡猾。法布尔就是这样以人性观照虫性，昆虫的劳动、婚恋、繁衍和死亡无不渗透着人文关怀，他笔下的每一个昆虫的故事，都仿佛是在讲述人类的远亲的故事，牵动着你的心为它怦然而动，令你遐思飘飞想起种种事情来。

另一方面，法布尔用虫性来反观人类生活，思考人类的生存状态、生活态度、价值观念等等，睿智的哲思时时跃然纸上。蛆虫被指派来将尸体的残骸分解后再还给生命，而人类这个环境卫生的受益者，给这个大自然清洁工的连轻蔑的一瞥都十分吝啬。然而，在法布尔的笔下，蛆虫就像活泼泼的胖娃娃，当蛆虫挨挨挤挤地把头拱进臭烘烘的汤液时，尾部的冠冕一开一合，仿佛一片娇美的海葵。蛆虫自有蛆虫的丰韵，只有大自然的大生命，才能给我们以真正的大美大净的观念，人类所谓的美丑、脏净只是人类的一种偏见。像这样的思考，渗透了整部《昆虫记》，不时地冲击着你脑中那套至高无上的价值体系。

法布尔的爱是博大的，由爱昆虫而爱自然、爱人类。有爱，就会有情，有情就会动人。因为有了爱，《昆虫记》这部描写昆虫的科普著作就有了魂，就有了震撼人的力量。这种爱也是法布尔写作《昆虫记》的最主要的动因，他就是要张扬关爱生命的意识，希望年轻一代爱昆虫、爱自然、爱人类。而《昆虫记》最震撼人心的，正是这种对生命的敬畏之情，使人们不自觉地对生命进行追问和反思。

生命是美好的。我们时常追忆儿时在草地上捕捉螳螂的日子，其实是对生命的追忆；我们迷恋花金龟青铜般耀眼的鞘翅，其实是迷恋生命的美丽；我们为草丛里的音乐会而沉醉，其实是为生命的悸动而沉醉。可爱的昆虫啊，原来你是用你跳动的生命，给人类的生命带来乐趣，有昆虫相伴的日子是多么好啊！

生命是奇妙的。当人类还在跟野兽争夺岩石下的洞穴时，柔弱的蟋蟀已经在地下为自己营造了一个舒适的家。可是，本能的觉醒是有时间性的，它会突然觉醒，随后又会突然消失。当迫不及待地想挖掘地洞的时期一过，灵巧的蟋蟀就会变得无能，意外地丧失了家园的挖掘艺术家就会成为游牧民，在草地上流浪。天赋的本能究竟是怎么分配的，瞧蟋蟀这个天生的建筑家仍然是那副深沉的样子，却解决不了重建家园的问题。生命中充满了这样的可知与不可知、可为与不可为，人类能够超越这样的基本矛盾吗？

茫茫宇宙无边无垠，生生不息的大自然是所有的生命共同的家园。在大自然面前，所有的生命一律平等，哪怕微小如昆虫的生命都有自己的生存和发展的权利，都值得尊重。生命是我们生于斯长于斯的大自然的灵魂，人和动物一样，在艰苦的大自然环境中，为了个体的生存和种族的延续，坚忍不拔地奋斗，承受奋斗的艰辛和磨难，享受奋斗的快乐和喜悦。因为有了这么多的生命在搏动，大自然才显得生机勃勃，充满了令人着迷又使人敬畏的美。人类没有理由自以为是万物的灵长，就可以随意凌驾于万物之上，以为微小的昆虫就可以一脚踩死，或者投去轻蔑的一瞥。如果人类继续这么横行霸道，蔑视人类以外的其他生命的存在，无限制地砍伐森林，毫无顾忌地滥杀动物，到头来只留下高贵的人类孤独地存活在世上，面对死一般沉寂的大自然，人类的生存又有何意义？

读《昆虫记》，你能够强烈地感受到，善待昆虫，就是关爱人类自己，敬畏生命，就是尊重人类自己。如果法布尔对生命的敬畏之情、对自然万物的赞美之情能够感染我们，唤醒我们沉睡中的那颗热爱生命之心，去发现大自然迷人的美，善待生我养我的大自然，敬畏生命哪怕是微小如昆虫的生命，我们的世界将充满爱，我们的家园将变得更美好，生命的笑容又将重新回到我们疲惫的脸上。

❖《昆虫记》与进化论

翻开《昆虫记》，字里行间都渗透着对进化论的质疑，读《昆虫记》，不能避而不谈进化论。

达尔文于1859年出版《物种起源》一书后，进化论在欧洲广为传播，被称为“19世纪自然科学三大发现”之一，人们习惯于用“物竞天择，适者生存”来解释一切，然而，法布尔却发出了不合时宜的声音。这正是目前科学界对《昆虫记》提出的主要批评。

一只小小的虫子是怎样获得奇妙的本能的呢？关于动物本能这个问题，当时的流行理论以自然选择、遗传、生存竞争为依据，认为本能是一种既得的习惯，它在某种对动物有利的偶然行为激发下表现出来。求真的精神使法布尔如孩童般天真，他死死抱着真实性不放，不喜欢做任何设想，他不是没有注意到当时的时髦理论，可是，他不愿跟在大师后面人云亦云，宁肯观察不起眼的事实。在40年的昆虫学研究生涯中所观察到的事实表明：昆虫的本能是与生俱来的，它过去怎样，现在就怎样，将来也是怎样。比如膜翅目昆虫精于蜇刺猎物的技术，那是因为它生来就要运用这种技术；它是天生的刺颈师，就跟我们生来就会吮母亲的奶一样，从来用不着学。这种能力是遗传得来的，从一开始就已经完善了的；过去的经历对此丝毫无所增添，将来也不会增添任何东西。由于观察与实验得到的事实与流行理论不相符合，因此，整部《昆虫记》贯穿了对进化论的质疑。虽然法布尔很敬仰达尔文，但他并不因此而放弃自己的独立见解，只要有机会，法布尔总是不忘给进化论戳一针，质疑达尔文的优胜劣汰理论：

> 如果优胜劣汰这个据说是支配和改造世界的著名定律言之有据，如果最有天赋的真的把最没有天赋的，从世界舞台上排除掉，如果未来是属于最强者、最有技巧者，那么壁蜂家族自从它们在树莓桩里挖洞以来，本应该让那些固执地要从通常的出口出去的弱小者死掉，只留下善于从侧面凿洞的强有力者，难道不应该这样吗？为了物种的昌盛，需要有长足的进步；……可是，强者的子孙并没有使弱者的子孙消失，相反它们仍然是少数。优胜劣汰的巨大意义给我留下了深刻的印象，但是每当我想把这个理论应用于观察到的事实，它却使我空忙一场，而得不到任何证据来解释实际的情况。优胜劣汰在理论上是宏伟的，可在事实面前却是装着空气的球。（卷二）

《昆虫记》里充满了对进化论的质疑，但并未影响两位科学巨人的友谊。法布尔与达尔文为了同一个主题而展开对话，相互辩论，尽管观点不同，心底里却是相互敬重的。法布尔在离开奥朗日之前，便与达尔文建立了通信联系，直至唐郡的孤星于1882年殒落。达尔文在阅读了《昆虫记》第一卷后，对法布尔的实证精神深深钦佩，他给法布尔的信中写道“我觉得在欧洲，没有任何人比我更钦佩您所从事的研究事业”，并援引法布尔的论证来支持进化论；而法布尔为了更好地理解达尔文，认真地学习英文，以便尽可能详细地回信。

19世纪末20世纪初，进化论只是有了一个大概的原则，能够比较通情达理地解释无数事实，起码使这些事实变得不像过去那样令人费解，然而，达尔文也提出了一些异想天开的阐述，这当然得不到法布尔的认同。不管科学界怎样评价《昆虫记》与进化论的关系，法布尔的质疑都是建立在实证基础之上的，他的求真精神仍然为我们留下了宝贵的财富。

法布尔精神已经烛照世界一个世纪，我们中国足足等了八十年，终于有了一本《昆虫记》的中文全译本。洋洋洒洒250万字的《昆虫记》全译本，使我们能够通过法布尔的著作，领悟法布尔精神之精髓，更全面地了解法布尔的研究成果，更深刻地体验法布尔对昆虫研究的痴迷、对人生的体悟、对科学的感想。如果换一种眼光看，我们还不妨把《昆虫记》当作法布尔的自传，一部非常奇特的自传，昆虫只不过是他研究经历的证据，传记的旁证材料，在昆虫世界的悲喜剧中，法布尔既是观察者也是演出者。

邹峭华

壬午岁末于花城

第一章 圣甲虫

我们五六个人[1]，我嘛，年纪最老，是他们的老师，更是他们的同伴和朋友；他们呢，都是年轻人，有着火热的心，美好的想象，充沛的青春活力。我们都热情洋溢地渴望了解自然万物。一条山路两旁长着接骨木和英国山楂树，花金龟已被树上的伞房花序的苦涩香味陶醉。我们沿着山路，一边谈天说地，一边看看圣甲虫是不是已经在安格尔[2]沙土高原上出现，正滚动着被古埃及人视为代表世界形象的粪球。我们也想了解，梭形尾巴像珊瑚枝的小蝾螈，是不是躲藏在山脚溪水里，躲在表面如绿毯般的浮萍下；小溪里美丽的刺鱼是不是戴上了天蓝和紫红相间的结婚领带；刚刚归来的燕子是不是张开剪刀般的翅膀掠过草地，捕捉一边跳舞一边产卵的大蚊；长着眼状斑的蜥蜴是不是在砂岩的地穴洞口，在阳光下展示布满蓝斑的臀部；从海上飞来的笑鸥是不是成群翱翔在河上，追逐着溯罗讷河[3]而上到内陆水域产卵的鱼群，并不时发出犹如狂人痴笑般的鸣叫；……不过，我们就到此为止吧；总之我们这些幼稚而纯朴的人痴迷地喜欢跟动物生活在一起，将度过一个难以言喻的欢乐的上午，以庆祝春天万物的复苏。

事情正如我们所期望，刺鱼已经梳妆打扮完毕，它的鳞片使白

---

① 星期天，法布尔常常邀请他的学生一起到田野考察昆虫。——校注

② 安格尔：法国南部小镇，以刺绣闻名。法布尔常去此地的沙土高原观察金龟子。——校注

③ 罗讷河：流经瑞士和法国的大河，途经阿维尼翁，注入地中海利翁湾。——校注

银的亮光黯然失色，胸前则抹着鲜艳的朱红色彩。当居心叵测的黑色大蚂蟥接近时，它的背部、鳍部的小刺就像弹簧似的，突然竖了起来。在这种坚定的态度面前，那个强盗只得灰溜溜地钻进草丛里去。扁卷螺、瓶螺、椎实螺，这些与世无争的软体动物来到水面呼吸空气。水龟虫和它那丑陋的幼虫是池塘里的海盗，它们扭着脖子划水而过，时而袭击这个，时而袭击那个，而周围那些傻乎乎的昆虫，看起来根本不知道有这么一回事。但是，且让我们丢下平原上的水塘，去攀登那座把我们同高原隔开的悬崖吧。在高原上，绵羊在吃草，马儿在练习赛跑，准备参加下一次比赛。它们全都给欢乐的食粪虫带来美味可口的食物。

把地上的粪便清除干净，这便是鞘翅目食粪虫的工作，也是它们的崇高使命。我对食粪虫拥有的各种各样工具赞叹不已：有的用来翻动粪土，把粪土捣碎、整形；有的用来挖洞，以后它们将带着战利品躲在洞里。所有这些工具犹如技术博物馆里陈列着的挖掘器械，其中，有的似乎是模仿人类的技艺，有的则独具匠心。我们人类也许可以仿效，制造出新的工具来。

西班牙粪蜣螂，额前有一个强有力的角，角尖而后翘，像十字镐的长柄。月形粪蜣螂除了类似的角外，还从胸部长出两片强壮的犁铧状尖片，两片犁铧之间，有一根突出的尖骨作为刮刀。生长在

月形粪蜣螂

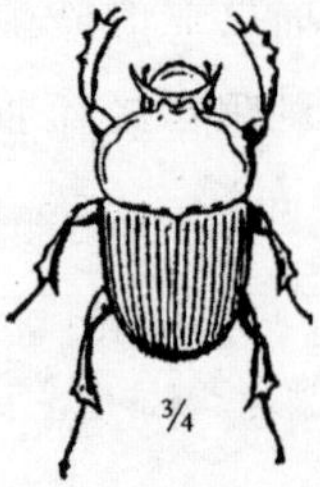

野牛布蜣螂

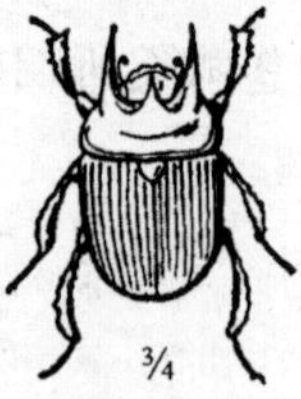

蒂菲粪金龟

地中海边的水牛布蜣螂和野牛布蜣螂，额前有一对粗壮的叉开的角，前胸有一片水平的犁铧伸到两角之间。蒂菲粪金龟的前胸长着三片直指前方的平行尖犁，两旁的长，中间的短。公牛嗡蜣螂的工具是两个像牛角似的弯长钳子，而叉角嗡蜣螂的工具则是一根双刃长杈，竖立在扁平的头上。即使是最差劲的食粪虫，或者在头上，或者在前胸，也都长着突出的硬疙瘩，有耐心的昆虫十分善于使用这些圆钝的工具。所有的食粪虫都装备着铲子，这铲子就是边缘锋利、大而扁平的头；它们也都会运用耙子，用带有锯齿的前足把粪便耙拢到一起。

似乎是作为干脏活的补偿，不少食粪虫都散发出麝香味，而且腹部都闪耀着金属般的光泽。粪堆粪金龟腹部发出金和铜的光亮，黑粪金龟腹部则是紫晶色，不过一般来说，食粪虫的颜色是黑的。衣着华丽像鲜艳的首饰的食粪虫都生长在热带地区。生长在上埃及的骆驼粪下的圣甲虫，其绿色可与祖母绿媲美；而圭亚那、巴西、塞内加尔的蜣螂，则呈金属的红色，像黄铜那么富丽堂皇，像红宝石那么光彩照人。我们这里虽然没有这种粪便化为的首饰盒，但我们国家的食粪虫的习性也同样引人注目。

公牛嗡蜣螂

在一堆粪便四周，是一番何等忙碌的场面啊！从世界各地蜂拥而至的冒险家，在开发加利福尼亚的砂金矿时，也没有这样热烈的干劲。太阳还不太热，数百只各种各样、大大小小、形态各异的食粪虫便已拥挤在那里，乱哄哄、急忙忙地在这块共同的糕点上分一杯羹。有的在露天作业，梳耙粪堆表面；有的在粪堆深处挖掘巷道，寻找优质的矿脉；有的在下层开发，以便立即把战利品埋藏于邻近的土中；个头最小的则在一旁，把身强力壮的同伴进行大规模发掘时坍落的一小块粪便切碎。有的新来乍到，可能肚子最饿吧，便当场饱餐一顿；不过大多数虫子所想的是积攒一笔财产，以便在万无一失的隐藏所深处，有充分的储存，供长久之需。在长着百里香的贫瘠的平原上，并不是随意便能找到一堆新鲜的粪便；这样的意外收获真是上天的恩赐，只有得天独厚的幸运者才会中奖，自然得把今天得到的财富小心翼翼地储藏起来。方圆一公里粪香四溢，于是所有的食粪虫都急急忙忙奔来，麇集在这些食品上；而且路上还有迟到者飞着或者跑着往这里赶哩！

咦，这只唯恐来得太晚，碎步向粪堆赶来的是什么虫呢？它那长腿像是由装在肚子里的一个机械所推动，生硬而笨拙地向前移动；红棕色的触角像扇子似的张开，表明它担心强烈的贪欲不能满足而惴惴不安。它来了，它挤倒一些捷足先登者，来到了大餐桌前。这浑身黝黑、粗大异常的家伙，便是大名鼎鼎的圣甲虫，现在它跟它的同胞们入席排排坐了。它用巨大的前足，一抱一抱地对粪球做最后的加工，或者给粪球再加上一层粪，然后走到一旁，平静地享受劳动成果。现在我们看看它是怎样一步步地制造出这著名的粪球的吧！

它的额突，即头的边缘宽大扁平，有六个排成半圆的角形锯齿，便是挖掘和切削的工具。这耙子用来剔除和扔掉不能吃的植物纤维，把最精美的食物梳耙和聚拢起来，精选工作就是这样完成的。圣甲虫如果只是为了自己采集食物，那么大致挑选一下也就行了，但是，如果要制作育儿室，在粪球中挖一个孵卵的小洞，那就必须精挑细选。这些精明的行家当然是宁愿按后一种方式来行事的，于是便仔细地把所有纤维屑剔除。

圣甲虫（腹面）

小室的内层全由粪便的精华建筑而成。这样，初生的幼虫破卵而出时，便能在住所的内壁中找到健胃壮脾的精细食物，为以后向粗糙的外层发起进攻做好准备。

圣甲虫对自己的食物没有这么挑剔，只要大致筛选一下便行了。带锯齿的额突破土钻入粪堆，在强有力的前足配合下，进行挖掘，似乎是漫不经心地耙剔收聚了一番。前足扁平，弯成弧状，胫节粗壮，外缘有五个坚齿。如果需要动武，推翻障碍，在粪团最厚处开辟道路，它便舞动双足，伸出带锯齿的腿，左右开弓，然后有力地一耙，清出一个半圆周的地盘。场地清好后，前足还有另一项工作：一抱一抱地把额突耙过的粪便，聚拢到腹部下的四只腿之间。后面四条腿用来干车工的活，尤其是后腿细长，略成弧状，末端有很尖的爪，一眼看去它们的足像个球形圆规，便于把一个球体抱在弯脚中间，检查和修正球体的形状。实际上，这些腿的作用就是对粪团进行加工，使之成形。

粪料一抱抱地被聚拢在腹下四足之间，四条弧形的腿轻轻一压，粪料便成圆形，于是粪球粗具雏形了。接着，经过粗加工的粪团，便在四条腿这双重球形圆规中间摇晃，在圣甲虫腹下转动，通过旋转，不断地使形状趋于完美。粪团的表层若缺乏弹性，会一片片剥落，若某处粗纤维过多无法车削，则需要用前腿修整有缺陷的部位。圣甲虫于是用前腿轻轻拍打粪团，使新裹上的粪料成形，并把倔强的纤维屑裹到粪团里去。

工程紧迫时，这位车工在炽热的阳光下，如痴如醉地干活，令我们惊叹不已。工作进展得如此神速，刚刚还是一粒小粪丸，现在已是核桃大的粪团，再过一会儿便成了苹果那么大的粪球。我曾见过一些贪食者制造出拳头大的粪球，这些面包肯定够食用几天了。

食品制作好了，现在要从混战中脱身，把食物运到合适的地方，圣甲虫习性中最惊人的特征便由此展现出来。圣甲虫毫不迟延立即上路，它用两条长长的后腿抱着粪球，足尖的爪子卡进粪球作为旋转轴；两只中足支撑着粪球，长着锯齿为铠甲的前腿交替着地，就这样带着重物，身体倾斜，头朝下，屁股朝上，倒退着走。两条后腿是机器的主要构件，来回运动，不断地挪动变换旋转轴，使重物保持平衡。两条前腿左右交替的推力使重物往前移，这样粪球表面的各个点轮番与地面接触，由于压力分布均匀，便完善了粪球的外形，并使外层各部分都一样坚实。

球在前进，球在滚动，加油，会到达目的地的！不过途中当然不会一帆风顺，圣甲虫遇到了第一个困难，在翻越一个陡坡时，沉重的粪球顺着斜坡滚下去了。但是圣甲虫出于只有它自己知道的动机，宁愿走这条天然的道路。这可是大胆的计划，只要一步失足，只要有一粒沙破坏了平衡，计划就将告吹。果然，一步踏错，粪球滚入了谷底；圣甲虫被重物拖倒，翻了个跟头，六条腿乱动；不过它又翻转过来了，奔跑着去把粪球抓住，浑身的器械更起劲地运转。“可要小心啊，你这傻瓜；顺着谷底走吧，这样可以省劲又不会出意外，那里路好走，十分平坦，你的粪球可以不费劲地滚动的。”可是，圣甲虫偏不这么走，它打算重新攀登曾经造成严重后果的陡坡。也许它应当返回高地，对此我有什么可说的呢？到圣地去！在这个问题上，圣甲虫的见解当然比我高明。“不过你至少要走这条小路吧，坡不陡，准能让你爬上去的。”可它才不呢，如果附近有一道陡峭得无法攀登的斜坡，这个固执的家伙宁愿走斜坡。

攀登又开始了，圣甲虫小心翼翼地一步步一直往后退，千辛万苦地把粪球这个巨大的重负推到一定的高度。我们不免寻思，靠着什么样的静力学奇迹，圣甲虫在斜坡上能够抓牢这么一团东西。哎呀！一个不小心，前功尽弃了，粪球滚落带动圣甲虫又滚了下去。再攀登，很快它又跌了下来；再重新尝试，这次在艰难的路上，它做得更好，谨慎地绕过了一根该死的草茎，这根草茎前几次都让它栽了跟头。再走一点路就到了，不过，它走得很慢，非常非常慢。斜坡危机四伏，稍有不慎就会全盘皆输。这时它一只足在光滑的砾石上滑了一下，粪球随着圣甲虫一道稀里哗啦地又掉了下来，可是，圣甲虫以百折不挠的执着精神又重新开始。它十次、二十次劳而无功地攀登，直至顽强地克服了障碍；或者变得聪明了些，认识到那样做无疑是白费力气，才取道从平地走。

圣甲虫并不总是独自一人搬运珍贵的粪球，它会经常给自己找个搭档，准确地说，是另一只主动加入进来。通常粪球做好后，一只圣甲虫退出战局，离开工地，倒退推着战利品。这时旁边有只初来乍到、刚刚开始干活的同胞，突然扔下它的工作，向滚动着的粪球跑去，给幸运的物主助一臂之力，而物主也很乐意接受帮助。于是两个伙伴一道干起来，竞相出力把粪球运到安全地点。在劳动工地上有心照不宣的协议、平分糕点的默契吗？是否一只圣甲虫揉捏粪球时，另一只则开挖丰富的矿脉，从中采出优质的材料，把它添加到共有的食物上去呢？我从来没有见过两只圣甲虫合作，我总是看到每只圣甲虫在开采场上只忙着自己的事情，所以后来者是丝毫没有分享劳动果实的权利的。

那么这是不是雌雄的一种联合，一对配偶将成家立业呢？有段时间，我曾这么认为。两只圣甲虫，一只在前，一只在后，以同样的热情推着沉重的粪球，令我想起未开化时代管风琴弹奏的歌曲："要成家，唉！怎么办？你在前，我在后，咱们一起推酒桶！"然而，解剖的结果使我不得不放弃温情脉脉的家庭牧歌。雌雄圣甲虫外表没有任何不同特征可以将它们区别开来，于是我便解剖两只搬运同一粪球的圣甲虫，我发现它们常常都是同一性别。

既不是一家人，又不是劳动伙伴，那么这种表面的合作是为了什么？纯粹是企图抢劫。这个殷勤的搭档，以助一臂之力为骗人的借口，满心盘算着一有机会便把粪球据为己有。在粪堆里自己做球既辛苦又需要耐心，别人做好后把它抢来，或者退一步硬充客人，则便当得多。如果物主不警惕，它就会带着财宝溜走；如果它受到严密监视，那就两人共进午餐，因为它帮过忙。这样的战术有百利而无一弊。有的就像我刚才说过的那样干了起来，跑去帮助一个根本无须帮助的同伴。在慈善援助的假象下，掩饰着极其卑鄙的贪婪野心。有的也许胆子更大，对自己的力量更有信心，便单刀直入，半路一下子把东西抢走。

这种拦路抢劫的情景时时刻刻都在发生。一只圣甲虫安详地走着，独自滚动着辛勤劳动得到的合法财产粪球。不知从哪里突然飞来另一只圣甲虫，猛地落下，把黝黑的后翅收到鞘翅下面，用带锯齿的手臂把物主推翻在地，而物主因为推着重物，无法抵挡住进攻。当被剥夺财产的物主乱踢乱蹬又翻转过来时，强盗已经雄踞在粪球上面，处于能打退进攻者的有利位置，前腿收在胸前，静候事态的发展，随时准备反击。被抢的圣甲虫绕着粪球走动，寻找有利地点进攻；强盗则在堡垒的圆顶上转动身子，监视着失主的一举一动。如果对方立起身子准备攀登，它就挥臂一击打到对方的背上。如果合法的主人不改变夺回财产的战术，强盗便能在堡垒顶上岿然不动，不断挫败对手的企图。为了让堡垒和驻军垮下来，被抢者便施展挖坑道的战术。粪球下部受到破坏，摇摇晃晃，带着圣甲虫强盗一齐滚动。那强盗竭尽全力不让自己从球上掉落，可是底座的转动使它往下滑，它仓促做一个体操动作好待在上面。

它办到了，但并不会总是成功，如果有个动作失误，它掉了下来，双方的机会均等，于是角斗便转为拳击，强盗与被抢者胸贴着胸，肉搏厮打起来。双方时而腿钩着腿，时而又分开来，关节纠缠在一起，头部的铠甲频频相互碰撞，发出像金属相锉般吱吱嘎嘎的刺耳声。然后那只终于把对手打得仰倒在地的圣甲虫，挣脱出来，急急忙忙占领球顶的阵地，围城战重新开始。根据肉搏战的战果，围攻者时而是强盗，时而是被抢者。前者无疑是大胆的海盗和冒险家，往往占了上风。在两三次失败之后，被抢者厌战了，便逆来顺受地回到粪堆上去，重新制作粪球。至于另一只圣甲虫，非常害怕一不小心会受到偷袭，便套上车把夺来的粪球随便推到什么地方。我有时曾见到第二个强盗来抢这个窃贼的东西。平心而论，我对此并不生气。

是谁把蒲鲁东“财产即盗窃”[①]这种大胆的违反常理的论断，运用到圣甲虫的习性上？是哪个外交家在圣甲虫身上提倡“力量胜过权利”这种野蛮的主张？我百思不得其解。我缺乏资料，无法查明究竟是什么原因使抢劫行为成了习惯，为了一块粪团而滥用武力。我所能肯定的就是，抢劫是圣甲虫普遍的习性。这些粪便搬运工肆无忌惮地彼此你抢我夺，这样厚颜无耻的家伙我还没见过呢。这个奇怪的动物心理学问题，留待未来的观察者去解决，我们还是回到这两个搬运粪球的合伙人上来吧。

---

① 蒲鲁东（1809—1865）：法国社会主义者，在其主要著作《什么是财产》（1840）中提出“财产即盗窃！”这个口号。——译注

首先，我必须纠正书本上流行的一种错误说法。我在布朗夏尔[①]先生杰出的作品《昆虫的变态、习性与本能》中读到下面这段话：

> 我们的昆虫有时被一个无法逾越的障碍挡住，粪球掉进了洞里。这时圣甲虫表现出一种对局势的惊人了解，以及一种在同类之间进行联络的惊人能力。由于已经意识到无法带着粪球越过障碍，圣甲虫似乎放弃了粪球，飞到远处。如果你充分具备这种称为耐性的伟大而高尚的品德，那么你就待在这个被丢弃的粪球旁边吧。不一会儿，圣甲虫又来到了这个地方，不过，它不是独自回来的，它身后有两个、三个、四个、五个同伴，全都扑向这个宝物，同心协力把重担抬起来。圣甲虫寻找了援军，这就是为什么在干旱的田地上，常常看到好几只圣甲虫共同搬运仅有的一个粪球的缘故。

我在伊利热的《昆虫学杂志》上还看到：

> 一只墨侧裸蜣螂[②]在造用来装卵的粪球时，粪球掉到洞里去了，它长时间拼命想独自把粪球拉出来，却是白费力气，浪费时间。它于是跑到邻近的粪堆找来三个伙伴，它们共同出力，终于把粪球从洞里拉了出来，然后那些帮手又回到各自的粪堆

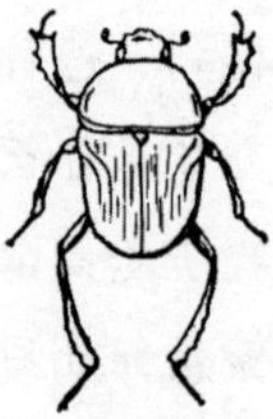

墨侧裸蜣螂

① 布朗夏尔（1819—1900），法国自然科学家，著有《昆虫自然史》《法国淡水鱼类》等。——校注。

② 墨侧裸蜣螂是与圣甲虫十分接近的食粪虫，但个头小些。它像圣甲虫那样滚动粪球。墨侧裸蜣螂分布于法国各地，甚至北方都有；而圣甲虫则几乎不离开地中海边。——原注
此蜣螂也广布于中国北部。——校注

里，继续自己的工作。

恳请大师布朗夏尔先生原谅，事情肯定不是这样的。首先，这两种说法完全相似，无疑是同出一源。伊利热的杂志根据十分不合逻辑，因而不值得盲目相信的观察，提出关于墨侧裸蜣螂的奇遇，并照搬到圣甲虫身上。两只同种的昆虫共同忙着滚动粪球，或者从一个困难的地方把粪球拉出来，是非常常见的事。但是两只虫的合作丝毫不能证明，处于困境的圣甲虫去向同伴求助。我算是相当具有布朗夏尔先生所说的耐性，我曾经长时间跟圣甲虫朝夕相处，千方百计想要尽可能看清它们的习性，并在实际生活中去研究它们，可我从来没有看到有任何迹象，令人想到那是去喊同伴来帮忙，哪怕是一闪而过的念头也好。

我很快就会谈到，我曾经对圣甲虫进行实验，难度比粪球掉进洞要大得多；我曾给它设置比重新爬上坡更严重的障碍，因为爬坡对于固执的西绪福斯①来说，是一种真正的游戏，它似乎乐于在斜坡上做艰苦的体操，好像这么一来粪球就会变得更结实，也更有价值。我曾经制造出比任何时候都更需要帮忙的局面，可是在我眼前，从来没有出现同伴之间互相帮助的证据。如果好些食粪虫围着同一个粪球，那是因为发生了战斗。所以，我个人微不足道的看法就是：几只圣甲虫出于掠夺的目的而一起拥到同一个粪球上，结果却产生了呼唤同伴来帮助的故事。由于观察得不充分，人们把一个拦路抢劫者，说成一个放下自己的工作去帮助别人的同伴。

我要强调一点，赋予昆虫对局势的惊人了解，以及在同伴之间

---

① 西绪福斯：希腊神话中的人物，被罚在地狱把巨石推到山上，但当他即将把巨石推到山顶时，巨石又滚下来，他只得重新再推，如此永无终止。——译注

进行联络的惊人能力，可不是无足轻重的事。什么？一只处于困境的金龟子会请求别人帮助？它飞走，四处搜寻，去找在粪块四周忙于工作的同伴；而在找到后，用手势动作，特别是用触角的动作，向它们说："喂！你们听着，我车上的东西翻到洞里去了，来帮我把它拉出来吧。以后你们发生这样的事，我也会帮助你们的。"那些同伴竟然听懂了！然后，同样惊人的是，它们立即放下自己的工作，放下它们已开始制作的粪球，去帮助那个求助者，而听任自己宝贵的粪球被别的贪婪者趁机抢走！我十分怀疑金龟子会有如此的牺牲精神；多年来我在金龟子劳动的地方，而不是在昆虫收藏盒里所看到的一切，都证实了我的怀疑。除了养育期间对幼虫呵护有加之外，昆虫在此时的母性温柔真是可钦可佩，昆虫总是只顾自己而不管其他的。当然，家蜜蜂、蚂蚁等过着群居生活的昆虫除外。

题外话就说到这里吧，这个问题很重要，说这么几句是可以原谅的。我说过，一只圣甲虫倒退推着粪球，经常会有个合伙人出于自私的目的跑来帮助它，一有机会，合伙人就把粪球抢走。说合伙人，这个词用得并不恰当，因为一个是硬加进来，而另一个只是害怕更严重的灾祸，才接受帮助的。不过彼此共处得十分和平，作为物主的圣甲虫看到入伙者来到，一刻也没放下自己的工作；新来者似乎怀着满腔好意，立即干起活来。两个合伙人驾车的方式不同，物主占据首席位置，在主位，从后面推重物，后腿朝上，低着头；伙伴的位置相反，在前面，仰着头，带锯齿的前腿放在粪球上，长长的后腿着地。粪球处在两只圣甲虫中间，前者推，后者拉。

这两个伙伴使的力气并不都很协调。助手扭转身子，背朝着前面的路，而物主的视线又被粪球挡住了，于是一再发生事故，两个搭档笨拙地摔倒，不过它们倒是高高兴兴，心甘情愿，匆匆忙忙再爬起来，重新站好位置，不会把次序搞颠倒。在平地上，这样的搬运方式不符合动力消耗的要求，因为彼此配合的动作不协调；如果后面那只圣甲虫独自搬运，可能速度会同样快，而且还会干得更好。所以入伙者在表现表现好意之后，便不顾有破坏合作体制的危险，决定不再干活。当然，它并没有放弃那个宝贵的粪球，它不会犯这样的错误，它不会让物主扔下它自己走掉。

于是，它把腿收到腹下，赖在粪球上面，跟粪球成为一体，从此，粪球和趴在粪球表面的圣甲虫，便由合法的业主推着一道滚动。不管重物从它身上压过去，还是它趴在滚动的粪球上面、下面、旁边，都没什么关系；这个助手牢牢地趴着，一声不吭。这真是非同一般的助手，它由别人用华丽的马车载运着，还要分得一份食物！我想如果遇到一个陡坡，那又有好戏看了。这时，在艰险的斜坡上，它成了领头人，用带锯齿的胳膊抓住沉重的粪球，而同伴则支撑着把重物抬高一点。两只圣甲虫协调配合，共同出力，由下面的物主推着粪球，爬上斜坡。在这样的斜坡上，如果爬不上，那么单独一只圣甲虫再顽强也会泄气的。然而，实际情况并不是这样。在艰难时刻，两人的热情可不一样，在最需要通力协作的斜坡上，那个入伙者却显得根本不知道有困难要克服的样子。当那只不幸的圣甲虫设法走出困境，弄得精疲力竭时，另一只则赖在粪球上，若无其事地让主人去拼命，它跟着粪球一道滚落，一道被滚抬上来。

我曾多次对两个合伙者进行实验，看看它们在发生严重麻烦时，解决问题的能力如何。在平地上，物主推着粪球，入伙者在粪球上一动不动。我没有破坏驾车的方式，只用一根长而粗的大头针把粪球钉在地上，粪球一下子停住了。那只圣甲虫不知道我的诡计，肯定以为遇到了天然障碍，比如粪球被车辙、狗牙草茎、砾石挡住了。它加倍用劲，拼命干，可是粪球仍然一动不动。“究竟发生了什么事？咱看看去。”圣甲虫绕着粪球转了两三圈，它没有发现究竟什么原因使粪球不动，于是它又走到粪球后面，重新推起来，粪球还是不动弹。“到上面看看去。”圣甲虫爬上粪球，它只看到稳坐不动的同伴在那里。我小心地把大头针插得深深的，针头都埋到粪团里去了，它在圆顶上搜寻一番，然后又下来。它又往前、往两旁用力推了几下，还是不行。这样一个推不动粪球的问题，圣甲虫肯定从来没有遇到过。

现在是需要帮助，真正需要帮助的时候，事情应当很容易解决，因为同伴就在那里，就蹲在圆顶上。圣甲虫会不会去摇摇它，对它说：“你在这里干什么，懒虫！来看看吧，机械不转了！”没有任何迹象证明这一点。我看到圣甲虫长时间顽强地摇晃摇不动的粪球，从各个角度，从上面，从旁边探测固定不动的机械；与此同时，那个入伙者却始终在休息。不过时间久了，同伴也意识到发生了某种不寻常的事；主人不安地走来走去和粪球一动不动引起了它的注意，于是它从上面下来，也进行观察。两人驾车并不比一人驾车好，事情复杂化了，它们那像小扇子似的触角张得大大的，闭合起来，又打开，又张大，又打开，不断颤动，流露出强烈的焦虑。接着一种天才的念头打消了这些困惑。“谁知道粪球底下会有什么东西呢？”于是它们从底部对粪球进行探测，经过稍稍搜索，大头针被发现了，它们随即认识到问题的关键就在那里。

如果我在会议上有发表意见的权利，那么我就会说：“必须进行挖掘，把固定粪球的桩拔出来。”这种办法最简单，而且对于像它们这样内行的挖掘工来说，干起来很容易。可是我的意见并没有被采纳，甚至连试都没试一下。这两个伙伴，一个从这头，一个从那头，钻进粪球下面，粪球随着活的楔子钻进的程度，也就滑动起来，顺着大头针往上升。由于粪便松软，这种巧妙的办法行得通，于是它们在一动不动的桩头下面挖出了一条通路，很快粪球便被悬在与这两只圣甲虫身体厚度一般高的地方。两只圣甲虫先是贴地趴着，一直用背来顶，靠腿用劲一点一点地把粪球撑起来。然而，随着腿越来越使不上劲，要进一步挺直身子是很难办到的，但它们终于还是做到了。不过随即因为已经达到高度极限，它们再也无法用背来顶。还剩下最后一个办法，但这办法很不方便使劲。圣甲虫时而用这种驾车姿势，时而用另一种，让头朝下或者头朝上，用后腿或者用前腿推。如果大头针不是太长，粪球终于落到了地上，它们就把被铁桩戳破的粪球马马虎虎地修补一下，立即重新开始运输。

但是，如果大头针非常长，圣甲虫怎么挺直身子也无法达到大头针的高度，结果粪球还是牢牢固定住，悬在大头针上。在这种情况下，圣甲虫绕着上不去的夺彩杆，做一番劳而无功的努力之后，如果我不大发慈悲亲自出马，帮它们把财宝解脱出来，它们就会放弃这个宝贝。我还用了这样的方式帮助它们：用一小块平平的石片把粪球垫高，让圣甲虫在平台上可以继续干活。可是它们似乎并没有立即明白这种帮助的用处，两只圣甲虫谁也没有急忙利用小石片。不过有意无意间，一只圣甲虫终于爬到了石片的上面。多么幸福啊！在平台上，圣甲虫感觉到粪球轻轻擦着它的背，这一接触使它恢复了信心，它又开始使劲了。现在圣甲虫在这乐于助人的平台上，伸展关节，弓起背，拱着粪球。如果用背还不够，便用腿朝前顶或朝后蹬。当背够不到粪球时，它又停下来，又出现不安的迹象。这时我没有打扰圣甲虫，又将一块石片放在第一块上面。借助新的阶梯作为杠杆的支点，圣甲虫继续努力。随着需要，平台一层层地加上去，我看到圣甲虫升到一手指高，在三四个摇晃的平台上，坚持不懈地工作，直至把粪球完全拉下来。

圣甲虫是不是模模糊糊地认识到，抬高支座对它有帮助呢？我对此表示怀疑，虽然圣甲虫很巧妙地利用了我的小石片平台。如果它有能力产生这种最简单的想法，使用一个稍高的底座来够到太高的东西，那么，它俩为什么谁也没想到用自己的背，垫高另一只圣甲虫够着粪球呢？唉！它们根本想不到这样的办法。不错，每只圣甲虫都尽力推着粪球，可是就像是独自在推似的，似乎没有想到通力合作会产生良好的结果。粪球被大头针钉在土上时，它们的确是这样干的，在类似的情况下，当粪球被某个障碍挡住，被弯曲的狗牙草绊住，或者被长在柔软的土上的植物细茎缠住时，它们也是这样干的。我想办法让粪球停止不动，这跟粪球在地上滚动时可能自然产生的无数事故，实质上并没有多大的不同，所以在实验性的测试中，圣甲虫的行为就跟我不加干预时的行为方式一样。它用背作为杠杆，它用足来推，这样的行动毫无创新，即使它能得到同伴的帮助。

圣甲虫独自面对粪球钉在地上的困难，在没有同伴帮助的情况下，它用力的方法仍然完全一样，只要我给它提供逐步建造起来的平台，这个必不可少的支持就会使它的努力最后取得成功。如果不给它这样的援助，它虽然能触及那珍贵的粪球，可球太高，对它不再有吸引力，它灰心丧气，迟早都会带着十分遗憾的心情飞得无影无踪。它到哪里去，我不知道。我十分清楚的是，它不会带着一群同伴来帮忙。既然身旁有个平分粪球的同伴都不会利用，它去找一群同伴来干什么呢？

不过，让粪球悬在圣甲虫用尽办法都够不到的高度，这种实验的结果也许跟平常会发生的情况相差太远。于是我又尝试用一个相当深且陡的小洞，把圣甲虫和粪球一齐放到洞底，使它无法滚动着沉重的负担爬上洞壁。在这种情况下会发生什么事呢？圣甲虫一再努力但毫无结果，相信自己已经无能为力，便飞得无影无踪。好久好久，我一直等着圣甲虫带几个来增援的朋友回来，可我最后还是白等了一场。我好多次看到粪球仍然在同一个地方，仍然在大头针顶部或者在洞底，证明我不在场时，没有发生任何新的事情。由于不可抗力而被扔下的粪球，就这样被永远抛弃了。会用铁锹和杠杆把被固定住的粪球拱上去，这便是圣甲虫向我证明的最了不起的智慧。

两只搭档的圣甲虫滚动着粪球，穿过有百里香、车辙和斜坡的沙地，漫无目的地往前走，滚动使粪球有了一定的硬度，也许这样的粪球正合它们的口味。走着走着，它们找到了一处合适的地方。一路上作为财产主人的那只圣甲虫始终处于主位，在粪球后面，几乎完全由它一人承担运输的任务。找到合适的地方后，主人便动手挖餐厅。粪球就在它身旁，那个伙伴趴在粪球上面装死。圣甲虫主人用额突和带锯齿的腿挖沙，把挖出来的沙一抱一抱地朝后面往外抛。挖掘工作进展迅速，不久，圣甲虫整个消失在挖出来的洞穴中。每次它带着一抱沙土回到露天时，这位挖掘工总要朝它的粪球瞧一眼，看看粪球是否安然无恙。它过一段时间就要把粪球朝洞口推近些，它轻拍粪球，这一接触似乎使它热情倍增。另一只圣甲虫，那个伪君子，由于在粪球上一动不动，使主人一直很放心。地下餐厅扩大并加深了，挖掘工走出来的次数少了，因为里面的工程浩大。机不可失啊！那只睡着的圣甲虫醒来了，奸诈的入伙者溜了下来，背朝外地推着粪球，动作快得就像一个窃贼不愿被人当场抓住那样，一溜烟地跑掉了。这种利用别人信任的行为使我愤慨，不过我为了弄清事情的始末，就让它这么干吧；如果会出现不好的结局，我还来得及加以干预以维护正义。

窃贼已经到了几米开外，这时失窃者从洞里出来，四处张望，可是什么也没找到。它自己无疑对此事也是惯手，它知道究竟是怎么回事。依靠嗅觉和察看，它很快便找到了窃贼的行踪。圣甲虫急忙赶上了掠夺者，可是这个掠夺者十分狡猾，一感到对方已经近身，便改变驾车方式，用后腿支着身子，用带锯齿的前腿抱着粪球，就像它作为助手时那样。啊，坏蛋，我要揭穿你的阴谋！你想说粪球顺坡滚下去，你正尽力把粪球抓住，再把它运回到餐厅里来。我是一位公正的见证人，我证明粪球平平稳稳地放在洞口，并没有自己滚下去，何况地还是平平的；我证明是你推着粪球走开了，你的意图再清楚不过。这是企图抢劫，我难道还不了解这回事！不过，我的证词并没有被重视，主人宽厚地接受了对方的辩解，于是两个搭档好像没事一样，把粪球运回到洞里。

但是，如果小偷来得及走远，或者它能够用巧妙的迂回前进来掩饰它的行迹，那么灾祸就无可补救了。在炽热的阳光下把食物备好，千辛万苦从老远运来，在沙里挖了一个舒适的宴会厅；当一切都准备就绪，一番劳动后食欲大增，给即将到来的盛宴增添了新的魅力之时，突然发现自己被狡猾的合作者剥夺得一干二净，这的确是桩倒霉透顶的事，热情再高的人也会泄气的。可是，圣甲虫并没有受命运的打击而沮丧，它搓搓双颊，伸伸触角，吸吸空气，然后飞向附近的斜坡又开始觅食。我欣赏，我羡慕这种刚毅的性格。

假设圣甲虫很幸运地找到了一个忠实的合作者，或者更好的是，假设它在路上没有遇到不请自来的同伴吧。洞穴已经挖好了，挖在疏松的地里，通常在沙地里，洞不深，有拳头那么大，由一条短径通到外面，大小正好够粪球通过。食物一储存好，圣甲虫便把自己关在家里，用建房时留存在角落里的废料封住洞口。门关好后，外面丝毫看不出里头的宴会厅。快乐万岁！在这美妙绝伦的小小世界里，一切都再好不过！餐桌上有丰富的佳肴，天花板遮挡住炽热的阳光，只让柔和而微湿的热气透进来，远避尘嚣、黑暗和户外蟋蟀的鸣唱，一切都有利于促进肚子的机能。

谁敢去打扰如此幸福的宴会呢？但是出于学习的愿望，我什么事都能做出来。这种胆量，我有。下面，我把我私闯民宅的结果写出来。光是粪球就几乎占满了整个餐厅，丰盛的食物从地板堆到天花板，一条狭窄的巷道把食物和洞壁隔开。厅里坐着宾客，两个或者更多，但往往是一个。食客肚子朝着餐桌，背靠着墙。一旦座位选好，它就不再动了。所有维生的能量均由消化器官吸收进去。没有因丝毫的分心漏掉一口饭，没有因傲然的挑剔浪费一粒粮食，粪球全都被有条不紊、认认真真地吃了下去。

看到它们围着粪便这么专心致志，我差点产生了错觉，以为它们意识到自己承担着净化大地的重任，所以十分在行地进行奇妙的化学工作，把粪土化为赏心悦目的鲜花和圣甲虫的鞘翅，来装点春天的草坪。为了进行这项把羊和马废弃的渣滓化为维生物质的卓绝工作，食粪虫消化道再好，也必须拥有特殊的工具。果然，通过解剖，我对它那极长的肠子赞赏不已。肠子反复蠕动，经过多次循环，把粪料消化掉，把最后一个可以利用的原子都吸收下来。就这样，圣甲虫的胃里什么东西也掏不出来了，这个强大的蒸馏器提炼着各种财宝，这些财宝只要稍加分解，就会变成圣甲虫乌黑的盔甲，变成其他食粪虫金色的胸甲和红宝石。

然而这种化粪土为神奇的工作，要在最短的时间内进行。普遍的维生需要要求这样，所以圣甲虫天生便具有一种别的昆虫绝对没有的消化能力。它一旦把食物搬回家，就夜以继日地进食和消化，直到吃得干干净净。证据十分明显，我把圣甲虫藏身的小室打开，不管什么时候，它都坐在餐桌旁，身后拖着一根随便盘着像一堆缆绳似的长带子。用不着仔细解释，我们就可以轻易猜出这带子究竟是什么。庞大的粪球一口一口地进入了圣甲虫的消化道，留下营养成分，然后让纺出的带子从尾部出来。好了，这条连绵不断、往往只有一根的带子，一直挂在纺丝器的口上，无需别的观察，便充分证明消化行为在继续进行。当食物即将吃完时，这条盘起来的带子已经长得惊人，一眼便可以看得出来。我们上哪里去找这样的胃呢？它为了在生活的借贷清单上不浪费一点东西，把这可怜的食物作为美味佳肴，一个星期、两个星期毫不间断地进食啊！

整个粪球都进入到胃里去后，隐士又回到地上寻找机会。它找到粪便做出一个新粪球，于是又开始上面的过程。从5月到6月，这种欢乐的生活将持续一两个月；然后，当蝉热爱的大热天到来时，圣甲虫便去越夏，躲藏到阴凉的土中。第一场秋雨落下时，它们再度出现，不过数量没有春天那么多，也没有那么积极，这时它们显然在忙着头等大事，忙着种族的未来。

第二章 大笼子

如果到书中寻找关于一般的食粪虫，尤其是圣甲虫的习性的材料，我们会发现，这门科学今天还带着埃及法老时代所流行的某些成见。据说，那颠簸于田野上的粪球里含有一枚卵，这粪球便是向未来的幼虫既提供食物又提供小屋的摇篮。父母们在崎岖不平的土地上滚动着粪球，好把它搓得更圆些；而粪球由于经过碰撞、颠簸、顺着斜坡掉落而做好的时候，父母们便把它埋藏起来，听任大地这个巨大的孵化器去照顾它。

我总觉得，这种粗暴的早期养育方式是不大可能的。圣甲虫的卵那么娇柔，那么脆弱，它待在柔软的粪球里，怎能受得了滚动着的摇篮的震荡呢？在胚胎里的生命火花，只要稍稍一碰，只要有微不足道的刺激，便会熄灭；可父母们居然敢让它翻山越岭，长时间地经受颠簸！不，事情并不是这样的；母性的温柔是不会让它的子女，去受雷古卢斯[①]的滚筒酷刑的。

不过要推翻先入之见，仅靠逻辑的理由还不够，于是我切开了几百个由圣甲虫搬运的粪球，还从我亲眼看着圣甲虫挖的洞里取出粪球，把它们打开，可是我在粪球中从没有，绝对没有找到什么小屋，也没有找到卵。我看到的是一堆堆匆忙制作成的粗糙食物，粪球内部没有确定的结构，有的只是简单的口粮。依靠这些口粮，圣

① 雷古卢斯（？—前250）：古罗马政治家和将军，曾领兵远征非洲。公元前255年被俘，前250年被派到罗马谈判交换俘虏事。罗马元老院经他说服接受了迦太基的条件。可他在返回迦太基后，被迦太基人以滚筒酷刑杀死。——译注

甲虫闭门谢客，安安静静地过几天享受盛宴的日子。圣甲虫互相觊觎、抢掠对方的粪球，它们肯定不会这么热情地为自己抢来的新家庭承担起责任。对圣甲虫来说，偷卵是一种荒谬的行为，因为每只圣甲虫都会产出足够的卵来传宗接代。因此，毋庸置疑，圣甲虫搬运的粪球里绝对没有卵。

为了解决饲养幼虫这个难题，我的第一个尝试就是做一个大笼子，里面放了用沙铺的人工土壤和经常更新的口粮；然后把20来只圣甲虫放在里面，跟粪蜣螂、墨侧裸蜣螂和公牛嗡蜣螂共居一室。我的昆虫学实验从来都没有遭到这么多的失败，困难在于更新食物。我的房东有马厩和马，我必须得到佣人的帮助，他先是嘲笑我的计划，后来我塞给他小银币，他就被说服了。我的昆虫每顿午餐要花掉我25个生丁，圣甲虫的财政预算肯定从来没有达到过这样的数字。每天早上，约瑟夫清理过马厩之后，总是将头探过花园的隔墙，用手做成喇叭状，轻声地对我喊道：“哎！哎！我去提一满桶马粪来。”这种事双方都要审慎才好，你看着吧！一天，就在交接粪桶时，果然被房东发现了。他以为他的肥料全都从墙上搬家了，我侵吞了他给卷心菜上肥的东西，把粪用到我的马鞭草和水仙上了。我尽力解释，可是没用；我的理由像是玩笑话。约瑟夫挨了一顿好骂，主人数落他，还威胁说，如果再发生这样的事就要辞退他，他可是说到做到的。

我只好偷偷摸摸到大路上，为我饲养的昆虫捡拾口粮，放在圆锥形的纸袋里。多么可耻的行为啊！但我这么做，我并不感到脸红。有时我运气好，一只驴子驮着蔬菜，从雷纳尔堡或者巴邦塔纳到阿维尼翁[1]去，路过我们前时，屙了大便。这真是意外的收获，我立刻收拣起来，它够用几天了。总之，为了一团粪，我用计谋，等时机，四处奔走，施展外交手段，才养活了我的俘虏。如果成功总是跟激情、跟任何事情都摧折不了的爱心所做的努力密切相关，那么，我的实验应当会成功的；可是我没有成功。我的圣甲虫在一个无法进行伟大演变的空间中，因思乡而憔悴，过了不久就郁闷而死了，没有把它们的秘密告诉我[2]。墨侧裸蜣螂和公牛嗡蜣螂倒是较好地满足了我的期待。在适当的时候，我将利用它们给我提供的资料。

我在笼里进行饲养实验的同时，还做了直接的研究，实验结果与我所希望的相距很远。我想必须有助手帮忙才行。有一群小孩欢天喜地地穿过丘陵，那天是星期四，他们忘记了学校，忘记了讨厌的功课，一手拿着苹果，一手拿着面包，从邻镇安格尔走来，到那光秃秃的小丘上去寻宝，驻军练习射击的子弹就射在那上面。整个的收获也许就是值一苏[3]钱的几块铅，这便是他们早晨远征的目的。天竺葵玫瑰红的小花点缀着草地，急忙地把这块佩特腊阿拉伯[4]装点得妩媚起来；半黑半白的大耳鹛在尖尖的岩石间飞来飞去，欢快地鸣叫；蟋蟀蹲在挖在百里香花丛下的洞口，让空气中充满着它们单调的弦乐。孩子们非常喜欢春天的郊游；更令人高兴的是，他们将有一笔财富，将得到一苏钱，这是捡到子弹的报酬。用这一苏硬币，下个星期天，他们便可以到教堂门口的女商贩那里买两粒薄荷

① 阿维尼翁：沃克吕兹省省会，位于罗讷河东岸。法布尔在该市居住近20年。——校注
② 日后法布尔成功完成饲养实验，修正了部分观点，见卷五的前言至第五章。——校注
③ 苏：法国旧币名，1苏相当于0.05法郎，即5生丁。——校注
④ 佩特腊阿拉伯：古代阿拉伯半岛一小块地方的名称，人们经常把它与沙漠阿拉伯相混，此处用来形容该地荒芜不毛。——译注

糖，每粒两里亚[1]。

我向最大的那个小孩走去，他那机灵的面孔让我看到了希望；其他孩子把我们围成一圈，一边吃着苹果。我讲明怎么回事，把正在搬运粪球的圣甲虫指给他们看。我对他们说，在这个不知埋在什么地方的粪球里，有时可能会有个凹陷的小窝，窝里有一只幼虫。他们要做的事便是随便到什么地方挖掘，注意观察圣甲虫的活动，看能不能找到有幼虫的粪球，没有幼虫的粪球不要。为了用一大笔钱来吸引他们，使他们愿意把挖铅弹挣几里亚的时间用来为我的研究服务，我答应每一个有幼虫的粪球给一个法郎，一枚崭新的值20个苏的硬币。听到我报出这么一笔巨款，他们的眼睛都睁得圆圆的，天真的样子煞是可爱。我把一块粪球的价值标这么高的价格，可把他们对货币的概念都搞乱了。接着，为了证明我的建议是认真的，我给他们各分了几个苏作为订金。下个星期的同一天，同一时间，我会来到同一地方，向所有得到宝贵的新发现的人，忠实地履行交易的条件。我向这群孩子交代得一清二楚后就让他们走了，他们离开时异口同声地说道："这可真不赖，要是我们每人都能挣一个法郎，那就太好了！"孩子们的心中充满了美好的希望，用掌心把作为订金的那几苏钱捏得叮当响。踩扁的子弹头被忘掉了，我看到孩子们在高地上四散开来寻找粪球去了。

第二个星期约定的那一天，我又来到小丘上。我毫不怀疑我的计策很成功。我年轻的合作者肯定会跟他们的同学谈论关于圣甲虫的粪球这么赚钱的生意，并且会把订金给别人看，好说服不相信的人。果然，我在那地方看到了比第一次更多的孩子。看到我来了，

---

① 里亚：法国古铜币名，1里亚等于0.25苏。——译注

他们跑过来，不过没有胜利的激动，没有快乐的喊声，我已经看出事情进展得不妙。他们放学后找了好多次，却没有找到我向他们描述的粪球。他们找到了几个有圣甲虫的粪球，可只是几堆食物而已，里头并没有幼虫。于是我又做了一些解释，约定下个星期四再会，可还是没有成功。寻找的人已经泄气，只剩下很少的人了。最后一次，我要他们鼓起劲来，仍然没有结果。于是，我给那些一直坚持到底、最热情的孩子一些报偿，协议便告吹了。我只能依靠我一个人来进行表面看来很简单，其实十分困难的研究。

即使今天，在许多年之后，在适当的地方所做的搜寻，在有利的时刻进行的观察，仍然没能给我一个明确而符合逻辑的结果。我只好把残缺不全的观察结果彼此联系起来，并通过类比来填补空白。我现在就将我所看到的点点滴滴，再结合关在笼子里的其他食粪虫，如墨侧裸蜣螂、粪蜣螂和公牛嗡蜣螂提供的资料，归纳总结。

用来产卵的粪球不是在大庭广众前，在乱哄哄的开采工地上制造出来的。这是个需要高度耐心的艺术品，要求集中心思、认真仔细，这种工作是不可能在人群中进行的。雌虫走进住房考虑它的计划，然后干起来。母亲在沙里给自己挖了一个一二分米深的洞，这是个相当宽的大厅，靠一个直径小得多的回廊通到外面。圣甲虫把滚成球形的精选材料运到里面来，旅途肯定要多次往返，因为工作结束时，房间里堆放的东西大大超过了入口的门，显然不可能一次就堆积完成。我记得我去拜访一只西班牙粪蜣螂时，它在洞的尽头做成了一个橙子大的球，而这个洞通往外面的长廊刚够一根手指伸进去。粪蜣螂既不滚动粪球，也不长途跋涉把食物运到家里去。它们在粪便中直接挖一口井，然后一抱一抱地后退着把材料拖到地底下去。在粪便的下面，食物供应方便而工作又安全，所以养成了粪蜣螂奢侈的爱好。那些喜欢搬运粪球这种苦活的食粪虫就没有这么挑剔，不过圣甲虫只要来回走两三次，囤积的财富就足以让西班牙粪蜣螂妒忌。

不过，这些粪球还只是随便凑合起来的未加工的材料。现在圣甲虫首先要进行仔细的筛选：最精细的一份食品要放在内层给幼虫吃；最粗糙的则放在外层，不是作为食物，只是起保护壳的作用。然后，在放卵的中央居室的周围，把材料按粗细和营养价值，由优到劣，一层层地放好；各层材料都得坚实，而且使前一层和后一层彼此贴合在一起；最后，把最外层的粗纤维黏合起来，用来保护好整个窝。漆黑一团的洞里堆满了食物，几乎没有地方活动，动作如此笨拙僵硬的圣甲虫，怎么能够完成这样的作品呢？圣甲虫的粪球是那么精细，而工具却是那么粗大，那多齿的足非常适合挖土，需要的话甚至可以破开凝灰岩；当我想到这些时，就不免惊叹，这简直就是大象绣花啊！谁愿意就来解释母亲们这种技艺的奇迹吧，至于我，我可不打算看到，何况我也没有可能看到艺匠们工作的情形，我只是把这个杰作加以描述而已！

装着卵的粪球通常有一个中等的苹果大，中央是个直径约一厘米的椭圆形小洞，卵就垂直地固定在洞底。卵呈圆柱形，两端浑圆，颜色白中带黄，约有麦粒大，只是短一些。小洞的洞壁涂着一种微绿的棕色涂料，闪闪发光，半流体状，这是真正的粪糊，幼虫最初的粮食。这种精细的食品，是采集粪便的精华做成的吗？看食物的样子就知道绝非如此，这是在母亲胃里经消化而制成的酱泥。鸽子在嗉囊里弄软麦粒，把它变成一种像乳制品的流汁，然后喂给雏鸽吃。看来食粪虫也有同样的柔情，它先把精选的食物消化，然后吐出精细的糊粥，涂在放置卵的小洞壁上。幼虫孵化后就可以找到容易消化的食物，使胃迅速强壮起来，进而能够向毗邻各层未经精制的食物进攻。在半流体的涂层下面，是一层均匀密实的精髓，任何纤维屑都被剔掉了。再往外是粗层，那里有许多植物茎；粪球的外层由最普通的材料构成，被压紧并黏结成坚固的壳。

由此我可以清楚地看出食粪虫饮食的变化情况。非常衰弱的小幼虫破卵而出时，舔食住房墙壁上精细的浆。浆不多，不过足以强身，而且有很高的营养价值。继婴儿期的糊粥之后，供给断奶幼儿的食物，介于最初的精细乳品和最后的粗糙食品之间。这一食料层很厚，足以使小幼虫长得粗壮。接下来，给强壮者吃的是强壮者的食物，这带着麦芒的大麦面包，其实是夹杂干草纤维的天然粪便。幼虫的食物非常丰富，除了整个生长期所需的以外，还有一层把它围起来的隔墙。住所的空间随着居民的长大也扩大了，因为居民就是靠吃这些墙壁的物质长大的；最初墙壁非常厚的小洞，现在成了墙壁厚度只有几毫米的一间大房间，屋内的住客随着不同的生长期而成了幼虫、蛹或者成虫。总之，粪球是一个牢固的壳，神秘的变态就是在这宽敞的房屋遮蔽下进行的。

我缺乏再继续写下去的材料，圣甲虫的身份文书，只能停留在卵上。我没有见过幼虫，不过其他作家比较了解幼虫，并在作品中做了描述[①]；我更没见过还关在粪球房间里已经完成变态，但还没有从事搬运和挖掘的食粪虫，而这正是我特别想看到的。我想在它出生的小屋里找到刚刚完成变态、什么活都没干过的食粪虫，并对这个还没有投入工作的工人做一番观察。为什么有这种愿望呢？理由

① 参阅米尔桑的《法国的鞘翅目·鳃角类》。——原注

我将在下面讲述。

双凹蜣螂

昆虫的足有跗节，跗节由一系列类似我们手指指骨的精细骨节组成，最末端是带钩的爪[①]。高级的鞘翅目昆虫，尤其是食粪虫，至少有五个跗节。可是圣甲虫却是奇怪的例外，前足没有跗节，而其他两对足却毫无例外都有五个跗节。圣甲虫是缺胳膊少腿的残疾人，它们的前足不像其他昆虫有跗节。类似的情况在同属于食粪虫家族的双凹蜣螂和嗡蜣螂中也有。昆虫学早已记载了这种奇怪的事实，但无法做出令人满意的解释。圣甲虫是不是生来就残缺不全呢？是不是生来前足就没有跗节呢？或者它一开始干苦活就因事故而断了指呢？

对于这样的肢体残缺，我们很容易便会设想，这是由于圣甲虫干活的结果。它时而在土里的砾石中，时而在有粗纤维的粪堆里，搜呀，挖呀，耙呀，剁呀，它那娇嫩的跗节干这些活是不会没有危险的。更严重的是，当圣甲虫倒退着滚动粪球时，头朝下，靠前足支在地上。它那脆弱的跗节细得像根线头，不断地摩擦粗糙的土地，会怎么样呢？这些跗节没有用处，纯粹是累赘，在千百次的事故中，总有一天会消失，被压碎，被拔掉，被磨损。我们的工人们，在操作笨重的工具，搬动沉重的负荷时，唉，成了残疾，这是太常有的事。圣甲虫大概就是这样在搬运粪球时弄得残缺不全的，因为粪球对它来说是极大的重负，它的断指大概就是勤劳生活的崇高见证吧！

但是说到这里，人们立即就会提出疑问：断残如果真是由于事故和艰苦劳动造成的结果，那么这应当是例外情况，而不是通例。

① 昆虫有六条腿（或称足），每条腿通常由基节、转节、股节、胫节、跗节和末端成对的爪组成，其中跗节由多个跗小节（多为五节）组成。——校注

一个工人，若干个工人，手被机器的齿轮轧断，不能说所有工人也应该是断手的。如果说圣甲虫由于从事粪球搬运工的职业，失去跗节是常事，是十分常有的事，那么至少会有几只，由于比较幸运或者比较灵活而保留着跗节。我们看看事实究竟如何吧。

我观察过许多生活于法国的金龟子：普罗旺斯的圣甲虫，住得离海远些；出没于塞特、莱昂、帕拉瓦[①]和利翁湾沙滩上的半刻金龟；还有比前两种分布更广，深入罗讷河谷，直至里昂[②]的阔背金龟。最后我还观察过一种在君士坦丁[③]郊区搜集到的非洲的瘢痕金龟。这四种金龟子前足全都没有跗节，没有一只例外，至少在我所观察的范围之内是如此。所以，有些金龟子是生来就断指的，这是它天生的特点，而不是由于事故。

我还有另一理由可以作为进一步的证据。如果前足没有跗节是由于剧烈劳动所造成的工伤事故，那么干更艰苦的挖掘工作的昆虫，它们更应该前足没有跗节。因为跗节是无用的附器，当前足要作为强有力的工具时，甚至十分碍事。譬如说粪金龟吧，它的名字意思是“穿地者”[④]，真是名副其实，它在道路上被踩得结结实实的土里，在被黏土黏合的碎石中间挖掘竖井，井是那么深，要察看井底的小室，非得使用强有力的挖掘工具，即使这样还并不都能够办到。这些杰出的矿工在圣甲虫几乎连表面都挖不开的地方，轻而易举地给自己挖出

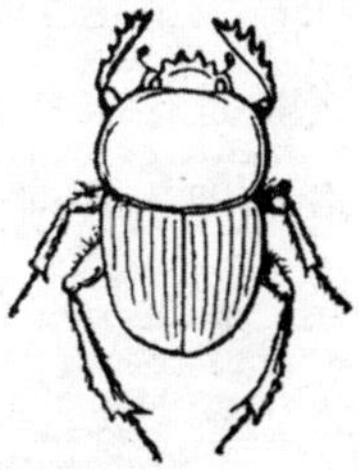

阔背金龟

① 塞特、莱昂、帕拉瓦：均为法国南部港口，位于地中海的利翁湾畔。——校注
② 里昂：法国中部重要的工业城市。——校注
③ 君士坦丁：阿尔及利亚北部城市。——校注
④ 粪金龟的法文名字是géotrupe，意为“穿地者”。——译注

长长的巷道，而它们前足的跗节却完好无损，就好像在凝灰岩中钻洞很轻巧，而不是剧烈的劳动似的。所以一切证据都令人相信，圣甲虫在出生的洞穴里，还是没有干过活的新手时，就像已经闯过世界、由于干活而弄坏身体的老手一样，是没有跗节的。

根据这种没有跗节的事实，可以假设一种推理来支持当今流行的理论，即生存竞争和物种变化。人们可能会说："根据昆虫生理构造的普遍法则，圣甲虫原先所有的足都有跗节。某些圣甲虫以某样方式使前足失去了无用而有害的累赘附器，觉得断指有利于干活，于是，它们逐渐胜过了其他不如它们方便的金龟子而成为始祖，把没有跗节的残肢传给了后代，古代有跗节的圣甲虫就这样变成了今天缺指的昆虫。"对于这些推理，如果人们能够首先向我论证，粪金龟干的是类似的活且艰辛得多，为什么却保留着跗节，那么我是很乐意赞成的。可是在能证明之前，我还是相信，在古兽沐浴的湖边沙滩上搬运粪球的第一只圣甲虫，就像今天的圣甲虫一样，前足是没有跗节的。

第三章 捕食吉丁的节腹泥蜂

一些作品向人们描绘了未曾料想到的世界。由于各人的思想方式不同，对某些人而言，这些作品具有划时代的意义。它们打开了一个新的世界，让人们从此要以全部的才智去探索；它们是使火炉发出火焰的星星之火，火炉里的木柴如果没有火星的帮助，将永远发不出火光来。而这些在我们思想的演变中，成为一个新时代的出发点的作品，往往是偶然读到的。在偶然的情况下，人们根本无法弄明白在眼前出现的几行字，怎么会决定了我们的未来，并使我们走上命运为我们指出的道路。

冬天的一个夜晚，火炉还暖烘烘的，全家人都睡了，我坐在炉边读书，忘掉了家无隔宿之粮的明日烦忧。这是物理教师的烦忧，他大学文凭得了一份又一份，人们也了解他四分之一个世纪服务的业绩，可是他自己和全家人糊口之资是1600法郎，比一个大户人家的马夫的工钱还要少。这个时代对教育事业就是这么可耻，多一个钱都舍不得给。根据行政规定，我因为独自从事研究，成了非正式人员。然而，我埋在书堆中，无意中翻到一部我不知怎么得到的昆虫学小册子时，便忘记了教师生涯的极度清苦。

这部著作主要讲述捕食吉丁的膜翅目昆虫的习性，作者是当时的昆虫学宗师，可敬的学者杜福尔[①]。事实上，我并不是这时才对昆虫感兴趣的，从童年时代起，我就喜欢鞘翅目昆虫、蜂和蝶蛾。

---

① 杜福尔（1780—1865），法国著名的博物学家，影响法布尔走上昆虫研究之路的主要人物之一，法布尔与他有多年的通信联系。——校注

我记得我从记事时起，就曾出神地望着步甲华贵的鞘翅和金凤蝶美丽的鳞翅。火炉里的木柴已经备好，缺少的是使木柴燃烧起来的火星。偶然读到的杜福尔的作品，便成了星星之火。

新的启迪迸发出来，我的思想就像得到了天启。把漂亮的鞘翅目昆虫放在软木盒里，对这些昆虫进行命名、分类，科学不只是这些，还有更高层次的东西：深入研究昆虫的结构，尤其是它的特性。我激动万分地阅读这部昆虫学研究的杰出著作。这种幸运，热心寻找的人总会找到的。在这部书的帮助下，我不久便发表了第一篇有关昆虫学的论文，作为杜福尔作品的补充。这篇处女作赢得了法兰西科学院的荣誉，被授予实验生理学奖。但是更温馨的奖赏是我在不久后收到的信件，这封信对我赞誉有加，令我鼓舞。尊敬的大师从朗德[①]的腹地向我热烈表示他的欣喜，并极力鼓励我在这条路上继续走下去。如今当我想起这件事，圣洁的激动泪水还会润湿我昏花的老眼。噢，充满对未来的幻想和信念的美好日子啊，你发生了多大的变化啊！

我想，在这里摘出促使我开始从事昆虫学研究的那篇文章，读者应该不会讨厌吧，这个摘要对于理解以后要谈到的事是很有必要的。我现在就让大师说话，不过缩短了些[②]。

我在昆虫的历史上，从没有见过像我将跟你谈到的那么奇怪的事情。我谈的是一种节腹泥蜂，它穷奢极欲地以吉丁科昆虫来饲养它的子女。我的朋友，请允许我告诉你，我在研究这种膜翅

---

① 朗德：法国西南部大区省，濒临大西洋。杜福尔居住于该省。——译注

② 关于文章全文，参阅《博物学年鉴》，第二组第XV卷。《捕食吉丁的节腹泥蜂的变态及其技巧和本能的观察》，列翁·杜福尔著（致欧杜安先生的信）。——原注

目昆虫时所留下的强烈印象吧。

1839年7月，有一个住在乡下的朋友给我寄来两只双面吉丁，当时我的收藏品中还没有这种昆虫；他还告诉我，是一种运输这些漂亮的鞘翅目昆虫的泥蜂把这吉丁扔在他衣服上的，过了一会儿，另一只泥蜂又把另一只吉丁扔在了地上。

1840年7月，我作为医生到这位朋友家里出诊，我向他提起他去年抓到的昆虫，并打听当时的情况。同样的季节，同样的地点，使我产生了我自己也来抓虫子的愿望。可是那天天气阴沉而且清凉，不太有利于膜翅目昆虫的活动。不过我们还是在花园的小路上进行观察，由于根本看不到有这种昆虫，我便想在地上寻找这种善于掘地的膜翅目昆虫的窝。

一个新近刚刚翻动过像小鼹鼠丘的小沙堆引起了我的注意，我刮着小沙堆，发现它盖住了一个深入到地下的通道孔。我们用铲子小心地挖地，很快就看到我们所渴望找到的吉丁的鞘翅，星星点点地闪着光。不一会儿，我发现的不再是一些孤零零的鞘翅、残缺的断骸，而是整只吉丁，三四只吉丁一道展出它们的金子和绿宝石。我简直不敢相信自己的眼睛，然而这还只是令我欢天喜地的开场哩！

在乱哄哄地挖掘余下的地方时，一只膜翅目昆虫钻了出来，落入我的手里。这是专门捕食吉丁的昆虫，它企图从窝里逃走。我认出这只掘地虫是我的老相识，一只节腹泥蜂，我在西班牙或者在圣塞维[1]郊区曾经找到过两百次。

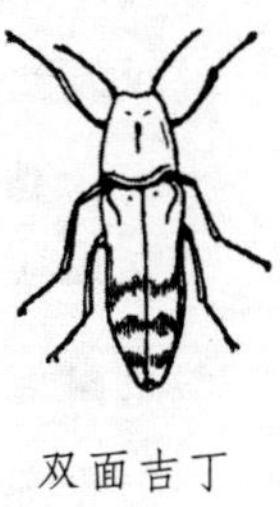

双面吉丁

① 圣塞维：法国南部城市。——校注

我的野心远未得到满足，认得掠夺者和被掠夺者还不够，我还需要抓到幼虫，只有幼虫才是这些丰盛食物的消费者。把第一个装着吉丁的窝挖完后，我急忙又挖新窝，更加仔细地探测；我终于发现了两只幼虫，这次幸运的挖掘取得了完满的结果。在不到三个小时的时间里，我捣了三个节腹泥蜂窝，得到了15只完整的吉丁，至于断臂残骸的数量则更多。我估算了一下，花园里还有25个窝，其实，实际数目远不止这些，被埋藏的吉丁总数相当可观。我寻思，在这块地方，我在大蒜花上捉到的节腹泥蜂的数目高达60只，这是怎么回事呢？看来这些节腹泥蜂的窝很可能就在附近，它们的菜单肯定一样的豪奢。因此，我想象在地下不大的半径内，会有几千只双面吉丁，而这想象是绝对可能的；可是30多年来我一直在研究我那个地区的昆虫，而我在乡下却没有找到一只吉丁。

只有一次，大约在20年前，我在一个老橡树洞里看到吉丁的腹部，背面长着鞘翅。鞘翅对我来说是一线希望，它告诉我双面吉丁的幼虫可能是生活在橡树里，因此在一个完全是橡树的树林里，有大量吉丁，我认为就完全说得通了。由于捕食吉丁的节腹泥蜂在此地的黏土丘陵上，比起长着海松的沙地要罕见一些，所以我就特别想了解，住在松树林里的节腹泥蜂，是不是跟住在橡树林里的一样，豪奢地用吉丁来饲养幼虫。我完全有理由推测它不会是这样的，可是你不久就会惊奇地看到，我们的节腹泥蜂在选用吉丁科昆虫时，它的触觉是多么灵敏。

那么我们赶快到松树林里去领略新发现的乐趣吧。我探测的土地坐落于海松林中的园林。节腹泥蜂的窝很快就找到了，蜂窝完全挖在主甬道上，在那里地踩得更平，地面更密实，从而给这

捕食吉丁的节腹泥蜂

种掘地虫提供了更坚固的条件来建造地下住所。我大约检查了20个洞，弄得满头大汗。探测工作十分艰苦，因为非得挖到一法尺深的地方才能找到这些窝，才能找到窝里存的粮食。为了不把窝弄坏，在把作为标杆和指引标志的一根稻草秸插进节腹泥蜂的巷道中后，要用方形的挖掘线把这块地方围住，挖掘线的各边离洞眼或者标杆约七八法寸[①]。挖地要用园艺铲，使中间的土块跟四周的土完全隔开，才能把整块土挖起来，然后翻倒在地，再小心地把它捣碎。我就是这样做才挖好的。

我的朋友，看到用这样新颖的探测方法，把美丽的吉丁相继摊放在我们急切的目光下时，你可能会跟我们一样欣喜若狂的。每当我们把坑道彻底翻了过来，里面展露出新的宝藏，而炎热的阳光使它更加光彩夺目的时候，每当我们发现不同龄期的节腹泥蜂幼虫咬着它们的猎物，发现这些吉丁的壳上全都镶金嵌铜，安着蓝宝石的时候，我们都禁不住发出了欢呼声。我是个着重实践的昆虫学家，唉！三四十年以来，我从没有见到过这么迷人的场面，从没有参加过这样欢庆的节日。你不在场，否则我们一定会更加高兴的。我们看到这些闪闪发光的鞘翅目昆虫，看到这些吉丁可以非常清楚地被辨认出来，再看到节腹泥蜂把它们埋藏和存放起来，它们的智慧是那么惊人，我们真是越来越赞赏不已了。请相信我，在挖出来的400多只昆虫中，没有一只不是属于吉丁

① 法寸：法国古长度单位，等于1/12法尺，约合27.07厘米。——校注

科的，灵巧的节腹泥蜂丝毫没有搞错。从一只小小昆虫的聪明技巧中，我们可以学到多少东西啊！拉特雷依[①]对节腹泥蜂为博物学做出的贡献，会给予多高的评价啊[②]！

现在我们来谈谈节腹泥蜂筑巢和供应粮食所采用的各种办法。我说过它选择经过踩踏、密实和坚固的土地，我得补充指出，土地必须干燥而且受烈日曝晒。选择这样的土地是聪明之举，或者，你愿意承认的话，是出于本能，这本能可以说是得之于经验。一块松动的地，一块纯粹的沙质土壤，挖起来无疑要容易得多；但是在这样的地里，怎能开出一个为了出入方便而一直敞开的洞口，挖出一条两壁不会随时坍塌、不会因小雨而变形或堵塞的巷道来呢？所以它选择这样的土地，是合理而且经过准确计算的。

我们的膜翅目掘地虫使用大颚和前足跗节来挖掘巷道，为此跗节上长着硬刺作为耙。洞的直径不能只有矿工身体那么大，必须能把体积更大的猎物运进去。这种远见真是不可思议。随着节腹泥蜂钻进土里，它把挖出来的土送到外面堆起来，我刚才比喻为一个小鼹鼠丘的，正是余泥堆。巷道不是垂直的，如果垂直，那么由于风吹或者其他许多原因，就有被填满的危险。在离洞口不远处，巷道拐了个弯，长度有七八法寸。多才多艺的母亲把孩子们的摇篮放置在巷道尽头，五个彼此隔开而独立的蜂房，排成半圆圈，蜂房的形状和大小如一颗橄榄，内面光滑而牢固。每个

---

① 拉特雷依（1762—1833）：法国动物学家，昆虫学的奠基人之一。1796年出版《昆虫分类学概述》，标志着现代昆虫学的开始。——译注

② 从地下挖出来的450只吉丁属于如下几种：八斑吉丁、双面吉丁、紫红吉丁、慢步吉丁、双斑吉丁、碎点吉丁、黄斑吉丁、金点吉丁、九点吉丁。——原注

蜂房放有三只吉丁，这是每只幼虫的日常口粮。母亲在这三只吉丁中产卵，然后用土封住巷道，使小室不再与外部相通。小室里的吉丁就是幼虫孵化后的食粮。

捕食吉丁的节腹泥蜂[1]应是一个机智、勇敢而灵巧的猎手。它埋在窝里的吉丁干净又新鲜，显然这些吉丁刚刚在木质巷道里羽化为成虫，一出来就被抓住了。可是只靠花蜜维生的节腹泥蜂，要具有多么难以想象的本领，才能够千辛万苦地为它永远看不到的爱吃肉的孩子提供肉食，才能够飞到彼此毫不相似的树上，从树干深处搜捕注定要成为猎物的吉丁啊？它需要有多么更令人难以想象的动物学触觉，才能够在选择猎物时，只在一个类别中捕捉在大小、外形、颜色方面千差万别的各种吉丁啊？我的朋友，请你看看，各种吉丁的相似之处是多么少：双斑吉丁体态修长，颜色暗淡；八斑吉丁椭圆形，蓝底或绿底上有两个漂亮的大黄斑；碎点吉丁体积是双斑吉丁的三四倍，呈金灿灿的蓝绿金属色。

3/4

双斑吉丁

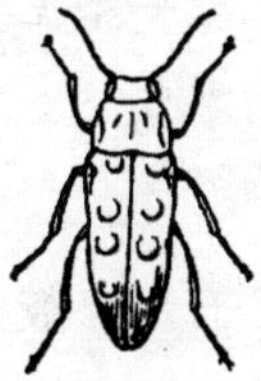
八斑吉丁

碎点吉丁

我们的吉丁杀手，还拥有一种特殊的技艺。被埋葬的吉丁，以及我从它们的掠夺者足下抢来的吉丁，都丝毫没有生命的迹

① 捕食吉丁的节腹泥蜂：又名黄带土栖蜂。——校注

象；总之，它们肯定都死了。可是，我惊奇地注意到，不管什么时候，这些尸体不仅保持着新鲜的色彩，而且足、触角、唇须和节间膜都十分柔软，可以弯曲。它们身上看不出有任何损伤，没有任何明显的伤痕。我最先还以为，埋在洞里的吉丁能保存完好，是因为埋在凉爽的地下，没有空气和光线的缘故；而那些我从掠夺者手里抢下的吉丁，则是因为刚刚死的缘故才这样新鲜呢！

但是请你观察一下，在实验中，我将挖出来的许多吉丁各自放在圆锥形纸袋里后，经常是在放了36个小时之后，才用大头钉把它们钉起来的。看吧，尽管7月炎热干燥，这些吉丁的腿节总是可以弯曲自如。不仅如此，在这段时间之后，我解剖了若干只吉丁，它们的内脏仍然保存得完好无损，我的解剖刀好像是插到这些吉丁还活生生的内脏里似的。然而长期的实验告诉我，一只这样大小的吉丁，在夏天死了12个小时后，它体内的器官要么干了，要么腐烂了，根本不可能看出其形状和结构。可是，被节腹泥蜂杀死的吉丁却例外，它一个星期，也许两个星期都不会干掉和腐烂。这究竟是怎么回事呢？

一只吉丁若干星期来处于死尸般的无生气状态，成为一块野味，可是在最炎热的夏天不会变质发臭，保持跟被捕捉时一样的新鲜。为了解释为什么能够把肉保存得这么好，这位精明的介绍吉丁捕猎者的昆虫学家，便设想节腹泥蜂使用了防腐液，它所起的作用就像为了保存解剖的肌体所使用的化学药品一样，节腹泥蜂把毒汁注入猎物体内。一小滴毒汁随着螯针这根用来注射的探针注入，就起着腌肉盐水或者防腐液的作用，把幼虫要吃的肉保存下来。节腹泥蜂保存食品的方法比我们强了多少啊！我们用盐浸泡，用烟熏，把食物放到密封的白铁盒里，诚然，食物仍然可以吃，可是比起新鲜状态，质量就差远了。泡在油里的罐头沙丁鱼、荷兰的烟熏鲱鱼、盐腌日晒的鳕鱼干，能够跟送到厨房时还活蹦乱跳的鱼相比吗？就肉质而言，就更差劲了。除了腌制和熏干外，没有任何一块真正的肉能够保持很短一段时间而不会腐烂。今天，经过千百次劳而无功的努力之后，人们斥巨资来装备特殊船只，船上有冷冻机器，通过强冷把在南美潘帕斯草原上宰的牛羊肉冷冻，使之免于腐烂。节腹泥蜂的办法这么迅速，这么有效而又不花钱，比我们高明多少倍啊！我们从它超群绝伦的化学手段中，能够学到多少有益的东西啊！它用几乎看不见的一小滴毒汁，使它的猎物不会腐烂。我在说什么呀？不会腐烂？远不只如此！它使它的野味不会变干，腿节灵活自如，器官像活着时一样新鲜，总之，它使吉丁除了一直像尸体那样一动不动外，跟活着没什么不同。

面对不会腐烂的死吉丁这种不可理解的奇迹，杜福尔便产生了这样的想法。一种比人类的科学所能生产的强千百倍的防腐液，似乎解释了这个奥秘。这位大师是精明者中的精明者，精通解剖学，他用放大镜和解剖刀仔细观察整个昆虫纲，没有一个角落未曾探索到，总之，对于他来说，各种昆虫的组织都没有任何秘密；可是面对一个使他惶惑不解的事实，他除了提出防腐液来做出表面上可以讲得通的解释外，再也想象不出别的。请允许我进一步强调昆虫的本能和学者的理性，以便及时把昆虫的无比优越性更好地揭示出来。

关于捕食吉丁的节腹泥蜂的历史，我只再说几句。这种膜翅目昆虫，正如它的历史学家告诉我们的，在朗德很普通，而在沃克吕兹[①]省似乎十分罕见。秋天，我偶尔在阿维尼翁郊区，或者在奥朗日[②]和卡班特拉[③]郊区见到，而且总是孤零零地在带刺茎的菊科植物的头状花序上。在卡班特拉，河边松软的沙地十分有利于膜翅目掘地虫干活，我不仅亲自挖出了大量杜福尔所描述的昆虫，而且还找到了几个老窝。我根据蜂窝的形状、所供应的食物，以及在附近遇到的节腹泥蜂，毫不犹豫地断定这是吉丁捕猎者的窝。这些窝挖在一种当地称为“萨弗尔”的非常易碎的砂岩中，窝里充满着吉丁的残肢断体——断掉的鞘翅、掏空的前胸、整条腿，非常容易辨认出来。幼虫美餐后的残羹剩菜全部属于一种昆虫，这昆虫还是一种吉丁：对生吉丁。所以，从法国西部到东部，从朗德到沃克吕兹，节腹泥蜂爱吃的野味始终是吉丁，经度的不同丝毫没有改变它的偏爱。它在海边沙丘的海松林中捕猎的是吉丁，在普罗旺斯[④]橄榄树林中捕猎的还是吉丁。它根据地点、气候和植物而改变所捕猎的吉丁的种别，这些因素使昆虫产生了许许多多变异，但是节腹泥蜂所爱吃的虫类并没有改变，那就是吉丁。这是出于什么样的奇怪原因呢？这便是我试图加以论证的。

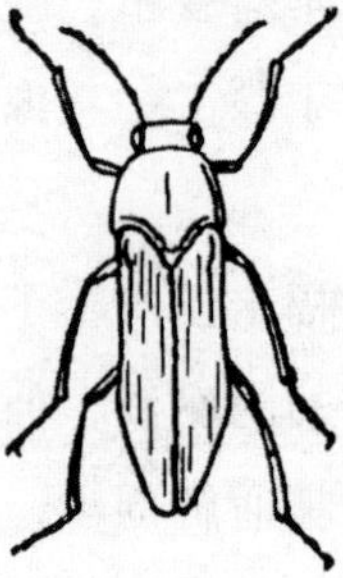

对生吉丁

① 沃克吕兹：法国南部的大区省，法布尔的一生基本上居住于该省的阿维尼翁、卡班特拉、奥朗日、塞尼昂等地。——校注

② 奥朗日：法国南部城市，位于罗讷河右岸。法布尔于1870年迁居于此，《昆虫记》第一卷完成于此地。——校注

③ 卡班特拉：法国南部城市，法布尔师范毕业后到该市中学附小教书，在此居住多年。——校注

④ 普罗旺斯：法国旧省，位于阿尔卑斯山和罗讷河之间的地中海滨，法国南部的文化中心，保有独特的语言和文化传统。——校注

第四章 栎棘节腹泥蜂

我满脑子都是吉丁捕猎者的赫赫战功，期待着自己也有机会看看节腹泥蜂的工作；我如此殷切地期待着，终于盼到了这个机会。诚然，这不是杜福尔所称颂不已的那种膜翅目昆虫，那种昆虫以丰盛的食物为餐。我从地下挖出来的食物残屑，就像砂金矿内矿工用铁镐砸烂的金块碎粉一样。我看到的是一种同类的昆虫，这种硕大的掠夺者满足于吃比较小的猎物，这就是栎棘节腹泥蜂，或者称大节腹泥蜂，它在节腹泥蜂中个子最大，最壮实。

9月下旬，膜翅目掘地虫开始筑巢，并把幼虫吃的猎物埋在窝里。昆虫选择住宅地点总是十分挑剔，而且总是按神秘的法则来决定；支配不同种昆虫的法则各不相同，而同种昆虫则永远不变。杜福尔的节腹泥蜂要求用来造窝的地要像小径那样水平，踩踏压实，这样便不会一下雨就坍塌、变形，弄坏巷道；而我见到的节腹泥蜂则相反，要在垂直的地方造窝。建筑上的小小变动，使得会威胁巷道的大部分危险就不会发生，因此在选择土壤方面也就不太困难，它可以随便在什么地方筑巢，或者是在略带黏土的疏松的地里，或者是在柔软易碎的沙中；如此一来，它的挖掘工作也方便多了。工程的唯一条件是地要干燥，而且一天中大部分时间能够照到阳光。所以我们的节腹泥蜂安家的地方都选在道路的陡峭边坡，柔软的沙地被雨冲刷成沟壑的侧面。在卡班特拉附近称为“凹路”的地方，这样的地面很常见，正是在那里，我观察了大量的栎棘节腹泥蜂，并搜集到了关于其历史的大部分事实。

对它来说，选择垂直的地方还不够，它还采取了其他预防措施，来抵挡深秋时节不可避免的雨水：某个突出如檐口状的硬砂岩片，在土里自然形成的可以放进拳头的某个洞。它正是在这雨檐下，正是在这洞底，修筑巷道，为它的房屋增添一个前厅。栎棘节腹泥蜂虽然没有群居的习惯，但少数却喜欢聚集在一起，总是十来只结为一组，至少我观察过的窝是如此；它们的洞口往往隔得相当远，但有时彼此接近得碰到一起了。

天空晴朗，阳光灿烂，去看看这些勤劳的矿工的各种劳动是再妙不过的。它们有的在洞穴深处用大颚耐心地把几粒砾石拔出来，然后推到洞外去；有的用跗节上锐利的耙刮着走廊的两壁，倒退着把耙下来的一堆泥屑扫到洞外，碎土如涓涓细水从陡坡侧面流淌下来。正是这些从建筑着的巷道一次次排出来的细流，向我泄露了节腹泥蜂的踪迹，让我发现了它们的窝。另外一些或者因为累了，或者艰辛的任务已经完成，似乎正在保护它们住所的天然雨檐下休息，或擦亮触角和翅膀；或在洞口一动不动，只露出黄黑相间的方形大脸。还有的低声嗡嗡叫着，在灌栎附近的灌木丛上飞来飞去，一直在巢穴附近窥伺的雄蜂很快便跟随而来，于是一对夫妇喜结良缘。不过，此时往往有另一只雄蜂企图取代这个幸运者，扰乱这门亲事。嗡嗡的声音变得咄咄逼人，彼此口角厮打，两只雄蜂在尘土中打滚，直到其中一只甘拜下风。雌蜂在不远处若无其事地等待争斗的结局；最后它接受了战斗中有幸取胜的雄蜂，于是这对伴侣飞得无影无踪，到遥远的灌木丛上去寻找安宁的生活。雄蜂的角色仅限于此，它比雌蜂个子小一半，可数目几乎与雌蜂一样多。它们在窝的附近转悠，但从不参加挖洞的辛勤劳动，也不参加也许更为艰苦的为蜂房供应粮食的捕猎工作。

没几天，巷道就挖好了，特别是那些前一年用过的巷道，稍加修理后就可以重新使用。据我所知，其他节腹泥蜂没有作为遗产代代相传的固定住宅。它们是真正的流浪吉卜赛人，流浪生活把它们带到哪里，只要土壤适合，它们便在那里定居。可是栎棘节腹泥蜂却贪恋自己的旧居。向外伸出的砂岩片曾作为前人的雨檐，如今被它用上了；它在祖先挖过的沙基上挖掘，在前人的老屋上筑上自己的新屋。它的退隐地往里深深延伸，要想察看一番并不容易。巷道的直径相当大，大拇指都放得进去，节腹泥蜂即使抱着猎物都可以在里面活动自如。我们稍后将会看到它是怎么捉猎物的。巷道的走向，先是水平的，延伸至一二分米深处，然后猛地一拐弯，略为倾斜地时而朝这个方向，时而朝另一方向往下延伸。除了水平部分和拐弯处外，其余的似乎完全取决于土壤挖掘的难易程度，这一点我们可从巷道最深部分的走向变化不定、蜿蜒曲折得到证明。我所探测的洞全长达半米，巷道尽头是蜂房，数量很少，每间蜂房备有五六只吉丁作为食物。不过我们且搁下砌造工程的这些细节，去看看更令我们赞赏不已的事情吧！

栎棘节腹泥蜂选来饲养幼虫的猎物是身材巨大的小眼方喙象。掠食者用腿抱着沉重的猎物，腹部贴着腹部，头靠着头，往洞口飞。它在离洞不远处笨拙地停落下来，接着不靠翅膀的帮助走完余下的路程。这时节腹泥蜂用大颚十分艰辛地拖着猎物，在垂直的或者十分倾斜的路面上行走，结果经常摔跟头，掠食者和它的猎物一起翻倒，滚到斜坡底下。但这一次次跟头不会使不知疲倦的母亲沮丧泄气，它浑身沾着尘土，终于带着一刻也不松手的战利品钻进了窝中。栎棘节腹泥蜂抱着这么重的东西行走很不容易，可飞起来却不同了。

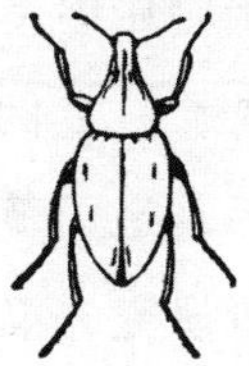
小眼方喙象

它的飞行能力令人佩服，这种粗壮的小虫能够带着几乎跟它一般大而且比它重的猎物飞行。我曾好奇地分别把栎棘节腹泥蜂和它的猎物称重进行比较，前者重150毫克，后者平均重量为250毫克，几乎重了一倍。

这些数字相当雄辩地说明，这个捕猎者是多么强壮有力，所以当我出于好奇，不慎靠得太近把它吓住，它决定逃走以拯救宝贵的战利品时，看到它那么敏捷，那么从容地用腿抱着野味又飞起来，飞到我看不见的高处，我不禁赞叹不已。不过它并不是都会逃走的，我又用一根麦秸撩拨它，把它翻倒，好不容易才终于既没有伤害它，又使它放弃了它的猎物，我赶忙把猎物抢了过来。遭到抢劫的节腹泥蜂四处搜寻，它钻进窝里，很快又出来，然后飞走再去捕猎。不到十分钟，这个灵巧的猎手又找到一个牺牲品，完成了谋害和劫持的大业，而我则经常不经允许便把它的猎物据为己有。我接连八次扒窃同一只节腹泥蜂，它接连八次矢志不渝地重新进行劳而无功的远征。它的坚忍毅力使我失去了耐心，于是第九次的俘虏便最终归它所有了。

采取这种办法或者通过闯进已经备好食物的蜂巢，我得到了近百只象虫科昆虫。尽管通过杜福尔关于捕食吉丁的节腹泥蜂的习性这篇文章，我完全可以料想到这究竟是怎么回事，可是当我看到我刚刚搜集到的奇怪的材料时，我还是十分惊讶。如果说吉丁的捕猎者可以随便捕捉同类昆虫的任意一种，那么栎棘节腹泥蜂则始终不变地专门捕捉小眼方喙象。我在清点战利品时，只发现了一个例外，仅有的一个例外，它捕捉了同科的双带方喙象。我经常造访节腹泥蜂的家，这种例外现象却再也没有见到。我后来进行研究，又发现了第二个例外，它捕捉了一只甜菜象，全部的例外仅此而已。

这种猎物味道更鲜美、更甜，是否足以解释为什么它只爱吃一种昆虫呢？幼虫是不是觉得这种从不改变花样的野味汁液更合口味，而在别的昆虫身上根本找不到呢？

我不这么认为。如果说杜福尔的节腹泥蜂不加区别地捕猎各种吉丁，是因为所有的吉丁肯定都具有同样的营养价值，那么，象虫科昆虫也应当如此，它们的营养价值应当是一样的；所以这种如此令人惊奇的选择，只不过是由于猎物的体积大小，因而只不过是节省时间和减少辛苦的问题而已。栎棘节腹泥蜂是节腹泥蜂中的巨人，特别喜欢捕食小眼方喙象，是因为这种象虫是我们地区最大的，而且也许是最常见的。但是，如果栎棘节腹泥蜂捕不到它所喜爱的猎物，在万般无奈之下，它也会转向别种虫子，即使没那么大也罢，我们见到的两个例外便是证明。

另外，靠捕捉大吻管的象虫维生的，远不是只有这种节腹泥蜂，许多别种节腹泥蜂根据它们的身材、力气和捕猎的可能性，也捕食象虫科昆虫，这些象虫的类别、种别、形状、大小，千差万别。我们早就知道，沙地节腹泥蜂用类似的食物来饲养它的幼虫，我自己就曾在它的窝里找到过直条根瘤象、长腿根瘤象、细长短喙象、细长短方喙象、作恶耳象。大耳节腹泥蜂的战利品有草莓耳象和带刺叶象。铁色节腹泥蜂的食橱里有鼠灰色叶象、带刺叶象、直条根瘤象、卷叶象。卷叶象有时呈非常漂亮的金属蓝，但通常是闪闪发光的金铜色，它会把葡萄叶卷成雪茄状。我有时发现一间蜂房里有七只闪烁着金光的昆虫，地下小窝里盛宴的豪奢程度，简直可以与吉丁的捕猎者埋藏起来的浑身披金戴银的吉丁比美。

其他种类的节腹泥蜂，尤其是最弱小的，则热衷于吃小的野味，并以数量多来弥补体积小的不足。例如四带节腹泥蜂在每个蜂房里堆放的圆腹梨象，数目多达30只；当然，如果有机会碰上如直条根瘤象、鼠灰色叶象一类较大些的象虫，它们也不会不屑一顾。大唇节腹泥蜂也是吃体积小的猎物。我们地区最小的节腹泥蜂朱尔节腹泥蜂，则捕食最小的象虫，圆腹梨象和谷仓豆象，这些野味与这种弱小的捕猎者很般配。除了这些食物之外，我还应补充指出，某些节腹泥蜂，如缀锦节腹泥蜂，则按别的美食规则行事，它用某些膜翅目昆虫来喂养它的幼虫。这样的爱好超出了我们讨论的范围，姑且不再谈论。

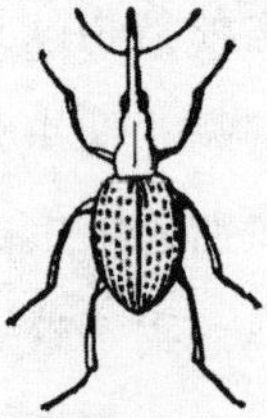
圆腹梨象

在八种以鞘翅目昆虫为口粮的节腹泥蜂中，七种吃象虫，一种吃吉丁。这些节腹泥蜂出于什么奇怪的原因，把捕猎局限于这么狭窄的范围呢？它为什么只挑这种食物呢？吉丁和象虫之间在外表上毫无相似之处，而其内部有什么相似的特点，因而都成为节腹泥蜂幼虫的食物呢？在其他某些猎物之间，毫无疑问存在着味道、营养成分的不同，幼虫非常善于做出评价；但是要解释它为什么特别喜爱这种食物，一定有一种远比美食因素重要得多的原因。

对于留给食肉幼虫吃的猎物能够长时间很好保存的问题，杜福尔已做了十分精到的介绍，我几乎用不着再补充。我从地下挖出来和从掠食者手下抢下来的象虫，虽然永远一动不动，却全都保存得十分完好：颜色新鲜，体膜和最小的关节都很柔软，内脏正常，甚至在放大镜下也看不出一点损伤。这一切都会使你怀疑，眼前这个毫无生气的躯体是否真的是一具死尸；于是人们情不自禁地会认为，猎物随时都会动起来。一般来说，如果天气炎热，死了的昆虫经过几个小时就会被烤干，一碰就碎；如果天气潮湿，它们又会腐烂发霉。

我曾经不采取任何预防措施，把节腹泥蜂捕捉的吉丁和象虫在玻璃管或纸袋里放了一个多月。经过这么长时间之后，它们的内脏丝毫没有变得不新鲜，解剖起来就跟在活体昆虫身上进行一样容易，这可真是出奇的事。不，面对着这样一些事实，我们不能相信昆虫真的已经死去，只靠防腐剂的作用才保持新鲜；生命还在它们身上，这是潜伏着的消极的生命，这是植物性的生命。正因为有这种生命，它才能成功地与化学力量破坏性的入侵斗争，使身体不会腐烂。除了不能活动之外，它们还有生命迹象，就像使用了氯仿和乙醚那样，我的眼前出现了奇迹，这个奇迹是由于神经系统的神秘法则而产生的。

这种植物性生命的功能无疑因受到扰乱而减缓了，但毕竟仍然在暗地里发挥作用。象虫虽然再也不会醒来，但在尚未死亡，仍然沉睡的头一星期，还会正常而且间歇性地排便。只有当肠里什么东西都没有了时，排便才会终止。我通过解剖尸体得到了证实。昆虫还能表现出来的生命微光并不只限于此，虽然对外界刺激的反应看来已永远消失，可我还能够使它激起一点微澜。我把一些刚刚从地里挖出来、一动不动的象虫放到一个小瓶里，瓶内装着浸了几滴苯的木屑。我惊奇地看到，一刻钟后，它们的腿动了。我还以为可以使它们起死回生呢，不过这只是幻想罢了，腿的活动是即将消失的反应能力的回光返照，很快便停止了，无法再次激活起来。

我又重新开始实验，实验对象是从被害后几小时到三四天的象虫，实验都取得了成功。不过，昆虫被害的时间越久，要越长的时间才有动作表现出来。昆虫的轻微运动总是先从前部开始再到后部，首先是触角慢慢摆动几下，然后前足跗节颤抖，然后是第二对跗节，最后第三对跗节很快也动起来。跗节一旦动了起来，末端的爪便毫无秩序地摆动，直至全都又恢复不动；而静止往往有点突如其来。除非凶杀事件刚刚发生，否则跗节的摆动不会传到较远的部位，所以腿一直是不动的。

被害十天后，我用同样的方法却无法激起象虫任何反应；于是我求助于电流。这种办法更有力，引起了昆虫肌肉的收缩并使连苯的蒸气都无法激活的部位动了起来。我把本生灯[①]的一两个部件装在通电流的细针上，将一根针的针尖放在昆虫腹部的最后一节下面，另一根针尖放在颈下，一通电，除了跗节颤动外，所有的足都弯曲起来收缩到腹下，电流切断时足又放松伸直开来。头几天这些动作非常有力，然后强度逐渐减弱，一段时间后便不再有反应了。第十天，我还能激起它明显的动作；第十五天，尽管昆虫的膜还柔软，内脏还新鲜，电流却已无力激起它的动作了。我用电流刺激一些死了的鞘翅目昆虫，被苯或二氧化硫窒息的琵琶甲、楔天牛、青杨黑天牛，对它们的反应加以比较。在窒息后至多两小时，我就无法激起这些死昆虫的反应，而象虫在被它们可怕的敌人置于半生不死的奇怪状态已经好几天了，我却可以很容易地使它们动起来。

所有这些事实跟认为昆虫彻底死亡的设想，跟认为一具真正的尸体依靠防腐液的作用而变得不会腐烂的假设，是背道而驰的。这些事实只能这样来解释：昆虫受到伤害而无法活动，它那突然被麻痹的反应能力慢慢熄灭，与此同时，它类似植物的生命功能因为比较顽强，所以消失得比较慢，从而使它的内脏保持得完好无损，好让杀手的幼虫在需要时享用。

我们还应该特别注意一点，那就是凶杀的方式。显然，节腹泥

---

① 本生灯：实验室使用的一种气体燃烧装置，德国化学家罗伯特·本生使这种灯大为普及。——校注

蜂的毒螫起着首要的作用。但是，象虫身上披挂着坚硬的甲胄，甲胄的各个部分又拼合得天衣无缝，这毒螫刺在哪里，又是怎么刺进去的呢？在一只只被螫针蜇过的昆虫身上，我甚至用放大镜也丝毫看不出谋杀的痕迹，所以必须通过直接的检查，查明节腹泥蜂谋杀的手段。这个问题，杜福尔知难而退了，而我在一段时间内也觉得束手无策。不过我还是进行了尝试，而且我很满意终于找到了答案，当然不是没有经过反复的摸索。

节腹泥蜂从窝里飞起来去捕猎时，没有一定的方向，有时飞向这边，有时飞向那边，然后随便从哪个方向抱着猎物返回。它们对四周不加区别地进行搜寻；但是由于这些猎手来回几乎不超过十分钟，它们搜索的半径看来并不大，何况还要考虑到必须花时间发现猎物，向猎物进攻，使它失去生气。我尽可能留意地在四周搜寻，希望找到正在捕猎的节腹泥蜂。我花了一个下午寻找却一无所获，于是我相信这样的寻找是无用的，即使偶有机会撞见罕见的几个狩猎者，分散在各处捕猎，可是由于它们飞得快，也很快就看不见了，特别是在种满葡萄和橄榄树这些难以观察的地方，就更无法追踪了。我放弃了这个方法。

如果我把一些活的象虫放在窝的附近，由于猎物不费劲就能找到，岂不是能够引诱节腹泥蜂前来，从而可以看到我想看的那场戏吗？我觉得这想法妙极了，第二天一早我便四处奔走，想抓几只小眼方喙象。葡萄园、苜蓿地、麦田、篱笆、石子堆、路边，到处我都找过，都检查过，经过长得要命的两天仔细搜寻，我终于拥有了三只象虫。它们浑身光秃秃的，沾满泥土，没有了触角或者跗节，这些瘸腿的老伤兵，节腹泥蜂也许是根本不要的！为了抓一只象虫，我浑身大汗地四处奔走，狂热地寻找，已经时隔多年。尽管我几乎每天都在进行昆虫学研究，可我始终不明白，在山路旁四处游荡的方喙象，是在什么条件下生活的。强大的本能的力量啊！在同一块地方，转眼之间，我们的节腹泥蜂会找到几百只象虫，而我们根本找不到；而且它们抓的这些昆虫都是新鲜的、有光泽的。因此，可以肯定它们是刚刚从蛹室里出来的！

不过，我还是用我抓来的蹩脚的野味试试看吧。一只节腹泥蜂刚刚带着平常的猎物走进它的窝，它再走出来去捕猎前，我把一只象虫放在离洞口几法寸的地方。象虫四处走动，如果它离开得太远，我便把它又放到岗位上。节腹泥蜂终于露出宽大的脸，从洞里出来了，我的心激动得怦怦地跳。它在家门口附近踱来踱去，过了一会儿，它看到了象虫，用腿碰碰，转过身来，几次从象虫身上走过，然后飞走了，对我捉来的东西连用大颚碰一碰都不屑，我可是费了多大的劲才捉到的啊！我困惑不解，惊讶不已。我在别的一些洞口再做实验，还是失望了。这些挑剔的捕猎者不吃我送给它们的野味，也许是因为我用手抓这虫子，把节腹泥蜂不喜欢的气味传到象虫身上了。对于这些挑剔讲究的食客，只要食物被别人的手碰了一下，它就会感到恶心。

我如果迫使节腹泥蜂为了自卫而使用它的螯针，会不会运气好些呢？我把一只节腹泥蜂和一只方喙象关在同一个瓶里，晃荡了几下来刺激它们。节腹泥蜂本性机灵，比另一个粗胖笨拙的囚徒更易受刺激。可是，它想到的不是进攻而是逃走，两者的角色甚至颠倒过来：象虫成了侵略者，有时用它的大颚抓住死敌的一只腿，而节腹泥蜂甚至没有打算自卫，因为它太害怕了。我束手无策，然而所遇到的困难，却更增强了我想弄个明白的愿望。好吧，我们再想想办法吧！

突然我脑子里冒出了一个高明的想法，给我带来了一线希望，这想法十分自然地触及问题的要害。是的，就是这个主意，这种办法会成功的：必须在节腹泥蜂最急切地进行捕猎时，向它提供它不屑一顾的猎物。这时它一心只想着找到食物，便不会发觉食物有什么缺点。

我已经说过，节腹泥蜂狩猎归来时，会落在离洞不远处的斜坡底下，千辛万苦地把猎物拖进洞里。这时我便用镊子摄住猎物的一只腿，把它从节腹泥蜂怀抱里拽出来，然后立即把一只活象虫扔给它。我成功了，节腹泥蜂一感到猎物从肚子底下滑走不见了，便用足急不可耐地跺着地。它转过身来，发现了取代它的猎物的那只象虫，它急忙扑过去，用腿搂住把它带走。但是它很快发现这猎物是活的，于是开始了这场戏，不过戏结束之快令人难以想象。

节腹泥蜂和它的牺牲品面对着面，它用强有力的大颚抓住象虫的喙，用力夹住；而当象虫被迫直立着挺起身子时，节腹泥蜂用前足使劲压它的背板，使它的腹节微微张开。这时我看到凶手的腹部滑到方喙象的胸部下，弓起身子，用带毒的螫针在方喙象前足和中足之间的胸关节，狠狠蜇了两三下，一刹那间大功告成了。这个牺牲品没有丝毫抽搐，四肢没有任何踢蹬，这些反应是昆虫临死前一定会有的，它就像被雷击毙似的永远一动不动了。这么快的速度真令人害怕，也令人叹为观止。然后，掠夺者把尸体背朝地翻过来，跟它腹部贴着腹部，用腿一左一右地紧紧抱住尸体飞走了。我用我抓到的三只象虫做了三次实验，情况完全一样。

不言而喻，我每次都把节腹泥蜂自己的猎物还给它，并把我的方喙象取出来，以便更加从容不迫地进行实验。实验只是证实了我对凶手可怕的才干的高度评价。在蜇刺的地方根本不可能看出极其微小的伤痕，哪怕一点点流出来的血。最令我们惊奇的是，猎物这么快、这么彻底地完全不能动弹了。谋杀一结束，这三只在我眼前被动了手术的象虫，不管是用镊子夹它、戳它，都根本看不出它们对刺激有任何反应的迹象，必须用前面谈到的人工手段才能激起反应。

这些粗壮的方喙象如果是被一根大头针刺穿，并被钉在昆虫标本收集者那万劫不复的软木板上，可能会挣扎动弹几天、几个星期，我说些什么呀，可能会挣扎整整几个月呢；可是由于轻轻一蜇，就在被注射了一小滴看都看不见的毒汁的当时，便一动都不能动了。在化学里并没有剂量这么小而毒性这么剧烈的毒药；如果节腹泥蜂能制造出氰化氢，氰化氢倒是勉强能产生这样的效力。所以要想了解为什么象虫能够如此迅速地突然死去，我们必须从生理学和解剖学而不是从毒理学方面寻找原因；为了了解这些不可思议的事实，我们应当考虑的既不是所注射的毒汁的高度效力，也不是受伤害的器官的大小。

那么在螫针的蜇入点究竟发生了什么呢？

第五章 高明的杀手

膜翅目昆虫向我们指明了螫针的蜇入点，向我们揭示了它们的部分秘密。那么问题是不是就解决了呢？还没有，而且还差得远呢。我们再回过头来，暂时忘掉昆虫刚刚告诉我们的事，想一想节腹泥蜂的问题吧。它是如何在地下蜂房里储存足够数量的猎物，把卵产养在一堆食物上，以满足孵出来的幼虫的需要呢？

初看起来，食物供应问题似乎很简单，可是细想一下，立刻就会发现困难非常之大。比如说吧，我们人类的猎物是靠开枪捕杀来的，被杀死的猎物遍体鳞伤。膜翅目昆虫对猎物的挑剔是人类所没有的，它要求猎物完好无损，保持优美的形状和颜色，没有破碎的薄膜，没有开裂的伤口，没有丑陋可怕的死相。它的猎物完全保持着活昆虫的新鲜，蝶翅上精细的彩色鳞片丝毫不少，我们的手指只要碰一碰，上面的彩色就会褪落。想想看吧，即使是一只死昆虫，即使昆虫真正成了一具尸体，要做到这一点也是多么难啊！用脚粗暴地踩死一只昆虫，那是谁都能做到的；可是要把昆虫干净利落地杀死，却又丝毫看不出杀死的样子，可不是每个人都能轻而易举地做得到的。一只生命力顽强的小动物，甚至头被砍下来，还要扑腾好长时间哩，如果要求我们不把昆虫砸碎却要即刻把它杀死，那么多少人都不知道该怎么办才好哩！

只有实验昆虫学家才会想到用麻醉的手段，但是采用苯或者二氧化硫的蒸气这种原始的方法，成功也是没有把握的。在有毒的环境下，昆虫挣扎的时间太长，会使它的装饰物失去光彩。我们必须采用更剧烈的手段，例如让浸着氰化钾的纸带慢慢地散发出可怕的氢氰酸，或者更好的办法，使用硫化碳可怕的蒸气，这种化学物对捕昆虫的人没有危险。可见我们为了杀死一只昆虫，为了做到节腹泥蜂用简捷的方式便可以很快做到的事，即便假设猎物已经真正成为一具尸体，也要施展一整套求助于化学武库的手段，才能办到的啊！

一具尸体！这根本不是幼虫的日常饭食，幼虫是贪吃鲜肉的小家伙，野味只要有一点点臭味，它就会感到恶心，无法忍受。幼虫需要的是鲜肉，没有丝毫变味，变味是腐烂的第一个迹象。然而猎物不能活生生地储藏在蜂房里，就像我们为给一艘船的船员和旅客提供新鲜食物那样，不能把牲畜放在船里。娇嫩的卵放在活蹦乱跳的食物中间，会有什么结果！虚弱的幼虫，轻轻碰一碰都可能招致死亡的小虫，处在整整几个星期都在舞动装着铁刺的长腿的鞘翅目昆虫中间，会有什么结果！节腹泥蜂幼虫需要的是像死尸一般一动不动，可又有生命的新鲜食物，这两者之间的矛盾似乎是无法解决的。面对这样的问题，世人即使拥有最广泛的知识也无能为力，实验昆虫学家自己也会承认无法办到；而节腹泥蜂的食橱证明，这一切都不在话下。

假设在科学院的一次大会上，像弗卢朗、玛让迪、贝尔纳[①]等解剖学家和生理学家正在讨论这个问题。为了使食物长时间一动不动，同时又长时间不腐烂变质，人们的第一个想法，最自然、最简单的想法，那就是食物罐头。人们会提出使用防腐液，就像著名的朗德学者[②]在吉丁问题上所设想的那样；人们会设想，膜翅目昆虫的

① 弗卢朗（1794—1867）：法国生理学家，对神经系统的生理学有诸多发现。 玛让迪（1783—1855）：法国生理学家。 贝尔纳（1813—1878）：法国生理学家，法兰西科学院院士。——校注

② 指杜福尔。——译注

毒液具有卓绝的杀菌防腐效力，但这些奇特的效力还有待证明。用未知的防腐液来保存鲜肉，也许就是这个学者会议的结论，就像朗德博物学家一样。

如果人们强调，幼虫需要的不是罐头，因为罐头肉永远不可能具有仍会颤动的活肉特性，它们要的是一种尽管完全没有生气却仍然活着的猎物，那么这个学者会议就会认定采用麻醉的办法。“对，就是这办法！必须把昆虫麻醉，使它不能活动但又没有夺去它的生命。”为了达到这个效果，办法只有一个：在巧妙选好的某个或某些部位，损伤、切断、破坏昆虫的神经器官。

对于对微妙的解剖学秘密不熟悉的人，如果按这种要求去处理问题，事情就不会有多少进展。为了麻醉昆虫却不把它杀死，所要破坏的神经器官究竟是怎么样的呢？首先，这神经器官在哪里？无疑是在头部再顺着排下来，就像高级动物的脑子和脊髓一样。“你这么想就大错特错了，”我们的同行们会这么说，“昆虫像是一个翻转过来的动物，它用背来走路；它的脊髓不是在背面，而是在腹面。所以，要麻痹昆虫，只能在腹面动手术。”

这个困难解决了，又出现了另一个困难，而且严重得多。解剖学家拿着解剖刀，刀尖愿意插到哪里都行，即使遇到障碍，他也可以加以排除。节腹泥蜂没有选择的余地，它的猎物是一只披挂着坚固甲胄的鞘翅目昆虫，它的手术刀就是螫针，这个纤细的武器十分脆弱，角质的甲胄完全可以抵挡得住。这个脆弱的工具只能刺进几个部位，即只靠一层没有抵抗力的薄膜保护着的腹面的体节。另外，腹部腹面的体节虽然可以刺得进去，但完全不符合要求，因为蜇到这些部位，顶多也只能产生局部麻醉，不是阻碍整个运动器官活动而造成全身麻醉。

节腹泥蜂需要的是，仅仅一蜇便使对方失去任何活动能力，而不必长久地争斗，否则对自己会有致命的危害；它也不要蜇好几下，蜇的次数太多，就会危及猎物的性命。所以，螯针一定要刺到神经中枢这个运动官能的枢纽，神经就是从那里分布到各个运动器官上去的。这个神经中枢有一定数量的核或神经节，幼虫的神经节多些，成虫少些。这些神经节在胸部腹面的中线上，摆成一条彼此间隔不等而用神经髓鞘的双重饰带连起来的念珠串。在所有已发育完全的昆虫身上，胸部神经节，即控制翅膀和腿运动的神经节有三个。要刺到的就是这些点，以某种方式毁坏了这些点的作用，那么昆虫活动的可能性也就被摧毁了。

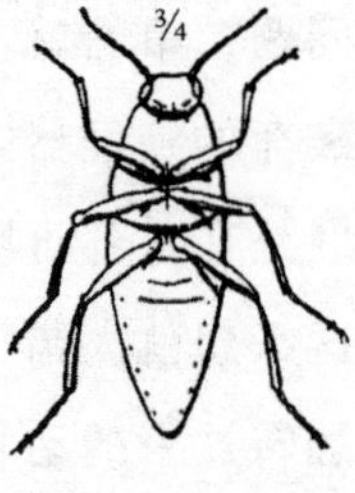

吉丁（腹面）

节腹泥蜂用螯针这个如此软弱的工具，能蜇入的只有两处，一处是颈与前胸之间的关节，另一处是前胸和中胸之间的关节，即前足和中足之间的关节。颈关节不太合适，它离腿以及刺激腿的活动的神经节太远。要打击的是另一处，也只有这一处。贝尔纳等人在法兰西科学院，以他们高深的科学知识阐述这个问题时，就是这么说的。节腹泥蜂螯针的刺入点就在那里，就在那个部位上，在前足和中足之间的胸部腹面中线位置。那么，昆虫是受到什么样高明智慧的启发呢？

在众多部位中选择一个脆弱的部位，这部位只有熟知昆虫解剖学结构的生理学家才能预先确定，以便刺入螯针。然而，做到这一点还远远不够，节腹泥蜂还有一个大得多的困难要克服，而它居然克服了，其卓绝的本领会令你惊呆的。

支配发育完全的昆虫的运动器官，神经中心有三处，彼此间隔开来；有时这三个中心会凑在一起，但很少见。这些中心各自还具有行动的独立性，所以其中某个中心的受损，至少从立即产生的效果来说，只会引起相应肢体的瘫痪，而不会影响到其他的神经节和这些神经节所支配的肢体。如果用螫针一个接一个地攻击这三个越来越往后缩的运动神经中枢，或者只蜇一点，即在前足和中足之间的关节，看来是办不到的，因为针太短了。然而，某些鞘翅目昆虫胸部的三个神经节彼此非常靠近，甚至有时最后两个神经节完全粘连在一起。随着这些神经节趋于混合而更加集中，激发运动的功能变得更加完善，因此，也就更易于受到攻击。这正是节腹泥蜂所需要的猎物。这些鞘翅目昆虫的运动神经中枢接近得碰到一起，甚至连成一团，结果彼此牢不可分，所以只要被刺上一针就立即瘫痪了；或者，即使要刺几下，要刺的神经节也全都在那里，至少都聚集在螫针的针尖下面。

这些十分容易使之瘫痪的鞘翅目昆虫是哪些呢？这就是问题之所在。贝尔纳关于生命和器官的杰出理论，只是泛泛而谈，已经不够用了；这理论无法教导和指引我们做这番昆虫学的选择。我求教于任何一个可能读到这几行字的生理学家，如果他不查找书架上的资料，有没有可能说出神经系统如此集中的鞘翅目昆虫的名字呢？即使查找书架，他能不能立即找到所要的资料呢？现在我们已经进入到专家所研究的详尽细节；我们已经离开大路，走到只有少数人熟悉的小径上来了。

这些所需的资料，我在布朗夏尔先生关于鞘翅目昆虫的神经系统的杰作[①]中找到了。我在该书中看到，神经器官如此集中的昆虫，首先是金龟子。不过大多数金龟子都太大，节腹泥蜂也许无法向它

① 《博物学年鉴》第三卷第五册。——原注

们进攻，也搬不走；另外，许多金龟子都生活在粪便里，而节腹泥蜂是那么干净，是不会到粪便里去找金龟子的。阎虫科昆虫的运动神经中枢非常接近，可这些昆虫十分污浊，生活于恶臭的尸体中，所以也应弃而不谈；至于棘胫小蠹，个子又太小，最后只剩下吉丁和象虫。

在茫然无知的一片黑暗中，忽然出现了一线光明，多么令人兴奋啊！在无数鞘翅目昆虫中，可以被节腹泥蜂劫掠的似乎只有两类，象虫和吉丁完全符合必不可少的条件。它们生活在远离恶臭和污秽的地方，而挑剔的狩猎者对于恶臭和污秽十分讨厌；它们种类繁多，形态各异，身材跟掠夺者差不多大，这样，掠夺者便可以随意挑选；比起其他鞘翅目昆虫来，它们控制腿和翅膀运动的神经中枢全都挤在一个部位，很容易刺到，节腹泥蜂可以万无一失地刺进去。象虫胸部的三个神经节十分接近，后两个几乎连在一起。在同一部位上，吉丁的第二和第三个神经节混成一团，而且与第一个神经节相距不远。有八种节腹泥蜂，绝不去捕捉别的野味，只捕猎吉丁和象虫，而节腹泥蜂以鞘翅目昆虫为食是业经证实了的！所以内部结构的某种相似，即神经器官集中在一起，就是各种节腹泥蜂的巢穴里，堆放着外表上毫无相似之处的牺牲品的原因。

再出类拔萃的知识也无法做出更明智的选择，选择尽管存在着巨大的困难，但都被巧妙地克服了，因此人们不免寻思，自己是不是被一厢情愿的幻想蒙骗，是不是先入之见的理论概念蒙蔽了事实的真相，最后，生花的妙笔是不是把想入非非的奇迹写得像真的一样。一个科学成果只有在以各种方式反复进行的实验加以证实后，才算是牢固确立了。所以，我们将节腹泥蜂告诉我们的生理学手术，通过实验加以检验吧！如果有可能用人工的方法得到节腹泥蜂用它的螫针所得到的结果，使被动手术者无法动弹并长时间保持新鲜，如果用节腹泥蜂所捕捉的鞘翅目昆虫或者用神经节也像这么集中的别的鞘翅目昆虫有可能制造出这种奇迹，而用神经节彼此分隔开的鞘翅目昆虫却办不到，那么不管在取证方面有多大困难，我们就会看到，节腹泥蜂受本能的无意识的启发，的确具有极其卓越的科学本领。好吧，我们看看实验是怎么说的。

动手术的办法很简单，用一根针，或者更合适的工具，用一支十分锋利的金属笔尖沾一小滴腐蚀性液体，把笔尖轻轻地刺入被试的第一对腿的基节窝，把液体注入前胸的运动神经中心。我使用的液体是氨水，其他任何具有同样效力的液体都可以产生同样的效果。沾着氨水的金笔就像沾着小滴墨水一样，我把笔尖戳进去，实验效果根据昆虫胸部神经节彼此接近还是隔开，而有很大的不同。对于前一种，我实验的对象有金龟子科昆虫圣甲虫和阔背金龟、吉丁科昆虫青铜吉丁，还有象虫，尤其是这些观察中的主角所追捕的方喙象。对于后一类，我实验的步甲科昆虫有小红步甲、黑步甲、强步甲、心步甲等，天牛科昆虫有楔天牛、青杨黑天牛，叶甲科昆虫有琵琶甲等。

在金龟子、吉丁和象虫身上，效果是立竿见影的，致命的药滴一碰到神经中枢，昆虫来不及抽搐便骤然停止一切活动。节腹泥蜂的蜇刺也不会产生更快的毁灭性的后果。没有什么比强有力的圣甲虫突然便一动不动更令人惊奇的。节腹泥蜂的螫针和沾着氨水带毒的金属笔尖所产生的效果，还不仅仅在这方面相似。被人工戳刺的金龟子、吉丁和象虫尽管完全一动不动，在三个星期、一个月，甚至两个月中，所有的关节仍然完全可以伸屈，内脏也像正常一样新鲜。在头些天，这些昆虫仍像通常那样排便，通上电流可以使它们动起来。总之，它们的表现完全就像被节腹泥蜂击杀的鞘翅目昆虫一样，被抢劫者蜇刺的猎物和有意用氨水破坏胸部神经中枢的被试者，两者的状态完全一样。

可是，猎物保存良好不可能归因于注射了氨水，所以必须完全摒弃任何注射防腐剂的想法。昆虫虽然一动不动，却并没有真正死去，它还有一线生命，在一段时间内，它的各个器官仍保持着正常的新鲜状态，然后才慢慢地逐步变坏直至最后腐烂。不过，有时氨水只能使得腿不能动弹，液体的毒效并没有蔓延得很远，触角还能稍微动一动，甚至在注射了氨水之后一个多月，只要稍微碰碰它，昆虫还会敏捷地把触角收缩回来，证明在没有活力的躯体上，生命还没有消失。被节腹泥蜂蜇伤的象虫，触角会动的情况也不罕见。

氨水的注射会使金龟子、象虫和吉丁立即停止运动，可是我们并不都能够使昆虫处于休克状态。如果刺的伤口太深，如果注入的氨水滴太强，那么昆虫就会真的死掉，两三天后，就只剩下一具发出恶臭的尸体。相反，如果刺得太轻，昆虫在一段时间或长或短的深深麻木之后，又会苏醒过来，至少部分恢复运动功能。其实，昆虫强盗完全也会像我一样刺得不好，我曾经看到一只被膜翅目掘地虫蜇过的猎物又复活了。我下面即将讲到黄足飞蝗泥蜂的故事，它在窝里堆放着被它的螯针预先刺过的小蟋蟀。我从窝里取出三只可怜的蟋蟀，它们的肌肉十分松弛，人们会以为它们已经死了，可此时它们仍然是假死。我把这些蟋蟀放在一只瓶里，保存得好好的，它们在将近三个星期中始终一动不动。最后，两只发霉了，第三只则部分复活了，它的触角、口器的某些部位，尤其令人惊绝的是前足又恢复了运动。如果说心灵手巧的膜翅目昆虫有时也会出差错，没能使猎物永远麻醉不醒，那又怎能要求我们笨拙的实验会始终万无一失呢？

在第二类鞘翅目昆虫中，也就是胸部神经节彼此隔开的昆虫身上，氨水所产生的作用完全不同。步甲科昆虫似乎是最不容易受到伤害的。一只粗壮的圣甲虫被刺一针就会立即无法动弹，可这一针即使是刺到个子不大的步甲身上，也只不过引起一阵剧烈而没有规则的抽搐而已，然后昆虫逐渐平静下来，休息几小时后，又恢复了平常的运动功能，根本看不出受过什么苦难的样子。如果对同一只昆虫再实验第二次、第三次、第四次，结果还是一样。我一直实验下去，直至这只昆虫伤得太严重，真正死了为止；不久之后它就干瘪、腐烂了。

杨树叶甲和天牛对氨水的作用更为敏感，注了一小滴腐蚀性液体，它们就迅速地一动不动，抽搐几下后，昆虫似乎就死了。但是，这种在金龟子、象虫和吉丁身上可能持续很长时间的麻醉状态，在它们身上只是暂时的现象，第二天，它们又会活动了，而且比过去更加有力；只有当氨水的分量相当大时，才会使得它们无法再动弹，可是昆虫已经死了，完全死了，因为它很快就腐烂了。对于神经节彼此接近的鞘翅目昆虫如此有效的办法，却不能使神经节彼此隔开的鞘翅目昆虫产生彻底而且持久的麻醉作用，麻醉只是暂时的，第二天就消失了。

论证十分清楚，捕捉鞘翅目昆虫的节腹泥蜂对猎物的选择，完全符合只有最博学的生理学家和最精到的解剖学家才能教授出来的道理。要想说这只不过是偶然的巧合是没有用的，这样的一致是不能用偶然性来解释的。

第六章 黄足飞蝗泥蜂

鞘翅目昆虫盔甲坚硬，只有一个部位能被带螯针的强盗刺入。凶杀者很清楚盔甲间的连接处在哪里，便把毒针刺入这个地方。它选择象虫和吉丁这一类昆虫行刺，这些昆虫的神经器官相当集中，一刺就可以刺伤三个运动神经中枢。但是如果猎物是软皮不带盔甲的昆虫，在跟膜翅目昆虫搏斗时不管被刺到什么部位都无所谓，会怎么样呢？膜翅目昆虫在蜇刺时是不是还有什么选择呢？凶手在杀人时会选择心脏，以便缩短受害者的反抗时间，减少麻烦，那么这强盗是不是采用节腹泥蜂的战术，宁愿刺伤运动神经节呢？如果是这样，假如这些神经节彼此不在一起，而是各自独立运动，一个神经节被麻痹，其他神经节却不会被麻痹，又会发生什么情况呢？一种捕捉蟋蟀的昆虫——黄足飞蝗泥蜂将会回答这些问题。

近7月末，黄足飞蝗泥蜂咬破保护着它的茧，从地下摇篮中飞出来。整个8月，在火辣辣的骄阳下昂首挺立的罗兰蓟带刺茎的枝头上，黄足飞蝗泥蜂正飞来飞去寻找蜜汁。罗兰蓟是一种十分普通却非常茂盛的植物。但是这种无忧无虑的生活非常短暂，一到9月，黄足飞蝗泥蜂就要从事挖掘和狩猎的艰巨任务，通常在道路两侧的边坡上，选择一个不大的地方来安家。当然，那里具备两个必不可少的条件：易于挖掘的沙土和充足的阳光。除此之外，它没有采取任何预防措施来遮蔽它的小窝，来抵挡秋天的雨水和冬天的白霜。一块无遮无挡、风吹雨打的水平场地对它是再适合不过，不过条件是这块地必须朝阳。但是如果正当它进行掘地工程时，突然下了一场暴雨，那它就惨了；第二天，正在建筑的地道会被沙土堵塞，弄得零乱不堪，结果不得不弃置。

黄足飞蝗泥蜂很少单独从事建筑，而是一群十只、二十只或者更多些，大家一道开发选定的场地。你必须一连好几天凝视着一个这样的村落，才能对这些勤劳的矿工忙忙碌碌的活动、敏捷的蹦跳、急剧迅速的动作有一个概括的了解。工人们用前腿，也就是林奈[①]所说的“犹如利刃”的耙子迅速挖着土。一只小狗也不会这么热情地耙着地玩的。每个工人都哼着快乐的歌曲，声音尖锐刺耳，时停时起，随着双翅和胸腔的振动而抑扬顿挫。这多像一群欢乐的伙伴，彼此在劳动中以有节奏的韵律来相互激励啊。工地上沙土飞扬，细尘落在它们微微颤动的翅膀上，被它们一点一点地耙出来的过大的沙砾，则滚到远离工地的地方。如果沙砾耙起来很费力，黄足飞蝗泥蜂便猛地一用劲，发出一声高腔，令人想到伐木工挥起斧头时喊出的“嗨哟”声。工人们腿颚并用，加倍使劲，小洞很快便挖出来，黄足飞蝗泥蜂的整个身子可以钻进去了。这时，往前挖新沙砾和往后排碎屑，两种动作迅速交替。在急促的来回运动中，黄足飞蝗泥蜂不是走，而是像是被弹簧弹出去似的往前冲；它跳跃着，腹部抽动，触角颤抖，全身震颤发响。现在我们眼睛看不见矿工了，可还听得到它在地下不知疲倦地歌唱，有时还能瞥见它的后腿把一堆沙土往后推到洞口。黄足飞蝗泥蜂时不时中断地下的工作，到阳光下掸掸身上的灰尘，因为尘粒落到细小的关节上，妨碍它活动自如；或者是去四周巡查一番。中断工作的时间很短，所以尽管时有停歇，但地道在几个小时内就挖好了，于是黄足飞蝗泥

① 林奈（1707—1778）：瑞典博物学家，双名命名法的创立者，最早阐明动、植物种、属定义的原则。著有专著多部，以《自然系统》（1735）最为重要。——校注

蜂来到门口高奏凯歌，对工程做最后的装修，刮掉那些凹凸不平之处，搬掉几颗只有它们的眼睛看得出会影响活动的沙粒。

在我看见过的许多黄足飞蝗泥蜂群中，有一群给我留下了深刻的印象。在一条大路旁有一些小土堆，这是养路工人用铲子挖小沟时堆出来的；其中一个半米高的锥形土堆早就被太阳晒干了。黄足飞蝗泥蜂喜欢这个地方，便在这里建了一个我从未见过的有如此众多居民的小村落。从堆底到堆顶洞穴密布，使这块圆锥形的干土外表看上去像块大海绵。整个大海绵上一片热火朝天的繁忙景象，居民们忙忙碌碌地你来我往，令人想起某个正在赶工的大工地。蟋蟀被拖到这个锥形城市的斜坡上，存放到蜂巢的食品储存间里。尘土顺着挖掘的巷道流出，满面灰土的矿工不时出现在走廊口上，不断地进进出出。有时你会看到一只黄足飞蝗泥蜂偷闲爬上堆顶，好像是要从高处欣赏一番它的杰作。多诱人的景象啊，我真想把整个村落连同它的居民一起搬走！可这只是白日梦，土堆那么高那么大，我怎么可能把它连根拔起，搬回家去呢！

还是回来看看在平地、在自然的土壤中工作的飞蝗泥蜂吧，这种情况才是最常见的。洞一挖好，飞蝗泥蜂就开始捕猎。我们且趁它们远出寻找猎物的机会，仔细观察一番它们的家吧。飞蝗泥蜂通常是群居在水平的地方，但那里的地并不总是平平坦坦的，有的地方凸出，上面覆盖着一簇草皮或者蒿属植物；有的地方有皱褶，植物的细根须把皱褶牢牢地板结起来。飞蝗泥蜂的窝就建在这些皱褶的侧面上。地道的入口先是一个水平的门厅，约两三法寸深，这是通往隐藏所的通道，也是食物储存间和幼虫的卧室。

天气不好时，飞蝗泥蜂就躲在门厅里；它夜间在这里藏身，白天在这里小憩，从洞口露出富有表情的面孔和无所忌惮的大眼睛。

过了门厅便是一个急转弯，缓缓的坡度往下延伸了两三法寸深。最后是一个椭圆形的蜂房，直径较长，这条水平线就是最长的轴线。蜂房墙壁没有涂任何特殊的黏结物；虽然四壁萧然，但可以看得出是经过精心构筑的。这里的沙土都被压得实实的，地板、天花板、墙壁都经过认真的平整，以免坍塌或因表面粗糙而可能伤害幼虫的嫩皮。这个蜂房靠一个仅够黄足飞蝗泥蜂带着猎物通行的狭窄入口与过道相通。

在第一个蜂房产下一枚卵并备足食物后，飞蝗泥蜂便封住入口，但并不抛弃这个窝。它在第一个蜂房旁挖了第二个，同样产卵存放食物，然后挖第三个，有时还有第四个。只有到了这时候，飞蝗泥蜂才把所有堆在门口的泥屑搬回洞里，把洞外留下的痕迹全都清除掉。一个洞穴通常有三个蜂房，两个蜂房的情况较少，四个蜂房的情况更少。然而，根据对飞蝗泥蜂尸体的解剖可以知道，飞蝗泥蜂产卵的数目有30个，这样就需要有10个蜂窝。

筑窝的工程在9月才开始，到月底就要结束，所以飞蝗泥蜂建造一个蜂窝和准备食物的时间只有两三天。在这么短的时间内，勤劳的小虫要挖住所，要备好一打蟋蟀，要把食物从远处千辛万苦运回来，放进仓库，最后把窝封好，的确是分秒必争啊！何况有些日子还会因为刮风而无法捕猎，有些日子阴雨连绵，什么工作都得停下来。因此我们不难明白，黄足飞蝗泥蜂不可能把屋子盖得太牢固，不可能像栎棘节腹泥蜂的长巷道那样结实得可以住上百年。栎棘节腹泥蜂把它们牢固的窑洞一代代传下去，一年比一年挖得更深，当我想参观它们的家时，常常弄得满身大汗，即使我再努力，用上挖掘工具，也挖不到头。黄足飞蝗泥蜂则不同，它并不继承先人的成果，它白手起家，事必躬亲，而且要快快干好。它的隐庐就像一顶匆匆忙忙搭起来、用了一天第二天就要收起来的帐篷。为了弥补这个缺陷，幼虫虽然只盖着一层薄沙，却知道给藏身处添上它们的母亲无法创造的东西，给蛹穿上三四层不透水的外套，这可比栎棘节腹泥蜂薄薄的茧高明多了。

现在一只嗡嗡叫的飞蝗泥蜂狩猎归来了，停在离家仅一沟之隔的灌木丛上，大颚咬着一只胖乎乎的比它重几倍的蟋蟀。它被重物累得精疲力竭，休息一会儿后，它又用腿夹住俘虏，用力一跃，飞过家门前的沟壑，沉重地落在我正在观察的那个飞蝗泥蜂村落中。余下的路程是靠徒步完成的。虽然我坐在那里，但这只黄足飞蝗泥蜂却一点也不害怕。它跨在猎物身上，用大颚咬住猎物的触角，昂首阔步，自豪地向前进。如果地面光秃秃的，运输起来没有什么障碍；但是如果这段路上草禾盘根错节，它突然被一条草根绊住，有劲使不出时，那副惊呆的样子煞是好玩：它前走走，后退退，想尽了办法，最后依靠翅膀的帮助，或者巧妙地绕道走，才克服了障碍。多么有意思的场景啊！蟋蟀终于被拖到了目的地，它的触角正好够到蜂巢洞口。这时飞蝗泥蜂放下猎物，迅速下到地道底。几秒钟后，它又出现了，头伸出洞外，发出一声愉快的叫喊。脚下就是蟋蟀的触角，它一把抓住，于是猎物很快就落到了巢穴深处。

把蟋蟀运进巢里为什么要这么复杂呢？它完全可以不必独自走下它的家，然后再出来抓起丢在洞口的猎物，它完全可以像在空地上那样把蟋蟀一直拖进地道里，因为地道的宽度可以通得过；或者它自己先进去，把蟋蟀拖在身后，为什么它不这样做呢？迄今所能观察到的各种膜翅目掠夺者，都是不做任何开场白，便用大颚和两条中足把猎物抱在腹下，径直拖到洞穴的深处去的。杜福尔观察到的节腹泥蜂开始把工作复杂化，它先暂时把吉丁搁在地下室的门口，然后退入地道，以便用颚咬住猎物把它拖到地洞里去。然而，这种战术与蟋蟀的捕捉者的战术还相距甚远哩。

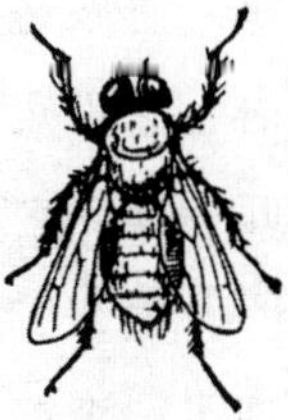

弥寄蝇

为什么在把猎物运进窝之前，一定非要先对住所检查一番呢？会不会是在带着累赘的负担下洞之前，黄足飞蝗泥蜂认为应当谨慎些，先扫一眼住所，检查一下是不是一切都正常，以便把在它出门时钻进来的厚颜无耻的寄生虫赶走呢？那么，寄生虫是什么呢？各种双翅目是巧取豪夺的小飞虫，尤其是弥寄蝇，它们总是守在捕猎的膜翅目昆虫的门口，窥伺着有利时机，好把它们的卵产在别人的猎物身上；可是这些小虫没有谁会钻进别人的家里，也不敢闯进黑暗的过道里去，因为如果它们不幸碰到屋主正好在里面，那么它们对自己的鲁莽行为可能要付出昂贵的代价的。黄足飞蝗泥蜂像别的昆虫一样，也会受到弥寄蝇的抢掠，然而弥寄蝇绝不会进入飞蝗泥蜂的巢洞里去干坏事。何况它们完全有时间把卵产在蟋蟀身上的呀！如果它们小心行事，绝对可以利用黄足飞蝗泥蜂暂时把猎物抛丢在门口的机会，把它们的后代托付给蟋蟀。既然对于黄足飞蝗泥蜂来说，事先下到窝里看一下是绝对必要的，那么肯定有某种莫大的危险在威胁着它。

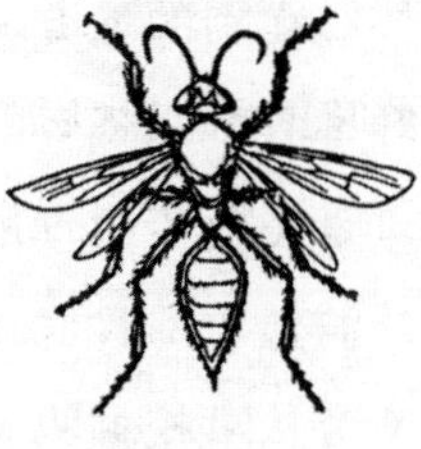

黑色步甲蜂

下面是观察到的唯一事实，可以对这个问题做一点说明。在一群正在紧张干活的黄足飞蝗泥蜂中间，别的膜翅目昆虫通常都不允许混在里面，一天我突然发现有一个不同类的猎手，一只黑色步甲蜂。这个不速之客，掺和在蜂群里，它镇静自如、不慌不忙地把沙粒、干草茎碎屑和其他小材料，一件件搬运来堵住一个与旁边的黄足飞蝗泥蜂窝口径大小相同的洞口。它工作得非常认真，令人不会怀疑这个工人的卵就埋在那地底下。一只动作显得惴惴不安的黄足飞蝗泥蜂，看来是这个窝的合法业主，每当有异族的膜翅目昆虫进入地道时，它肯定会扑上去追赶的，可是它猛然又跑了出来，好像受了惊吓一样。它后面跟着另一只虫子，镇定自若地继续自己的工作。

我查看这个成为这两只膜翅目昆虫争执对象的窝，我在窝中发现了一个蜂房，里面装着四只蟋蟀作为储备的口粮。我几乎要确信而不只是怀疑了，这些食品远远超过了一只黑色步甲蜂幼虫的需要，黑色步甲蜂的个子至少要比黄足飞蝗泥蜂小一半。看着它若无其事，专心致志地封洞口，起初你还会以为它就是这个洞的主人呢，其实它只是个强盗。黄足飞蝗泥蜂比它的对手个子大，力气壮，怎么会听任自己的窝被抢走，而不加攻击，最多也只是无结果地赶一赶而已，而当那个根本就没有把它放在眼里的不速之客转身要走出洞穴时，黄足飞蝗泥蜂却可耻地仓皇逃窜了呢？是不是昆虫跟人一样，成功的第一要诀就是“大胆，大胆，再大胆！”[①]呢？强盗的确是大胆的，我至今仍然看见它镇静自如地在宽容的黄足飞蝗泥蜂面前踱来踱去，黄足飞蝗泥蜂在原地急不可耐，却不敢向强盗扑过去。

在别的地方，我也曾多次发现，那被推定为寄生虫的黑色步甲蜂推着一只蟋蟀。这是它合法得到的猎物吗？我很愿意相信是的；可是黑色步甲蜂顺着路上的车辙漫无目的地走着，好像在寻找合意的洞穴，那种犹豫不决的行径，总使我满怀狐疑。它真的曾经不畏辛劳从事挖掘吗？可我从未见过它的挖掘工程。更严重的是，我曾

① “大胆，大胆，再大胆！”是法国大革命时丹东的一句名言。——译注

见到它把自己的猎物扔掉，也许是因为没有存放猎物的洞穴，它不知道该怎么处理猎物。在我看来，像这样糟蹋粮食，正说明这财产不是劳动所得，所以我寻思，这蟋蟀是不是它趁黄足飞蝗泥蜂把猎物丢在门口时，从黄足飞蝗泥蜂那里偷来的。我对便服步甲蜂也有同样的怀疑，它们像白边飞蝗泥蜂一样，腹部也长着一条白带，也是用蝗虫喂幼虫。我从未见过它挖地道，可我却见过它拖着一只蝗虫，飞蝗泥蜂可能不会承认这东西归它所有。不同种类的某些昆虫间这种口粮的一致性，令我思考战利品的合法性。最后，为了部分弥补我的怀疑可能对此类昆虫名誉的损害，我承认，我曾目睹跗猴步甲蜂堂堂正正地捉到一只还没长翅膀的小蝗虫，我看到它挖了蜂巢，用英勇战斗获得的猎物作为储备粮。

因此我只能提出一些怀疑，来说明黄足飞蝗泥蜂为什么要先下到洞底，然后才把猎物运进去。除了赶出趁它不在时钻进来的寄生虫外，它是否还有别的目的呢？我无法知道，有谁能解释本能千百种的表现形式呢？人类的理智太贫乏，是无法了解黄足飞蝗泥蜂的智慧的！

不管怎么，这种永远不变的表现形式是已经得到证明了。对此，我要举出令我十分激动的一次实验。当黄足飞蝗泥蜂巡视住所时，我把被丢在家门口的蟋蟀拿走，放在几法寸远的地方。黄足飞蝗泥蜂又上来了，像通常一样鸣叫，左看看，右看看，最后看到它的猎物离得太远，便从洞里出来，抓着蟋蟀，又放到该放的位置。放好后，它又下去了，不过只是自己下去。我故伎重演，黄足飞蝗泥蜂又是同样的沮丧，猎物又被放在洞口，而自己又是独自走下去；如此不断重复，只要我还有耐心实验，它的战术就不会改变。我一次又一次，对同一只黄足飞蝗泥蜂进行了40次实验，黄足飞蝗泥蜂的固执胜过了我的执着，它的战术丝毫没有改变。

我在同一个飞蝗泥蜂村落，对所有令我感兴趣的飞蝗泥蜂进行的实验，证明了我前面描述的那种不屈不挠的顽强性，令我反复思索了一段时间。我心想，昆虫受一种命中注定的禀性的支配，环境是无法改变的，哪怕是很小一点点的改变；它的行为永远固定不变，它可能没有靠自己的力量来获得丝毫经验的能力。但是接下来再进行的观察，我改变了这种过于绝对的看法。

第二年，我在适当的时间察看了同一地点。为了挖掘洞穴，新的一代继承了上一代的场地，也同样忠实地继承了上一代的战术。把蟋蟀放远点的实验，所得到的结果完全相同。去年的飞蝗泥蜂什么样，今年的飞蝗泥蜂也是什么样，都执着地重复劳而无功的劳动。正当我逐渐陷入错误看法时，突然我交上了好运，在远离第一个飞蝗泥蜂村落处，发现了另一个飞蝗泥蜂群。我又开始实验，起初的结果和以前的一样，经过两三次折腾后，飞蝗泥蜂跨到蟋蟀身上，用大颚咬住蟋蟀的触角，把它立即拖到洞里去了。傻瓜究竟是谁呢？是实验者，狡猾的飞蝗泥蜂挫败了他的计划。在其他洞穴里，它的邻居们或迟或早也会一样揭穿我的阴谋，把它们的猎物直接搬进家里，而不是固执地把它扔在门口，然后再往里运。

这说明了什么呢？我今天所观察的村民来自另一个祖宗，子孙总是回到祖先选好的地方，它们比我去年观察的那些村民灵巧些。狡猾精神代代相传，根据祖先的特性，有的部族灵巧些，有的部族头脑简单些。黄足飞蝗泥蜂跟人类一样，地点不同，才智有别。

第二天，我在另一个地方又开始用蟋蟀进行实验，每次都取得了成功。这次我碰到的是一个头脑迟钝的部族，一群真正愚笨的村民，就像我第一次观察到的一样。

第七章 匕首三击

黄足飞蝗泥蜂杀死蟋蟀时，无疑使出了最高明的手段，所以有必要看看它是怎样杀死猎物的。我为了观察节腹泥蜂而多次进行的尝试使我大有收获，所以我立即把这行之有效的方法运用到黄足飞蝗泥蜂上。这方法就是把猎手的猎物拿走，然后立即用另外一只活的来代替。我们前面看到，黄足飞蝗泥蜂通常在入洞前把俘虏扔下来，独自走到洞底去一会儿，这样进行偷梁换柱就更为容易。黄足飞蝗泥蜂大胆而无所顾忌，会爬到你的手指头上，甚至爬到你的手上来抓另一只用来代替的蟋蟀，那么，实验的结果就会极其理想，因为我们可以非常逼近地观察这个悲惨事件的全部细节。

找到活蟋蟀很容易，随便掀起一块石头就会找到密密麻麻一大堆，全在那里躲太阳。这些是当年的蟋蟀若虫，翅膀还没长好，没有成年蟋蟀的本事，还不会挖掘深深的隐避所，所以躲在里头不让黄足飞蝗泥蜂发现。我可以随意捕捉，要多少有多少，不一会儿工夫我就备足了所需的蟋蟀。现在一切准备就绪，我爬上观察所的高处，待在黄足飞蝗泥蜂村落中间的高地上，静静等待。

一个猎手捕猎归来了，它把蟋蟀放到洞口，独自进到洞里去了。我迅速拿走这只蟋蟀，把我的蟋蟀摆在离洞口稍远处。猎手回来了，它望了望便跑去抓住放得太远的猎物。我睁着大眼，聚精会神，我无论如何也不会放弃观看即将上演的这幕悲剧的机会的。蟋蟀惊慌失措，连蹦带跳拼命逃窜。飞蝗泥蜂朝它猛扑过去，彼此打成一团，尘土飞扬。两个决斗者轮番占着上风，一时胜负难分。最后，猎手终于赢了，蟋蟀被打得面朝天，足爪乱踢蹬，双颚乱咬。

猎手立即着手处理战利品，它反向趴在对手的腹部，大颚咬着蟋蟀腹部末端的一块肉，用前足遏止蟋蟀粗大的后腿的疯狂挣扎，同时用中足勒住战败者抽动着的胸部，后足像两根杠杆似的按在蟋蟀的面部，使蟋蟀颈关节张得大大的。这时飞蝗泥蜂把腹部弯成90度，呈现在蟋蟀颚前的只是一个咬不到的凹面。我激动不安地看到，飞蝗泥蜂第一下刺在被害者颈部，第二下刺在前胸与中胸的关节间，然后再刺向腹部。说时迟，那时快，在非常短的时间内，凶杀的大业便完成了。飞蝗泥蜂整了整凌乱的服装，准备把牺牲品运到家里去；垂死的蟋蟀，腿还在颤抖。

我只是平铺直叙地介绍了飞蝗泥蜂的捕猎过程，现在我们在这种令人叹为观止的战术上花点时间吧。节腹泥蜂攻击的对手，几乎没有进攻性武器，它们处于被动地位，根本无法逃逸，它们唯一求生的可能性就在于身披坚甲，然而凶杀者却知道坚甲的弱点在哪里。两者的情况多么不同啊！黄足飞蝗泥蜂的猎物不但有可怕的大颚，这大颚如果能够咬住侵略者，就能够将对手开膛破肚；而且它还有长着两排锐利锯齿且强劲有力的一双后腿，这双腿可以用来跳得远远的，避开敌人，或者踢蹬对手，狠狠地把黄足飞蝗泥蜂打翻在地。所以你们会看到，飞蝗泥蜂在用针蜇前，采取了多么小心的预防措施。

被害者仰倒在地，无法利用后腿弹跳起来逃之夭夭；如果它是处在正常的姿势受到攻击，它一定会这样做的，就像受节腹泥蜂攻击的象虫那样。它那带锯齿的腿被黄足飞蝗泥蜂的前足压住，无法发挥进攻性武器的作用，它的大颚被飞蝗泥蜂的后腿顶得离开老远，虽然张得大大的，咄咄逼人，却咬不到敌人的任何部位。

但是对于黄足飞蝗泥蜂来说，这一切还不足以使猎物无法伤害自己，它还需要紧紧勒住猎物，使之丝毫不能动弹，以便螫针能把毒汁注入要刺的地方；也许正是为了使腹部无法动弹，黄足飞蝗泥蜂才咬住猎物腹部末端的肉。太奇妙了，我们即使充分发挥丰富的想象力来拟定进攻计划，也无法找到更好的办法。古代角斗场上的角斗士在与对手肉搏时，也不一定会采取比这更巧妙的经过精心计算的手段啊。

我前面说过螫针在俘虏身上刺了好几下，首先在颈部，然后在前胸，最后在腹部。正是匕首的这三下干脆利落的猛戳，表现出本能所具有的天赋本领和万无一失的手段。我们先回顾一下研究对节腹泥蜂所得出的主要结论。黄足飞蝗泥蜂的幼虫赖以维生的猎物，尽管有时完全不能动弹，却不是真正的尸体。它们只是全身或者局部麻醉而已，动物性生命程度不同地被消灭了，但是植物性生命，即营养器官的生命还长时间保持，所以猎物不会腐烂，过了很久幼虫去吃它都还很新鲜。为了造成这样的麻醉，膜翅目猎手使用了当今先进科学可能会向实验生理学家建议的办法，借助有毒的螫针破坏指挥运动器官的神经中枢。另外我们知道，节肢动物神经干的各个中枢或神经节的作用，在一定范围内是各自独立的，损坏其中的某个神经节，只会引起相应体节的瘫痪；各个神经节彼此相隔得越远，越是如此。相反，如果神经节连在一起，那么只要损坏共同的神经节，就会使神经分支所分布的所有体节瘫痪。吉丁和象虫就是如此，节腹泥蜂把螫针刺向胸部神经中枢，只要一击就使它们瘫痪了。我剖开一只蟋蟀，想弄清楚是什么东西让蟋蟀的三对足活动起来的。我们发现的东西，黄足飞蝗泥蜂比我们的解剖学家更早发现：三个神经中枢彼此隔得很远。由此可见，用螫针重复刺三次，是十分符合逻辑的。高傲的科学啊，你甘拜下风吧！

就像被节腹泥蜂的螫针刺伤的象虫一样，被黄足飞蝗泥蜂刺着的蟋蟀也不是真正死了，尽管表面看来如此。猎物柔软的外皮，忠实地反映出其内部还存在着微弱的运动，因此，用不着像证实节腹泥蜂的猎物方喙象还残存着生命那样，使用人工方法。如果在凶杀事件后，对一只仰卧的蟋蟀持续不断地观察一个星期、半个月，甚至更久些，我们会看到，它的腹部经过很长的间歇后，会有深深的搏动，甚至还会看到唇须的颤抖和触角以及腹肌十分明显的运动：彼此舒展开，然后突然并拢。被刺伤的蟋蟀如果放在玻璃管里，可以完全新鲜地保存一个半月。黄足飞蝗泥蜂的幼虫在把自己封闭于茧里前，要生活的时间不到半个月，所以它们直至宴会结束，保证都有新鲜的肉吃。

捕猎工作结束了，一个蜂房里备了三四只蟋蟀作为食物。蟋蟀被有条不紊地堆放着，背朝下，头摆在蜂房尽头，脚在门口，一枚卵就产在其中一只蟋蟀身上。最后要做的是把洞口封住，把挖洞时堆在家门前的沙土迅速往后扫到过道中。飞蝗泥蜂不时用前腿扒着残屑堆，把大的沙砾一个个拣出来，用大颚叼去加固易粉碎的洞壁。如果在身边找不到合适的沙砾，它便到附近去找，而且挑选得很认真，就像泥瓦匠挑选建筑材料似的，连植物的残根碎枝、小片枯叶都派上了用场。不一会儿，地下建筑物的外部痕迹全都消失了，如果不留心用个记号做标志，目光再敏锐也不可能找到这个窝的位置。封好这个洞后，再挖另一个，放上食物，把它封好，产卵管里有多少卵就挖多少洞。产卵结束后，飞蝗泥蜂又开始了无忧无虑、四处游逛的生活，直至初冬乍冷结束了一个如此充实的生命。

黄足飞蝗泥蜂的任务完成了，可我还要观察一下它的武器。用来制造毒汁的器官，由两根分成许多细枝的管子组成，都通到一个梨形的共用储汁库或者说储壶里。

一条纤细的管从储壶里出来，深入到螫针的轴线中，把毒汁送到螫针的末梢。螫针非常细，相对黄足飞蝗泥蜂的身材，尤其是它刺在蟋蟀身上所产生的效果来说，螫针这么细，真有点让人感到意外。针尖非常光滑，完全没有蜜蜂螫针上朝后长的锯齿。原因显而易见，蜜蜂使用螫针只是为了报复所受到的侮辱，甚至不惜自己的性命；因为螫针的倒齿会钩住伤口拔不出来，结果使自己腹腔末端被拉出一条致命的裂缝。

如果黄足飞蝗泥蜂在第一次出征时，它的武器就要了它的命，那么它要这样的武器做什么？它使用螫针的目的主要是刺伤给幼虫作口粮的猎物，即使带锯齿的螫针能够拔得出来，我也怀疑有哪个黄足飞蝗泥蜂会愿意让自己的针带齿的。对于它来说，螫针不是炫耀力量的武器。为了复仇而把匕首拔出来，这样做当然是再快意不过的，可快意的代价相当昂贵，喜欢报复的蜜蜂有时要为此付出自己的性命。黄足飞蝗泥蜂的螫针是一个工作器械，一个工具，它决定着幼虫的未来，所以在跟猎物搏斗时，这工具应当便于使用，既能刺入对手肉中，又能很方便地抽出来，而平滑的匕首就比有倒钩的刀刃符合要求。

黄足飞蝗泥蜂能够以迅雷不及掩耳之势打垮强壮的猎物，我很想在自己身上试一试它的蜇刺是不是很疼。好吧，我试了，我十分惊奇地告诉你，这针刺得一点也没什么，根本没有暴躁的蜜蜂和胡蜂蜇得那么痛。我没用镊子，毫无顾虑地用手指抓着它刺下去，因为我在研究中还用得着它。各种节腹泥蜂、大头泥蜂、黄足小唇泥蜂，甚至只要一看就令人害怕的巨大的土蜂，乃至于我能够观察到的所有膜翅目强盗，蜇起来都不痛。不过那些捕捉蜘蛛的蛛蜂不在此列，虽然它们蜇得远没有蜜蜂痛。

最后我再补充一点，身上带着螯针纯粹用于自卫的膜翅目昆虫，例如胡蜂，会猛烈地扑向骚扰自己住所的胆大妄为者，给对手鲁莽的行为以严惩。相反，螯针用来捕猎的膜翅目昆虫则性情十分平和，仿佛它们意识到，自己储壶里的毒汁对于它们的子女具有相当的重要性。这毒汁是种族的保护者，是谋生工具；所以它们只是在狩猎的庄严场合才十分节约地花费，而不是用来炫耀自己敢于报复的勇气。当我置身于各种黄足飞蝗泥蜂部族之中，破坏它们的窝，抢走它们的幼虫和食物时，我一次也没被蜇过。非得抓住它时，它才会下决心使用武器，而且要是我不把身体上比手指更娇嫩的部位，例如手腕放在螯针旁边，它还并不都能刺入皮里去哩。

第八章 幼虫和蛹

黄足飞蝗泥蜂的卵呈白色，圆柱形，微呈弯弧状，长三四毫米。这卵不是随随便便地产在猎物身上的任何一处，产卵的优选地点是永远不变的，那就是横放在蟋蟀前胸，略微靠后，在前足和中足之间。白边飞蝗泥蜂的卵和朗格多克飞蝗泥蜂的卵也产在相似的地方，前者在蝗虫的胸部，后者在距螽的胸部。既然我从没见到产卵点有什么变化，首选的部位势必对于幼虫的安全有着极其重要的作用。

卵产下三四天后就孵化，一层极为精细的膜裂开来，于是我看到了一只虚弱的小虫，浑身透明得像水晶，前端好像被勒住，后部好像微微胀起，从后到前逐渐变得细起来；身体的两侧各有一条主要由支气管构成的白色细带。这个虚弱的小生命就像卵那样横躺着，头就搁在卵的前端被固定的地方，身体只是靠在猎物身上，没有与猎物贴在一起。由于透明，我很快就看出小虫体内有快速的起伏运动，蠕动波非常有规则地一波接着一波，这些波产生于身体的中间，有的向前，有的向后蔓延开来。这是消化道在起伏运动，因为消化道大口大口地吮着从猎物身上吸出来的汁。

我们注意观看一个引人注目的场面吧。猎物仰卧着，一动不动。黄足飞蝗泥蜂的蜂房里，猎物是蟋蟀，三四只堆起来的蟋蟀；在朗格多克飞蝗泥蜂的蜂房里，猎物只有一只，不过比较大，一只大腹便便的距螽。如果把幼虫从它汲取生命源泉的部位拉开来，它就完蛋了；如果它掉下来，它就没命了，因为它虚弱无力，没办法动，怎么能回到它吮汁的地方呢？那只牺牲品只要随便动一下，就可以抖落这个吮吸着它的内脏的幼虫，可是这庞然大物却听之任之，连表示抗议的颤动都没有。我当然明白它被麻醉了，凶手的小针使它无法使用它的腿；但是它刚被蜇不久，那些没被螫针刺到的地方，还多少保留着活动和感觉的能力，腹部微微颤动，大颚一张一合，腹部的肌肉和触角左右摇摆。如果幼虫咬到这样一处还有感觉的部位，咬到大颚旁边，甚至咬在肉更嫩，汁更鲜，似乎应当最先给虚弱的小虫吃的腹部的话，会发生什么呢？蟋蟀、蝗虫、距螽被咬到致命的地方，它们至少皮肤会有点颤抖，这轻微的颤抖就足以甩掉衰弱的幼虫，幼虫也就必死无疑，因为它就处在大颚这可怕的钳子下面啊！

但是猎物身上有一块地方可以使幼虫不怕这样的危险，那就是黄足飞蝗泥蜂蜇过的部位，即胸部。实验者在猎手最近捕捉的猎物的这个部位，也只有在这个部位，才可以用针尖随意搜寻，到处戳洞，受刑者却没有丝毫疼痛的表示。所以，产卵的地方永远是在这里，幼虫总是从这里开始吃它的猎物。这地方，蟋蟀被咬到却感觉不出疼痛，所以一直一动不动。以后当伤口扩展到敏感的部位时，猎物在可能的范围内挣扎；然而已经为时太晚，它麻木得太严重，何况敌人的力气已经增长。这就是为什么卵总是产在固定的地点，在螫针刺的伤口附近，总是在胸部；不过不是刺在中胸，那里的皮对于幼虫来说可能太厚，而是刺在前胸靠近腿基节窝，那里的皮细嫩得多。母蜂的选择多么合理，多么符合逻辑啊，它在漆黑一片的地下，在猎物身上进行辨认，然后选定唯一合适的部位，产下它的卵。

我曾经饲养黄足飞蝗泥蜂的幼虫，从蜂房里拿来的蟋蟀，一只

飞蝗泥蜂幼虫

接着一只地给它吃，我就这样一天天密切注视我的婴儿迅速发育成长。幼虫在第一只，也就是下卵的那只蟋蟀身上，就像我刚才说的那样，向猎手螫针第二次刺到的地方，即前腿和中腿之间进攻。不几天，娇小的幼虫已经在猎物的胸部挖了一个足够半个身子钻进的井。这时我常常可以看到活活被咬着的蟋蟀，徒劳地摇晃着触角和腹部肌肉，徒劳地张开和闭拢大颚，甚至还会动动某只脚；可是敌人十分安全地掏空它的内脏而不会受到惩罚。对于这只瘫痪的蟋蟀来说，这是多么可怕的噩梦啊！

经过六七天，第一份口粮吃完了，只剩下带着外皮的骨架，骨架的所有骨节几乎都原封不动。这时身长约12毫米的幼虫，从它开始时在胸腔挖的洞里钻出来。在钻出来的过程中，它蜕了一次皮，蜕下的皮往往就搁在洞口上。蜕皮后，稍事休息，它开始吃第二份口粮。现在幼虫已经身强力壮，根本不怕蟋蟀软弱无力的动作。蟋蟀的麻醉与日俱深，连最后一点反抗的愿望也消失了，所以幼虫可以不必采取任何预防措施便向它进攻。进攻往往从腹部开始，因为那里肉嫩，汁也更丰富。很快轮到第三只蟋蟀，最后是第四只，这第四只，12个小时就被吃光了。这三只猎物最后只剩下啃不动的外皮，外皮的各个部分都一块块被咬得支离破碎，能吃的全都掏空了。如果这时给幼虫第五只蟋蟀，幼虫则不屑一顾，几乎连碰都不碰一下，并不是因为它想节食，而是由于非要排泄不可。请注意，迄今为止，幼虫还没排过一次便，它的胃里装着四只蟋蟀，胀得要裂开来了。

所以一份新口粮无法引起它的贪食愿望，它现在想要给自己造一间丝屋。总之，它的宴会不间断地延续了10～12天。此时，幼虫有15～30毫米长，最宽的部分为5～6毫米。幼虫的形状是通常后部略宽，逐渐往前收缩，膜翅目幼虫一般都是这个模样。幼虫包括头部共有14节，头非常小，大颚软弱无力，人们会以为这大颚是无法发挥它刚刚那样的作用哩。在这14个体节中，中间的有气门。它的号衣以白色为底，带一点淡淡的黄色，夹杂有无数白垩般的白点。

我们看到，幼虫在吃第二只蟋蟀时从腹部开始，这是猎物身上汁最多、肉最软的部分。就像小孩先吃面包片上的果酱，然后才不情愿地啃面包一样，幼虫首先吃最好的东西——腹部的内脏，然后再吃需要十分耐心地从角质外壳掏出来的肉，以便有空时慢慢消化。不过刚刚从卵里出来的小虫非常稚嫩，开始进食时却不是这样贪婪。对于它来说，首先是吃面包，然后才吃果酱，它别无选择。它第一口必须咬到蟋蟀的胸部，母亲产卵的地方。这部位稍微硬了一点，可是安全，因为螫针在胸部戳了三下，已经完全没有活力了。在别的部位，即使不是绝对，至少常常会有痉挛性的颤动，把虚弱的小虫抖掉，使它面临可能发生的可怕危险，使它置身于一堆猎物之中。这些猎物长着锯齿的后腿还会猛地踢蹬一下，虽然间隔的时间越来越长，可它们的大颚还会咬人。所以母亲选择产卵的地点，完全是出于安全的考虑，而不是取决于幼虫的食欲。对于这个问题，我仍有一个疑问。第一份口粮，即卵产在上面的那只蟋蟀，比起其他蟋蟀来，可能更会使幼虫面临危险。首先，幼虫还只是一只脆弱的小虫；其次，猎物是刚刚捕来的，最有条件表现出它仍有生命。第一只应当尽可能彻底麻醉，所以黄足飞蝗泥蜂戳了它三下。

但是其他的猎物随着时间越长，麻醉得越深，而向它进攻的幼虫也长得更强壮了，那么又有什么必要同样地戳三下呢？当幼虫吃第一份口粮时，麻醉的效果逐渐扩大，那么，后面几只只刺一下或两下，不就足够了吗？毒液太珍贵，黄足飞蝗泥蜂的确不会随随便便浪费的，这是狩猎的子弹，要节约使用。我曾见过对同一只猎物用螫针连续刺三下的情形，也曾见到只刺两下的。的确黄足飞蝗泥蜂腹部颤抖着的针尖，似乎在寻找有利的部位来刺第三下，不过，即使它真的刺了，这第三下我没见到。所以我倾向于认为，第一只蟋蟀总是被蜇了三针，而其他的，为了节约起见，只挨了两针。我稍后对捕捉幼虫的砂泥蜂的研究，将证实这一怀疑。

最后一只蟋蟀吃完了，幼虫便忙着织茧，不到48小时便大功告成。从此这位工人在别人进不去的隐蔽所内，安全地沉溺于它必经的深深的麻木不仁的状态，沉溺于这种非睡非醒、非生非死的生存状态，然后过了十个月才脱胎换骨从茧里出来。很少有茧像这么复杂，茧除了外部有一层粗糙的网状物外，还有清晰可分的三层，三层茧壳一层套着一层。现在，我们来观察一下丝质建筑物的各层吧。

最外面一层是像蜘蛛网般带网格的粗纱，幼虫先把自己关在里面，像攀在吊床上一般，以便更舒适地织造真正的网。这个用来充当脚手架、匆匆忙忙编织起来的网络残缺不全，是由随便抛出来的丝编成的，掺和着沙粒、土块和幼虫宴席的残羹剩饭：蟋蟀带血的大腿、脚、头颅骨。再往里是茧壳，它才能算是茧的第一层，由淡棕色毡状膜构成，非常细腻，非常柔韧，有不规则的皱褶。几根随便抛出的丝线联系着脚手架和外壳。外壳像个圆柱形的钱袋，四面密闭，对于它所容纳的东西来说太宽敞，以至表面产生了皱褶。

这一层之后是一个“塑料匣子”，尺寸明显比包裹着它的那个钱袋小，几乎呈圆柱状，上端圆形，幼虫的头就搁在那里，下端呈钝锥状。匣子为淡红棕色，下端锥体颜色更深些。它相当坚固，但稍微一压就裂了；然而锥极用手指按也按不破，看来里面装着硬物。打开这匣子，我看出它分为彼此紧贴着但易于分开的两层。外层跟前面的钱袋一样是丝毡；内层，是茧的第三层，像一种漆，一种发光的深紫棕色涂料，易碎，摸起来很柔软，质地似乎与茧的其余部分都不相同。在放大镜下可看出，它不像外壳那样是丝毡的，而是一种特殊的清漆涂料，来源相当奇怪，下面将会谈到。茧的锥极的承受力，产生于由易碎材料做成的紫黑色塞子，塞子上面闪烁着许多黑点。这塞子是幼虫在茧内一次性排泄的干粪便，也正是由于这粪团，茧的锥极颜色深些。这个复杂的住所平均长度为27毫米，最宽部分为9毫米。

再看看涂在茧内部的紫色清漆，我起初还以为这清漆来自丝腺，丝腺先是排出用来编织丝质的双重匣子和脚手架的丝，最后再排出清漆来。为了使自己深信这一点，我剖开一只幼虫，它已经结束纺织工作，但尚未开始涂漆。我在幼虫的丝腺里找不到丝毫紫色液体的痕迹，这颜色只有在消化道里才找得到，消化道里鼓胀着苋红色的精髓；以后我们在茧的粪便塞上还会看到这种颜色。此外幼虫身体全都呈白色，或微带黄色。我根本没想到幼虫会用它的粪便来粉刷它的茧，可我深信这粉刷浆是消化道的产物，我猜想它是用嘴排出胃里的苋红色精髓，用来做清漆涂料。不过，我无法肯定，因为我好几次笨手笨脚地错过了有利机会来证实。最后一道工序后，幼虫才把消化的残渣揉成一团排出去；那么就可以解释，为什么幼虫这么奇怪地非要把粪便留在家里不可了。

不管怎样，清漆层的用途是毋庸置疑的；它完全不透水，幼虫不会受到潮湿的侵袭，母亲给它挖的隐蔽所不牢固，显然会受潮。我们还记得，幼虫是埋在敞露的沙土底下仅几法寸深的地方。为了看看涂着清漆的茧抗湿的能力有多大，我把茧放在水中整整有好几天，而内部一点潮湿的痕迹都没有。黄足飞蝗泥蜂的多层茧非常巧妙，可以在没有保护措施的巢里保护幼虫。节腹泥蜂的茧则搁在干燥的砂岩层隐蔽所下面约半米深处，状如细长的梨子，细端被切断，只有一个丝质外壳，如此纤弱，如此细腻，透过外壳都可以看到幼虫。在昆虫学观察中，我总是看到幼虫的本领与母亲的本领彼此互补。如果洞穴深藏地下，遮蔽得好，那么茧就用轻质材料制造；如果洞穴浅，会受到风雨侵袭，茧的结构就要粗实。

九个月过去了，其间茧内的一切全都是神秘的。我对于幼虫变态情形一无所知，只能越过这段时间。为了等到化蛹，我从9月末一直等到次年的7月初，这时，幼虫才刚刚抛掉已经褪色的皮，蛹这个过渡性组织，尚在襁褓中已变态完全的昆虫，正一动不动地等待着还要过一个月才来到的苏醒。腿、触角、口器，样子像纯液态的水晶，不发达的翅膀有条不紊地摊在胸部和腹部。身体的其余部分呈浊白色，即略带一点点黄的白色。腹部中间的四个体节有狭窄而圆钝的突起。末端最后一节上面，有状如圆扇面的膨胀叠片，下面有两行平行的锥形乳突。这些是分布在腹部周围的附肢和附器。纤弱的蛹就是这个样子，为了变成黄足飞蝗泥蜂，它必须穿着半身黑半身红的服装，然后再把紧裹着它的薄皮蜕掉。

我曾经日复一日地注视着蛹的器官组织和颜色的变化，并进行实验，看看阳光这个大自然从中汲取颜色的色彩斑斓的调色板，是否会影响这种变化。我把一些蛹从茧里取出，放在玻璃瓶里。有的放在一片漆黑中，让蛹处于自然条件之下，以便将来进行比较；另一些则悬挂在一面白墙上，整天接受着散射的强烈光线。在这样截然相反的条件下，两组蛹的颜色演变都是相同的；如果有某些微小的差异，那是因为受光线照耀的蛹颜色变化较少。因此，与植物的情况完全相反，光线不会影响，甚至不会加速昆虫的颜色变化；在色彩最斑斓的昆虫中，例如吉丁和步甲，人们可能以为，它们美妙绝伦的灿烂颜色是从阳光那里偷来的，其实是在黑暗的地底或者被虫蛀的百年老树的树干深处调制出来的。

第一批有色的线条出现在眼睛处，角质的复眼相继从白色变为淡黄褐色，再变为深灰色，最后变成黑色。前额顶部的单眼接着也变了颜色，这时身体的其余部分还丝毫没有失去自然的白色。我必须指出，眼睛这个最纤细的器官如此早熟，在昆虫中很普遍。过不久，分隔中胸和后胸的那条沟出现了一道烟黑色，24小时后，整个中胸的背板都变黑了。与此同时，前胸也逐渐模糊起来，后胸上部的中央出现了一个黑点，大颚盖上了一层铁色。前胸和后胸的颜色逐渐越来越深，最后头部和尾部也变成了深色。只要一天时间，头和胸节就可以从烟黑色变成深黑色。这时，腹部也开始越来越快地改变颜色，前部腹节的边沿染上金黄色，后部腹节有一道灰黑色的边。触角和腿的颜色也越来越深，最后变成了黑色。腹板完全是橘红色，腹部末端则是黑色。此时，除了跗节和口器是透明的棕红色、发育不全的翅膀是灰黑色外，全套服装都已配好。24小时后，蛹就要挣脱它的束缚了。

蛹只要六七天颜色就定下来了，不过眼睛的颜色变化比身体的其他部分要提前半个月。根据这一概括的描述，我便由此掌握了颜色变化的规律。除了复眼和单眼像所有的高等动物那样，提早完成变色之外，颜色的变化是从中胸开始，向四周逐步扩展，先到达胸部的其余部分，然后是头和腹，最后及于附肢、附器，触角和腿。跗节和口器的变色较晚，而翅膀则是出了茧之后才有颜色的。现在黄足飞蝗泥蜂打扮完毕，只剩下挣破茧壳了。这件非常精致的紧身薄膜，几乎盖不住成虫的形状和颜色，身体构造的细微末节都凸显无余。

在变态的最后一个步骤完成之前，黄足飞蝗泥蜂突然从昏昏沉沉中苏醒过来，激烈地乱动，似乎要从麻木得太久的肢体中唤回它的生命。它的腹部一伸一缩，腿猛地伸开，然后弯曲，然后又伸开，用劲地使各个关节伸得直挺挺的。它用头和腹尖支撑着身体，肚子朝上，用力抖动，让颈关节和腹胸的关节撑开来。努力终于取得了成功，在做了一刻钟艰难的体操之后，到处被拉扯着的紧身服在颈部、在腿基节窝，总之在身体各部位的活动能够剧烈扯开的地方，都撕裂了。

要脱掉的外衣四分五裂成一些不规则的碎片，其中最大的一块包在腹部及背部，好似翅膀的外套。第二块包着头，每条腿也都有自己特殊的套子，底部程度不同地受到损坏。就这样，由于腹部一张一缩的轮番运动，最大的那块外衣碎片脱开了。靠着这一机制，碎片慢慢地被褪到尾部，终于形成一个小团，由几条断丝连在腹部。这时，黄足飞蝗泥蜂又陷入昏昏沉沉的状态，羽化的过程结束了。可是头、触角和腿多少还被包着，显然，因为腿上有许多参差不齐的刺，蜕皮无法一下子全部完成。这些碎膜就在黄足飞蝗泥蜂身上逐渐干燥，然后由于腿的摩擦而脱落下来。黄足飞蝗泥蜂一直要到十分健壮之后，才用腿来梳扒剔刷全身，最后完成蜕皮。

在蜕皮过程中，翅膀从外套里出来的方式很引人注目。翅膀在未发育成熟之前，直直地折叠着而且收缩得很紧，可以容易地把它们从外套里拔出来，可这么一来，翅膀根本不会张开，会一直蜷缩着。当那块包裹翅膀的大碎片由于腹部的运动而被褪到后面时，翅膀才慢慢地从外套里伸出来。它们一旦可以自由活动，便立即伸展开来，与原先关在狭窄的囚牢时相比，真是硕大无朋。此时，生命所需的大量液体便涌到翅膀上来，把它们鼓起，撑开。液体所引起的鼓胀，可能正是翅膀从外套里伸出来的主要原因。刚刚展开的翅膀很重，呈很淡的草黄色，充满着汁。如果液体流得不规则，那么翅膀边缘便会坠着一粒黄滴，嵌在两张膜片之间。

摆脱了腹部的套子，接下来的三天时间黄足飞蝗泥蜂又一动不动。在这期间，翅膀的颜色逐渐正常，跗节有了颜色，张开的口闭合起来。经过24天的蛹期后，黄足飞蝗泥蜂最终发育完全了。它撕裂囚禁着它的茧，打开一条通道穿过沙土，在某个早晨出现在阳光之下，可它并没有被它根本不认识的光线照得眼花缭乱。黄足飞蝗泥蜂沐浴着阳光，梳刷触角和翅膀，用腿抚摩腹部，像猫一样，用沾着口水的前跗节洗洗眼睛，梳洗完毕，便高高兴兴地飞走了。它可以活两个月呢。

我曾亲眼看着美丽的黄足飞蝗泥蜂，在铺着一层沙的笔盒里羽化出来，我用一份份食粮亲手把你们喂养大，我密切注视你们怎样一步步变态。夜里我会猛地惊醒，只怕错过了蛹挣破襁褓，翅膀从茧里伸出来的时刻，你们告诉了我那么多事情，自己却什么也没有学到，凡是需要知道的事，你们全都无师自通；哦，我美丽的黄足飞蝗泥蜂啊！在这夏蝉喜爱的阳光下，用不着害怕，从我的管子里，从我的盒子里，从我的瓶子里，从我所有的容器里飞走吧；走吧，小心那修女螳螂，它正在矢车菊的花上打算把你们吃掉呢，当心那蜥蜴，它正在阳光明媚的斜坡上窥伺着你们；平平安安地走吧，挖好你们的洞穴，巧妙地刺死你们的蟋蟀去传宗接代吧，以便有一天让别人也享有你们给我的东西：我一生中少有的幸福时刻。

第九章 高超的理论

飞蝗泥蜂的种类相当多，可大多数在我们国家都没有。据我所知，这种昆虫在法国只有三种，全都喜欢生活在阳光充沛，长着橄榄树的炎热地区。它们就是黄足飞蝗泥蜂、白边飞蝗泥蜂和朗格多克飞蝗泥蜂。很有意思的是，观察者会看到，这三种掠夺者根据动物学的严格规则选择食物。三者只选直翅目昆虫作为幼虫的食物，第一类选蟋蟀，第二类选蝗虫，第三类选距螽。

这三种猎物，外表有着如此巨大的差异，要想把它们放到一起或归纳出它们的类似之处，就必须有经过动物学训练的眼力，或者至少有跟飞蝗泥蜂不相上下的专家眼光。你比较一下蟋蟀和蝗虫吧，蟋蟀头圆而大，五短三粗，全身乌黑，后腿佩戴着红色的绶带；蝗虫淡灰色，细长苗条，头小呈锥状，长长的后腿一蹦就跳跃起来，折成扇形的翅膀使它可以继续飞腾。然后你再把这两种昆虫跟距螽比较比较吧，距螽背上背着乐器，两个凹形蚌壳状刺耳的铙钹，笨重地拖着肥胖的肚子，腹节嫩绿和奶黄色相间，腹部末端长着一把长长的匕首。把这三者加以比较，你如果跟我的看法一样，认为飞蝗泥蜂选择的食物这么不同可又没有超出同一动物学类别的范围，就表示你有内行的眼光。这眼光不是随便什么人都会有的，就连科学家都十分佩服。

面对着这种奇怪的偏爱，偏爱的范围似乎源于某个分类者，例如某个拉特雷依，如果来研究我们国家所没有的飞蝗泥蜂，看它们是否捕猎同类的猎物，会是很有意思的。不幸的是，这方面的资料很少，而大部分同种昆虫，材料也一样缺乏。究其原因，最重要的是人们普遍采用的方法是肤浅的。人们抓住一只昆虫，用一根长大头钉把它钉在一个软木底的盒子里，在它的腿上系一个写着拉丁名字的标签，于是关于这个昆虫的一切都在上头了。我不满足于以这种方式了解昆虫的生活史。人们告诉我，某种昆虫的触角有多少关节，翅膀有多少翅脉，腹部或者胸部有多少根毛，都毫无用处。我只有了解了它的生活方式、它的本能、它的习性后，才能真正认识这种昆虫。

你会看到，一些描写得如此冗长，有时如此难以理解的细节，三言两语便能说明清楚。假设你想让我认识朗格多克飞蝗泥蜂，你先是向我描写翅脉的数目和排列方式，接着给我谈肘脉和臀脉，然后描述昆虫的肖像，这里黑色，那里铁色，翅膀末端烟棕色，这个地方有一块黑丝绒，那个地方有一块银白色的绒毛，第三个地方是光滑的平面。描述非常准确，非常细腻，描述者眼光敏锐而又有耐心，但是太长了，而且并不一定都能够说得清楚，甚至不是新手也免不了会在细节上啰唆了些，这是情有可原的。其实，你只要在枯燥乏味的描述中加上三个字——捕距螽，一切都清楚了。我能够分辨这究竟是哪种飞蝗泥蜂而不会犯错误，因为只有它才捕捉这样的猎物。要给人这么一道启迪之光，需要什么？需要进行真正的观察，而不是把昆虫学变为穿成一串串的昆虫。

先放下这个话题，来查阅迄今为止关于外国飞蝗泥蜂捕捉对象的微薄知识吧。我打开拉普勒蒂埃[①]的《膜翅目昆虫史》，我看到在地中海以外的地方，在我们的阿尔及利亚省[②]，黄足飞蝗泥蜂和白边飞蝗泥蜂保存着它们在法国所特有的爱好。在生长棕榈树的地方，

① 拉普勒蒂埃（1769—1850），法国昆虫学家，著有《膜翅目昆虫史》等。——校注
② 阿尔及利亚在第二次世界大战结束前一直是法国的殖民地，一个海外省。——译注

它们就像在生长橄榄树的地方一样，喜欢捕捉直翅目昆虫。虽然浩瀚的大海把它们隔开，可这些与卡比利亚和柏柏尔①一样的猎手，捕猎的对象跟普罗旺斯同胞相同。我在书上还看到，第四种飞蝗泥蜂——非洲飞蝗泥蜂，在奥朗日郊区捕捉蝗虫。最后，我记得不知道在哪本书上曾读到第五种飞蝗泥蜂，生活在里海附近的草原，捕猎蝗虫。这样，在地中海周围，有五种不同的飞蝗泥蜂，它们的幼虫都是以直翅目昆虫为食物。

现在我们越过赤道到更远的地方，到另一个半球，到毛里求斯和留尼旺群岛去。在那里，我们将看到的，不是一种飞蝗泥蜂，而是一种非常接近飞蝗泥蜂，属于同一类的膜翅目昆虫克罗翁，它专门捕捉在船上和殖民地港口吃粮食的害虫：可恶的蟑螂。这些蟑螂不是别的，正是蜚蠊属昆虫，其中有一种也骚扰着我们这里的居民。谁不认识这种气味难闻的昆虫呢？它依仗自己像大臭虫一样扁平的身材，晚上从家具空隙和壁板缝里钻进来，哪里有可以大嚼一顿的食物，就出现在那里。我们房屋里的蟑螂，样子令人恶心。这种令人恶心的玩意，正是克罗翁珍爱的猎物。那么蟑螂究竟为什么被近似飞蝗泥蜂的近亲选择作为野味呢？原因很简单：蟑螂虽然状如臭虫，却跟蟋蟀、距螽和蝗虫一样，也是一种直翅目昆虫。仅从我所知道的这六个如此不同的例子，也许就可以得出结论：所有的飞蝗泥蜂都捕捉直翅目昆虫。即使我们不做出这么普遍的结论，至少也可以看出，在飞蝗泥蜂这一类昆虫中，在大部分情况下幼虫的食物

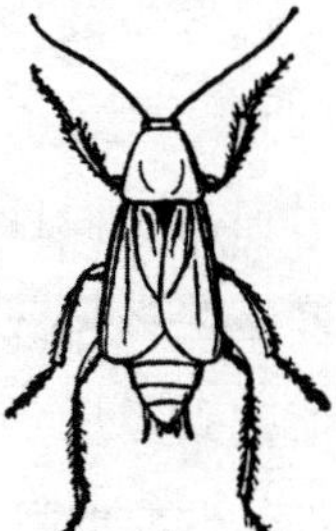
3/4

蟑螂

① 卡比利亚：阿尔及利亚高原名。　柏柏尔：北非土著，散居于摩洛哥、阿尔及利亚等地。——校注

会是什么。

如此惊人的选择，一定有某种原因。究竟是什么原因？出于什么动机，它们将自己的日常饮食局限在同一目昆虫的严格范围内，但在这个地方是恶臭的蟑螂，在别的地方却是虽然有点干，但味道非常可口的蝗虫，在另一些地方又是肥美的蟋蟀，或者是距螽呢？我承认我对此压根也不明白，只好把这个问题交给别人去解决。不过我注意到，在昆虫中，直翅目的情况就像反刍类哺乳动物一样，它们天生有一个强壮的大肚子和沉着的性格，在草场上悠闲自在地吃草，肚子很容易长膘。它们数目众多，到处都有，行动缓慢，容易捕捉；而且大小也适中，所以成为主食。谁能告诉我们，飞蝗泥蜂这些必须获取肥壮猎物的强有力的掠夺者，在昆虫中，是不是只能找到像反刍类家畜中的牛和羊这样肉多而又平和的牺牲品呢？也许是这样的吧，但仅仅是也许而已。

我对于另一个同样非常重要的问题，有一个不是也许而是确切的猜测。吃直翅目昆虫的消费者，是不是永远不改变它的饮食习惯呢？如果特别喜欢的野味没有，它们会接受另外一种吗？朗格多克飞蝗泥蜂是否会认为，除了距螽之外再没有别的好吃呢？白边飞蝗泥蜂是否在餐桌上只能摆上蝗虫，而黄足飞蝗泥蜂只能摆上蟋蟀呢？或者根据时间、地点、情况，各自用别的大致相同的东西来代替偏爱的食物呢？如果发生了这样的事情并被观察到，那将具有极其重要的意义。这些事实将会告诉我们，本能的启示究竟是绝对的，万古不变的，还是会变的，从而表明狩猎者在选择食物方面有极大的自由；但是狩猎范围扩大这样的假设，无法用到飞蝗泥蜂上去，因为我看到它们总是钟情于专有的一种猎物，每种飞蝗泥蜂总是捕猎它们各自特定的猎物，尽管它们完全能在直翅目昆虫中找到许多形状极其不同的品种。不过我幸运地收集到了幼虫食物彻底改变的一个案例，仅有的一个案例，我很乐意把它写进档案。这样一些经过认真观察的事实，对于想在牢固的基础上构建昆虫心理学的人来说，将是基础性的材料。

这个故事发生在罗讷河畔的一个防波堤上，一边是大河，河水咆哮；另一边是浓郁茂密的杨柳、芦竹，中间夹着一条铺着细沙的小路。一只黄足飞蝗泥蜂蹦蹦跳跳地拖着一个猎物来了。我看到了什么？这猎物不是蟋蟀，而是一只蝗虫！这膜翅目昆虫正是我熟悉的飞蝗泥蜂，热衷于捕猎蟋蟀的黄足飞蝗泥蜂啊。我几乎不能相信眼前的事实。洞穴就在不远的地方，飞蝗泥蜂钻进去，把战利品堆放好。我坐下来，决心等待它再次出征，如果需要，就等它几个小时，以便看看会不会再有这种异乎寻常的猎物出现。我坐在那里，把小路完全占领了。这时突然来了两个刚刚剃了头的幼稚新兵，最初的兵营生活将人变成木头人的例子，再也没有比这更典型的了。他们一边聊着天，肯定是谈着同乡的事情；一边不在意地用刀刮着一根柳树枝。我心中忽然产生了一种担心：在公共道路上做实验可不容易，当你窥伺了几年的一件事终于发生时，突然来了一个过路人，就会打乱一切，毁掉机会，而这机会也许以后再也不会有了！我忧心忡忡地站立起来，给那两个新兵让路，我躲到柳树后面，把狭窄的过道空出来。如果我上前一步对他们说："朋友，别从那里过去！"可就是不谨慎了，会把事情搞得更糟。他们会以为沙下埋着什么陷阱，就会提出问题，那可是怎么也解释不清的。况且我这么一说，可能会使这两个无所事事的人也想看个究竟，在科学研究中，这些人是非常碍手碍脚的。于是我站立起来，什么也没说，听天由命吧。唉！运气真不好，军靴重重的鞋底正好踩在飞蝗泥蜂洞窝的天花板上。我浑身一阵冷噤，就像我自己被铁靴踩着一样。

两个新兵走了，我赶紧抢救成为废墟的洞穴。我在洞里找到了飞蝗泥蜂，它被踩瘸了；跟它在一起的，不仅有那只我看着它拖进去的蝗虫，还有另外两只蝗虫；在通常放着蟋蟀的地方，总共有三只蝗虫。这种奇怪的改变是出于什么动机呢？是不是因为洞穴附近没有蟋蟀，处于困境中的黄足飞蝗泥蜂便用蝗虫来弥补，正如谚语所说的“没有斑鸫，将就吃乌鸫”呢？我不大相信，因为附近没有任何迹象表明，那里没有它喜爱的野味。比我更幸运的人，也许会把这个未知的新问题弄明白的。无论如何，黄足飞蝗泥蜂或者出于迫切的需要，或者出于我不知道的动机，有时会用另一种猎物，用蝗虫来代替它所钟爱的蟋蟀，两者在外表上并无相似之处，同样是一种直翅目昆虫。

观察者在奥朗日郊区曾目击到以蝗虫为食的例子，拉普勒蒂埃据此对同一种飞蝗泥蜂的习性做了简略介绍。他无意中看到一只黄足飞蝗泥蜂拖着一只蝗虫。这是否就像我在罗讷河边见到的那样，是偶然的事件呢？这是例外还是规律？奥朗日乡下没有蟋蟀，所以黄足飞蝗泥蜂要用蝗虫来代替？此事很重要，我不得不把问题提出来，可我无法找到答案。

在此插进我从拉科代尔[①]的《昆虫学导论》中引来的一段话，对此我以后会提出不同的看法。这段话是这样说的：

> 达尔文[②]曾专门写了一本书，证明支配着人和动物行为的智

① 拉科代尔（1802—1861）：法国博物学家。——校注

② 本章提到的达尔文指伊拉斯莫·达尔文，为进化论创始人查理·达尔文的祖父。作者在卷五第十章中，对这一段话做了部分修正。——校注

力原则是一样的。一天他在花园小径上散步，看到一只飞蝗泥蜂刚刚捉到一只个子跟它差不多大的蝇。达尔文看着它用大颚咬断猎物的头和腹部，只留下连着翅膀的胸部，然后带着胸部飞起来；但是一阵风吹动蝇的翅膀，使飞蝗泥蜂在原地转圈，无法前进；于是它又落在小径上，切断蝇的一只翅膀，在消除了飞行障碍后，它带着剩余的猎物又飞了起来。很明显，这事实具有推理的征象。本能会让这只飞蝗泥蜂切断猎物的翅膀，然后把它带到窝里去，同类的某些昆虫就是这样做的。这里面有一系列思想和这些思想所产生的结果，如果不承认理智在起作用，是完全无法解释的。

这个故事如此轻率地把理智加在昆虫身上，且不说真理，甚至连一点真实性都没有。问题的关键不在于行为本身，而在于行为的动机。达尔文看到了他向我们说的事，只是他搞错了故事的主人公，搞错了故事本身和故事的意义。他大错特错了，我可以证明。

恕我直言，这位英国老学者应该十分熟悉他如此慷慨地加以美化的生物。那么我们来谈谈按严格科学定义的飞蝗泥蜂这个词吧。在他的假设中，这只英国飞蝗泥蜂，如果英国有飞蝗泥蜂的话，为什么如此奇怪地背离常规，选择蝇为猎物，而它的同胞们却选择直翅目昆虫一种如此不同的野味呢？依我看来，即使接受苍蝇是飞蝗泥蜂的猎物这种说法，还有其他不可能的事。膜翅目掠夺者给它们幼虫吃的不是尸体，而是仅仅因麻醉而麻木的猎物，这是非常明显的；那么，猎物被飞蝗泥蜂切断了头、腹部和翅膀，究竟意味着什么？带进家的食物只是一块死肉而已，只会以恶臭污染蜂房，对幼虫毫无用处。所以，达尔文在进行观察时，眼前看到的不是真正的飞蝗泥蜂。那么，他看到什么了呢？

那猎物被称为蝇，而蝇这个字眼是个十分笼统的词，可以适用于双翅目这一大类中的大部分昆虫，使我们不知究竟指的是什么。飞蝗泥蜂这个词很可能也被用在同样不确定的意义上。在上个世纪末，在到处都是达尔文的著作的那个时代，人们用这个字眼不仅指定义严格的飞蝗泥蜂，而且特别指方头泥蜂；其中有些昆虫捕捉双翅目昆虫的蝇作为幼虫的食物，这是因为英国博物学家不了解膜翅目昆虫所要的猎物。那么，达尔文的飞蝗泥蜂是不是一种方头泥蜂呢？也不尽然，因为捕捉双翅目的昆虫猎手和捕捉其他野味的猎手一样，在卵的孵化和幼虫生长发育的半个月或者三个星期中，要求猎物保持新鲜，一动不动，但又要有生命。幼虫这些小贪吃鬼要的是新鲜的肉，不是腐烂的甚至发臭的肉。这是我没有发现有任何例外的一条规律。因此，达尔文所谓飞蝗泥蜂这个词，甚至不能从它的旧定义来理解。

该书的说法并不符合科学的精确事实，而是一个要破解的谜。我们继续来猜谜吧。由于身材、形状和黑黄相混的外衣的关系，好多种方头泥蜂跟胡蜂十分相似，对于昆虫学上的细微差别不内行的人根本分辨不出来。对于未曾做过专门研究的人来说，方头泥蜂就是胡蜂。这位英国观察者居高临下看事物，由于这个故事将会证实他超群出众的理论观点，并使理智与昆虫结合起来，他便认为分类是微不足道的小事，不值得认真观察，因此，他会不会也犯了错误，不过是一种可以原谅的错误，把胡蜂当成方头泥蜂呢？我几乎要肯定这一点了，下面是我的理由。

胡蜂即使不是永远，至少经常用某种昆虫作为食物来喂养它的幼虫；但它不是事先在每个蜂房里堆放着猎物，而是每天若干次地向幼虫分配食物，用嘴一口口地喂它们，就像母鸟喂雏鸟一般，胡蜂妈妈用大颚把昆虫食物捣碎、咀嚼成细酱，然后喂给幼虫。制备小家伙特别喜爱的肉酱的材料是双翅目昆虫，主要是普通的蝇；如果有新鲜的肉，那就是意外的收获，它会充分利用。谁不曾看到胡蜂大胆地钻进我们的厨房，或者扑到肉店的砧板上，啄下一丁点合意的肉，立即把丰硕的战利品叼走供幼虫享用呢？当半闭合的百叶窗在房间地板上落下一线阳光，苍蝇在阳光下甜蜜地睡午觉或者掸掉翅膀上的灰土时，谁不曾见过胡蜂突然闯进来，扑向双翅目昆虫，用大颚把它咬碎然后带着战利品逃走呢？这又是给食肉婴儿的一块美食。

这美食会被肢解，有时就在掠夺现场，有时在路上，有时在窝里。翅膀毫无价值，通常被切断扔掉；腿里的汁很少，有时也丢弃不要；剩下的是一段尸体——头、胸、腹，连在一起或者分割开来，胡蜂把它咀嚼又咀嚼，做成一盘羹、一盘供幼虫享用的美食。我曾经用一盘苍蝇酱饲养昆虫幼虫，实验对象是一个胡蜂窝。这种胡蜂把它那玫瑰花萼状的灰纸色小蜂房，固定在灌木丛的枝丫上。我的烹饪器材是一块大理石板，我把野味清洗干净，把不太啃得动的翅膀和腿去掉后，在大理石板上做苍蝇酱；用来喂食的匙是一根细麦秸，我把美食放在麦秸上，一个蜂房接一个蜂房，给每一只像雏鸟似的半张着大颚的婴儿喂食。我小时候喜欢饲养小雀儿，可那时也没有干得这么起劲，干得这么好。只要我有耐心坚持下去，一切都进展得非常顺意。在专心致志和认真细致的喂食过程中，我的耐心经受了很好的考验。

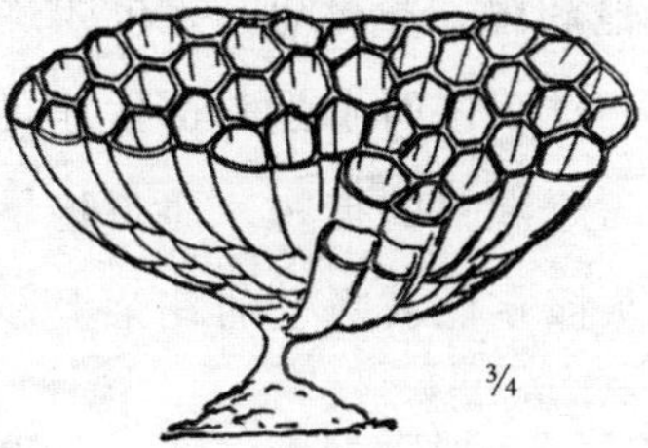

胡蜂窝

通过观察，原来难以理解的谜语解开了，现在我们对真实情况有了完全透彻的了解；这观察要求极其精确，花掉了我所有的空闲时间。10月初，我书房门口两簇鲜花盛开的紫菀，成了无数昆虫聚会的场所，其中主要的是蜜蜂和尾蛆蝇，那低沉的嗡嗡声就像维吉尔[①]向我们谈到的那样：

尾蛆蝇

低声耳语诱人入睡乐无穷。

如果说在这嗡嗡声中，诗人只找到诱人入睡的乐趣，博物学家则看到了研究的题材：在花朵上欢乐嬉戏的这群小昆虫，也许会向他提供某种新颖的资料。于是我便在这长着无数花蕾的两簇花前观察起来。纹风不动，阳光强烈，空气沉闷，这是暴风雨即将来临的征兆，可这确实也是膜翅目昆虫极有利的工作条件，它们似乎预见到明天将会下雨，便加倍努力利用眼下的时间。蜜蜂积极地采蜜，尾蛆蝇则笨拙地从一朵花上飞到另一朵花上。有时，胡蜂突然窜到这群饱吮琼浆玉液的和平居民中间。胡蜂是掠夺成性的昆虫，来这里是要捕捉猎物而不是采蜜。

有两类同样热衷于杀戮但力量大为悬殊的胡蜂，各自捕捉自己的猎物，普通胡蜂捉尾蛆蝇，黄边胡蜂捉蜜蜂；两者的捕猎方法都一样。这两个强盗迅猛地飞翔，以各种方式飞来飞去，然后猛地扑向所觊觎的猎物，而猎物早有提防都飞走了。掠夺者在猛击中，一头撞在已被吸空的花朵上。追捕在空中继续进行，就像老鹰捉云雀

① 维吉尔（前70—前19）：古罗马最伟大的诗人，著有民族史诗《埃涅阿斯纪》《农事诗集》等伟大作品。——校注

一样。蜜蜂和尾蛆蝇急拐几个弯，很快就挫败了胡蜂的企图，胡蜂又在花朵上游荡。迟早总会有一只猎物因为逃得不够快而被捉住，胡蜂立即带着尾蛆蝇落到草坪上。我也立即趴在地上，轻轻地用双手拨开挡住视线的枯叶和草根；如果我采取了很好的措施，不吓住捕猎者，我就能看到下面这样的悲惨事件。

首先，胡蜂和比它还大的尾蛆蝇，在乱草堆里展开了一场混战。尾蛆蝇没有武器，但它强壮有力；翅膀扑打的尖厉声说明它在做绝望的抵抗。胡蜂有匕首，但它不会有条不紊地使用螫针，不知道致命点在哪里，那些需要猎物长时间保持新鲜的掠夺者却非常了解。胡蜂的幼虫所要的是立即捣碎的苍蝇酱，既然这样，采取什么方式来杀死猎物，就无关紧要。所以螫针毫无章法地乱戳一通，根据肉搏时的机会，无所谓地刺在猎物的头部、胸部、腹部。将猎物麻醉的膜翅目昆虫，像外科医生一样用一只灵巧的手移动解剖刀；胡蜂则像粗鄙的凶手，在争斗中随便乱捅刀子，因此尾蛆蝇的抵抗时间拖得很久，它与其说是被匕首捅死的，不如说是被剪刀戳死的。这剪刀就是胡蜂的大颚；切割、破肚、剁碎。掠夺者用大腿把猎物夹得无法动弹，大颚一咬，头就掉了下来；然后把翅膀连根切断，接着一下下把腿切下；最后，扔掉肚子，不过里头的内脏没有了，似乎胡蜂把内脏跟它所喜爱的那块食物放到一起了。只有胸部是它喜爱的食物，因为比起其余部分，尾蛆蝇胸部的肌肉较多。胡蜂没有耽搁太久，就用腿夹着食物飞走了。到了窝里后，它把食物做成酱喂给幼虫吃。

黄边胡蜂抓住蜜蜂后大致也是这样干的，但是由于掠夺者的块头大，虽然猎物有螫针，但争斗时间也不会很久。黄边胡蜂就在抓住俘虏的那朵花上，通常是在邻近的小灌木枝丫上，开始准备肉酱。它首先破开蜜蜂的蜜囊，舔干从蜜囊里流出来的蜜。它得到的是双重收获：一滴蜜是猎手的佳肴；蜜蜂是幼虫的美食。有时它会把翅膀和腹部都扔掉，不过一般来说，黄边胡蜂对蜜蜂什么也不嫌弃，只要把它弄得残缺不全，就把它运走。除了没有营养价值的部分，尤其是翅膀。有的胡蜂就在捕猎的现场制备肉酱，把翅膀、腿，甚至腹部扔掉后，就用大颚把蜜蜂磨碎。

所有这些细节都符合达尔文所观察到的事实。一只普通胡蜂捉住一只尾蛆蝇，用大颚把猎物的头、翅膀、腹部、腿切断，只留下胸部带到窝里去。但是达尔文丝毫没有解释胡蜂为什么要把猎物切碎；另外，这一切是在完全隐蔽的地方，在厚厚的草地里进行的，掠夺者把它认为对幼虫无用的东西扔掉，事实就是如此。

总之，某种胡蜂肯定就是达尔文故事中的主人公。那么，昆虫为了抵抗风力，把猎物的腹部、头、翅膀切断而只留下胸部，这如此有理性的计算，究竟是怎么回事呢？其实，这只是个简单的事实，从中根本得不出人们想象的重大结论。在现场便切割猎物，只留下它认为值得给幼虫吃的部分，这现象在胡蜂中非常普通。我从中看不出丝毫的理性迹象，这只是一种很普通的本能行为，的确用不着多费脑筋。

贬低人类，拔高昆虫，以便建立一个支点，然后成为一个融合点，这曾经是现在仍然是流行的“高超理论”的一般方法。啊！那个时代的人们病态地执着于这些高明的理论，可人们却没有发现，竟有那么多得到权威肯定的证据，在经过实验的验证之后，最后落了个可笑的结局，就像达尔文所说的像伊拉斯谟①那么博学的飞蝗泥蜂一样！

---

① 伊拉斯谟（约1466—1536）：又译埃拉斯穆斯，尼德兰（今荷兰和比利时等地）人文主义学者，《新约全书》希腊文编订者。——译注

第十章 朗格多克飞蝗泥蜂

化学家在认真地制订了研究计划后，便在最合适的时刻搅拌反应剂，并在曲颈瓶下将火点着。他是时间、地点、环境的主人，可以选择工作的时间，躲在与外界隔绝的实验室里，不会受到任何干扰；他随心所欲地制造出他所想到的任何环境条件；他探究无机的自然秘密，只要愿意它就有本事在任何时候产生出化学作用来。

活生生的自然秘密不是解剖学结构的秘密，而是活跃的生命，尤其是本能的秘密，所以给观察者造成的困难要大得多，微妙得多。人们不但无法支配自己的时间，而且还受季节、日子、小时乃至于时刻的束缚。机会一旦出现，就要毫不犹豫地抓住，因为这机会也许很久都不会再有了。又由于机会往往是在最没想到的时候出现，所以人们对于善加利用时机毫无准备。你必须立即准备好小规模的实验器材，制订计划，设计战术，想好巧妙的办法。如果你的灵感来得相当快，能够利用出现的机会，那么你就太幸运了，要知道这机会只留给极力寻找它的人。你必须耐心地、日复一日地等待，有时蹲在烈日曝晒的沙坡上，有时等在陡坡夹峙像烘箱似的小路间，有时爬到砂岩的陡壁处，那里人迹罕至，令人害怕。

如果你有办法，能够把观察站设在一棵长着稀疏的叶子、好像要为你挡住强烈阳光的橄榄树下，那么你得感谢命运，你中的奖就是一座伊甸园。你必须一直耐心地守候，这地方条件很好，说不定什么时候机会就来了。

机会来了，是的，来得晚些，但毕竟来了。啊，如果现在能够独自一人在自己安静的书房里，专心致志地研究自己的课题，而没有过路人来打扰，那该多好啊！那些过路人看到你正全神贯注地盯着一个点，而他却什么也没看到，便会停下来，问个不停，把你当作拿着榛树魔棒发现宝泉的人；或者抱着更大的怀疑，把你视为形迹可疑的人，以为你正用咒语从地下寻找装满钱的旧罐子。如果你在他心目中还有基督徒的样子，那么他便会崇敬你，你看什么，他也看什么，还面带微笑。那样子简直让人一眼就看得出，他是抱着怜悯的心肠在看待你这位专心致志地观察苍蝇的人。然而，如果这个讨厌的参观者虽然在心中窃笑，但终于走开而没有破坏现场，没有再扩大那两个新兵的鞋后跟所带来的灾难，可就太幸运了。

你正忙着，可你又无法解释清楚你在忙什么，即使过路人不感到困惑，也会引起乡警的疑惑。在乡村里乡警是法律的代表，是难打交道的人。他老早就在监视你了，他经常看到你无缘无故这里走走，那里逛逛，好像心事重重的样子；他还经常发现你在地上搜寻，小心翼翼地在一条洼陷的道路上拍打沟壁，终于对你产生了怀疑。在他眼里，你肯定是个吉卜赛人、流浪汉、可疑的闲逛者、偷庄稼的人，至少也是个怪人。如果你带着植物标本箱，他会认为那就是偷猎者用来装白蛐的箱子，你根本无法打消他的看法，他认为你无视狩猎法和所有权，打算把附近所有的兔子都捕光。你可要当心啊，你口再渴，也不要把手伸到身旁的葡萄串上去；那个佩戴着乡警牌的人可能就在那里，他会觉得很幸运，终于能够对一种使他大惑不解的行为做个笔录了。

我从没有干过这样的坏事，我可以拍胸脯保证。可是有一天，我正趴在沙上专心致志地观看一只飞蝗泥蜂操劳家务时，突然听到身旁一声喊：“以法律的名义，我命令你跟我走！”这是安格尔的乡警，他一直在等待机会抓住我的把柄，可又抓不到，他非常想得到使他心神不定的谜底，便决意粗暴地提出警告。我只好进行解释，但这个可怜的家伙似乎压根没被说服。“嘿！嘿！”他说，“你永远也别指望我会相信，你来这里烤太阳只是为了看苍蝇飞。我一直盯着你，你是知道的！如果再一次发现你这样，我就可以带你走！”他走了。我始终认为他会走开，很大原因是由于红绶带[①]的缘故。我在昆虫学或植物学远征中，还有其他一些同样性质的小事，我认为也是这条红绶带帮的忙。即使并不一定是这个原因，不过，我在万杜山采集植物标本时，那个向导比这个乡警好相处，那只驴子也没有这么犟。

这条猩红色的绶带，并不能完全免除昆虫学家在公路上进行实验时会受到的磨难，我举一个典型的例子。一天，天刚亮，我就埋伏在一条峡谷里的石头上，我探访的对象是朗格多克飞蝗泥蜂。三个去收葡萄的女子从那里走过，她们向那个坐在那里似乎在沉思的人瞥了一眼。她们有礼貌地问了一声好，对方也有礼貌地作答。太阳落山时，那几个收葡萄的女子又经过那里，头上顶着装得满满的篮子。那个人还在那里，仍坐在那块石头上，眼睛一直盯着同一个地方。我这样一动不动，我这么久地一直待在荒无人烟的地方，肯定使她们非常惊奇。当她们从我面前走过时，我看到她们中有个人把手指放在额上，听到她跟其他人低声说道：“一个不会害人的傻瓜，可怜啊！”于是三个人都在胸前画了十字。

一个“傻瓜”，她是这么说的，一个“傻瓜”。一个傻瓜，一个不会害人但失去理智的可怜人；这几个女子都画了十字。对于她

① 1868年，为奖励法布尔为昆虫学研究做出的杰出贡献，法国政府授予他一条红绶带。——校注

们来说，一个傻瓜是被主打上印记的人。什么话呀！我心想，这真是命运的嘲弄。你如此认真地在昆虫身上探寻什么是本能、什么是理智，可在这些善良的女子心目中，你自己却甚至连理智都没有！这是多大的侮辱！“可怜”这个词在普罗旺斯语中是最高度的怜悯，这来自心底的“可怜”使我立即忘掉“傻瓜”了。

如果读者没有为我刚刚这个小小的不幸事件而坏了胃口，感到扫兴，那么我想邀请读者前往这三个收葡萄的女子走过的那个峡谷去看看。朗格多克飞蝗泥蜂在造窝时，不是为了成群结队相会于同一个地点而来到这里，而是孤孤零零、稀稀落落地在长途迁徙的流浪过程中，随遇而安地来到某个地方安家。它的同行黄足飞蝗泥蜂寻求与同伴为伍，寻找热闹的劳动工地，而它则更喜欢孤独，喜欢离群索居的安静。它的步态更加庄重，可也更加审慎，它的身材更为结实，而衣着也更暗淡。它总是独自生活而不管别人在干什么，它对同伴不屑一顾，是飞蝗泥蜂族中的真正愤世嫉俗者。前者善于群居，后者则不然；仅此深刻的差别就足以说明各自的特征。

这同时也表示，要观察朗格多克飞蝗泥蜂，困难更大。对于这种飞蝗泥蜂，不可能有什么经过长时间思考的实验，一生最初的尝试失败，不可能企图对第二只、第三只，无休止地在同样的情景下进行实验。如果你事先准备了观察器材，如果你储备了比如说一块猎物，打算用它来代替飞蝗泥蜂的猎物，那么几乎可以肯定，捕猎者是不会出现的；而当它终于出现在你的面前时，你的器材却已经无法使用了；一切都得在当时立即仓促备好，可我没办法每次都备好所要求的条件。

我们应当相信，地点是有利的，我已经好几次在这些地方，发现飞蝗泥蜂在阳光普照的葡萄叶上休息。飞蝗泥蜂仰躺在叶片上，美滋滋地享受阳光与温暖的乐趣，还时不时地嗡的一声，好像喜不自胜似的。它舒服得扭动着身子，用腿尖迅速地拍打它坐着的叶子，发出击鼓般的声音，宛如一阵狂风骤雨猛打着树叶。这种欢快的击鼓声，在几步路外都可以听得见。接着它一动不动，很快随之而来的，又是一阵踯节的乱摆和神经质的动弹，表明它快乐极了。我太了解这些热爱阳光的虫子。给幼虫造的窝还只挖了一半，它们突然扔下工作，到附近的葡萄架上去享受一场日光浴，然后再蛮不情愿地回到窝里，马马虎虎地扫它一扫。最后终于抛弃了工地，对于它来说，葡萄叶上的快乐是无法抵挡的诱惑。

也许这个惬意的休息地还是一个观察站，飞蝗泥蜂在那里仔细察看四周，以便发现和选择猎物。它寻找的野味是吃葡萄的距螽，这些距螽四散在葡萄藤或者随便什么荆棘丛里，飞蝗泥蜂又专挑肚子里被丰富的卵撑得鼓鼓囊囊的母距螽，这猎物真是肥美极了。

我们不必对那一再的奔波、徒劳的探究、长时间无聊的等待多费口舌，飞蝗泥蜂自己怎样出现在观察者面前，我就怎样向读者介绍吧。看吧！飞蝗泥蜂出现在凹陷的道路上，两旁是高耸的陡坡。它徒步走来，但扇动着翅膀，把沉重的捕获物拖过来。距螽的触角像线一般又细又长，对于它来说，这正是套车的绳。飞蝗泥蜂昂着头，用大颚咬着一根触角，这根触角穿过它的腿间，猎物则肚子朝天。如果地面崎岖不平妨碍这样的运输方式，飞蝗泥蜂便抱起庞大的猎物，飞短短的一段路程，其间只要有可能便再用脚前进。

我从来没见过它像善于长途飞行的昆虫那样，双腿抱着猎物一直飞很长的距离。那些昆虫，例如泥蜂和节腹泥蜂，前者抱着双翅目昆虫，后者抱着象虫，在空中也许可以飞方圆一公里，它们的战利品比起庞大的距螽来要轻得多。因此，朗格多克飞蝗泥蜂的猎物很重这个事实，使它只好在几乎整个路程中，使用非常慢而且非常困难的徒步运输方式。

同样由于猎物大而重，膜翅目掘地虫通常先挖洞然后供应粮食的工作程序也被打乱。掠夺者的力气完全搬得动猎物，而且善于飞行运输猎物，因此，可以任意选择住所的位置，猎手完全可以到很远的地方捕猎。它抓到俘虏，很快便可飞回家，远与近对它来说都无所谓。它宁愿把它诞生的地方，把前人生活过的地方作为它的窝。它继承了老宅深深的巷道，那是几代先人不断劳动的成果；它把那些巷道稍加修缮，作为通到新卧室的大道，因此这些卧室的防卫，就比单独一人每年重新从地面开始挖掘要更加坚固。例如节腹泥蜂和食蜜蜂的大头泥蜂就是这样。如果父辈的老屋不够牢固，无法年复一年地抵御风雨侵袭并传给后代，膜翅目掘地虫必须每年重新挖掘洞穴，那么至少新的洞的安全条件要比先人曾住过的家更好。所以它挖巷道，把每条巷道作为通往蜂房群的走廊，从而节省孵卵期所要花费的劳动量。

虽然这样的工作方式未能产生真正的社会，因为其中没有出于共同目的的协调劳动，但至少是一些聚居点。在那里，昆虫看到自己的同类、邻居，肯定会使个人的劳动热情更加高涨。的确，我注意到，在同宗的小部落和孤独地劳动的掘地虫之间，彼此的积极性不同。整群的昆虫像在万头攒动的工地上那样一片热火朝天，而单个的掘地虫则是孤独无聊的劳动者，懒洋洋的。昆虫就跟人一样，行动是有传染性的，有了榜样会互相激励。

我想，我可以由此得出结论：对于掠夺者来说，猎物重量轻，它就有可能长距离飞行运输，因而它就可以随意选择洞穴的地点。它更喜欢利用它出生的地方，把每个走廊做成通到若干个蜂房的过道。由于出生地点的接近，便形成同类之间的聚居，彼此为邻，从而成为激励劳动的源泉。这迈向生活的第一步，主要取决于运输的便利性。我做个这样的比喻吧，人类不也是这样的吗？局限于几乎无法通行的山路，人们便孤零零地建造茅屋；如果有便于行走的大路，人们便聚居在一起而形成人口众多的城市；如果有了铁路，彼此距离缩短了，人们便聚集在名为伦敦和巴黎这样庞大的蜂窝里。

朗格多克飞蝗泥蜂的条件则截然相反，它的猎物是沉重的距螽，单单一只距螽就等于别的掠夺者飞行好多次所堆积的食物总和。节腹泥蜂和其他飞行快的掠夺者要分期完成的工作，它只要运一次就行了。沉重的猎物使它不可能长途飞行，它必须辛辛苦苦地徒步把猎物慢慢地运回家去。仅此一点就必须以在什么地方能捕猎到食物来决定住所的地点，先有猎物，后要住房。因此，它们就很难共同选定地方聚会，也没有同类居民彼此为邻，也没有各个部落竞相表现互相激励了。朗格多克飞蝗泥蜂孤身独处，随机而遇，虽然一直认认真真，却没精打采地独自干活。飞蝗泥蜂首先是找到猎物，发动进攻，把它麻醉，然后才操心筑窝的事。在离猎物尽可能近的地方选定一处合意的地点，然后很快挖好幼虫的卧室，以便立即迎接卵和食物。这便是我所观察到的情况，下面我将摘要加以介绍。

我所看到的正在挖洞的朗格多克飞蝗泥蜂，总是单独一只，或者待在老墙壁掉下一块石头所留下的充满灰沙的洞窝里，或者在一片突出的砂岩形成的隐蔽所里，凶恶的单眼蜥蜴正需要这样的隐蔽所作为通向巢穴的前庭。这里阳光充沛，简直像个烘箱；土层是从拱顶逐渐掉下来的旧灰尘，十分容易挖掘。飞蝗泥蜂用大颚作为挖掘的铲子，跗节作为扫土的耙子，房间很快就挖好了。然后，飞蝗泥蜂飞了起来，不过飞得慢，没有突然张开有力的翅膀，表明它不打算长途远征。

我完全可以用眼睛追踪它，它通常落到大约十来米远的地方。有些时候，它决定徒步远足，匆匆忙忙离开洞穴，朝一个地点走去，我也冒冒失失地跟在后面，尽可能不干扰它。它或者步行或者飞行去到要去的地方，寻找一会儿，这可以从它那犹豫不决的步态和四处来回张望中看出来。它寻找，它终于找到了，或者不如说，重新找到了。

它重新找到的东西就是一只已经半麻醉，但跗节、触角、产卵管还在动的距螽。这肯定是朗格多克飞蝗泥蜂前不久曾经刺了几下的一只猎物。在动了手术之后，它便离开了猎物，因为带着这个负担到处寻找住所太麻烦；它很可能是把猎物就扔在捕猎的现场，把它放在某块显眼的草丛里，以便以后比较容易寻找；它相信自己记忆力好，过一会儿能够回到放置战利品的地方。接着它便开始在四周探索，选择一处合意的地方来挖洞。小窝一挖好，它便去找猎物，没费多少事便找到了。现在它准备把猎物运到窝里去，它跨在猎物身上，抓住猎物的一条触角或者同时把两条都抓住，然后靠大颚和胸部的劲，拖拉着上路了。

有时这段路可以一口气跑完；有时，更常见的是，搬运工突然把重物扔在半路，迅速跑回家。也许是它想起入口的大门宽度不够，庞然大物运不进；也许是它想到有些小地方还有毛病会影响储存。果然，这位工人在修补它的洞穴：扩大入口门洞，整平门前道路，加固拱顶。这些工作只要跗节拍打几下就完成了，然后它再去找距螽，那距螽就仰天躺在几步路距离外。它又开始搬运了。路上，飞蝗泥蜂灵敏的脑筋似乎又想起一件事：查看过大门，可没有看一看室内，谁知道里面是不是一切正常呢？于是，它又把距螽扔在半路，往家里跑去。室内的探察完毕了，免不了顺便用跗节这把抹刀抹几下，给四壁做最后的修葺。飞蝗泥蜂没有在这些细腻的整修上耽误过多的时间，便回到猎物那里，抓起猎物的触角。前进，这一次会走完全程吗？我不敢担保。

我曾见到两只飞蝗泥蜂，其中一只也许比它的同伴更加多疑，或者对于建筑上的小事更健忘，为了消除疑惑，它把战利品五六次扔在半路上，自己跑回洞里去，或者做一些小修改，或者只是到屋里检查一番。当然，有的飞蝗泥蜂直接回到窝里去，甚至路上歇都不歇一下。在此，我还要说一句，当飞蝗泥蜂返回住所进行修葺时，它总要不时从远处向扔在路上的距螽瞥上一眼，看看是不是有人去碰它，令人想起圣甲虫的谨慎劲。圣甲虫从正在挖掘的大厅里出来，摆弄亲爱的粪球，把粪球推得离自己近一点。

从上述事实推导出来的结论是显而易见的，任何一只从事挖掘的朗格多克飞蝗泥蜂，不管是在开始挖掘时，还是在用跗节粗粗地扫一扫尘土时，在把住巢筑好后，它总要时而步行，时而飞行，进行一场短途的出征，确保始终占有那只已经被蜇刺、已经麻醉的猎物。由此我可以充分有把握地得出结论：飞蝗泥蜂首先是个猎手，然后才是挖掘工；捕猎的地点决定了住所的位置。

原先我们看到的总是先有食物橱后有食物，而如今准备食物先于建造食物橱。我把这种程序的颠倒，归因于飞蝗泥蜂的猎物沉重，不可能飞着把它运到远处。这并不是因为飞蝗泥蜂身体结构不适于飞行，相反，它很善于飞行；但是假如它只靠翅膀支撑，那么它所捕捉的猎物会压得它不方便飞。它必须用土地作为支撑，必须干搬运工的工作，其坚强的毅力多么令人可钦可佩啊！如果它抱着猎物，它就总是坚持步行，或者飞很短的路程，即使飞行可以节省时间和减少疲劳。请允许我举一个例子，我最近特意观察了这种奇怪的膜翅目昆虫。

一只飞蝗泥蜂出其不意地不知道从哪里钻出来，徒步拖着很可能是刚刚在附近抓住的距螽。在这种情况下，它必须挖一个窝。地点令人满意，一条人来人往的道路，土地坚硬得像石头。飞蝗泥蜂没有空进行艰苦的挖掘，因为猎物已经抓到，必须尽快储存起来，所以飞蝗泥蜂需要容易挖的地，可以在短短的时间内建好幼虫的房间。我说过，它喜欢的土地是在岩石下某个小隐蔽所内长年累月堆积着的尘土，可是如今我眼前的飞蝗泥蜂停在一间村屋的屋基下，房屋新涂的泥灰土墙有6～8米高。它的本能告诉它，在那上面，在屋顶瓦片下，可以找到堆满多年尘土的壁凹。

它把猎物放在屋基下，飞到屋顶上去。我看着它随意地这里找找，那里看看。过了一会儿，合适的地方找到了，这地方在一块瓦片的弯曲处。它马上干起活来，十分钟，至多一刻钟，巢便筑好了。于是飞蝗泥蜂又飞下来，很快找到距螽。现在要把猎物运到上面去。看样子它似乎应该飞上去，是这样的吗？根本不是，飞蝗泥蜂选择的是一条艰难的道路，攀登泥瓦匠用抹刀抹得光溜溜、高6～8米的垂直墙面。看到它两腿抱着猎物走这条路，我起先以为是不可能的，但我很快就对这种大胆尝试的结果放心了。尽管背着沉重负担，行动不便，但强壮的飞蝗泥蜂以一点点凹凸不平的灰浆作为支撑点，行走在垂直的墙面上，竟像在平地上一样步态稳健，一样轻盈敏捷。

它毫无困难地到达了屋脊，把猎物暂时搁在屋檐的一块瓦背上。当这只掘地虫整修洞窝时，放得不稳的猎物滑落，掉到了墙脚。一切都必须重新开始，它仍然采取攀登的方法；第二次同样不小心，它仍然把猎物放在弯曲的瓦背上，猎物又滑动，又落到了地上。飞蝗泥蜂并没有因为这样的事故而失去镇静，它第三次爬墙把距螽运到高处。这一次它学乖了，毫不迟延地把猎物拖到窝里去了。

在这样的条件下，飞蝗泥蜂根本没有尝试用飞行来搬运猎物，很显然是因为它背着沉重的负担无法飞得远。这些生活习性上的某些特点，正是本章所要讲的内容。由于猎物的重量不影响飞行，所以黄足飞蝗泥蜂是半群居的昆虫；而朗格多克飞蝗泥蜂的猎物重，无法空中运输，所以离群索居，对于与同类结伴为邻所能得到的好处满不在乎。猎物重量的大小，决定了昆虫的某些基本特性。

第十一章 本能赋予的技能

毫无疑问，朗格多克飞蝗泥蜂为了麻醉猎物，采取了捕猎蟋蟀那样的办法，把螫针刺入距螽胸部好几下，以便击中胸部的神经节。它可能对于伤害神经中枢的方法很熟悉，我早就深信，它这高明的手术做得既熟练又灵巧。所有的膜翅目强盗都非常熟知这种手法，它们可不是白长着一支毒针的。不过我承认，我还没能亲眼见过这种谋杀壮举，这遗憾是由于朗格多克飞蝗泥蜂孤独的生活习性所造成的。

在黄足飞蝗泥蜂共同筑窝的地方，许多窝挖好然后再放上食物，你只要在那里等待，就可以看到一个个捕猎者带着猎物来了。这时可以容易地用一只活的猎物来代替昆虫自己捕获的猎物，并且只要你愿意，重新实验多少次都可以。另外，如果随时有供观察的对象，就可以事先把一切都准备好，然而观察朗格多克飞蝗泥蜂，这些成功的条件却不复存在。带着事先准备好的器材去专门寻找它，几乎是没有用的，因为习性孤独的昆虫一只只消失在广阔的土地上；而且即使你遇到它，在大多数情况下，它也无所事事，你从它那里什么也得不到。我再说一遍，都是在没有想到会看到它的时候，朗格多克飞蝗泥蜂拖着距螽出现了。

尝试更换捕猎者的猎物，让它告诉你怎样使用螫针，这唯一有利的时刻来到了。迅速备好一只替代品，一只活距螽吧。快一点，时间紧迫得很，过几分钟，食物就要放到窝里去，机会就要错过了。啊，难道我要在这时埋怨自己运气不好，没有一只微不足道的饵吗？朝思暮想的观察对象就在眼前，可是我却无法利用！我没有跟飞蝗泥蜂的猎物一样的贡品可以献给它，我无法从它那里掏取它的秘密！那么，请你想想看吧，你只有几分钟的时间，可你却要四处寻找替代品来替代节腹泥蜂的象虫，而距螽我需要三天时间才能找得到啊！这种没有希望的尝试，我却进行了两次。啊，如果乡警这时看到我发疯似的在葡萄树下奔跑，那么对他来说，这真是抓到一个偷农作物的人和记录口供的好机会！我急急忙忙地奔走，被树藤绊住，可我才不管什么葡萄藤和葡萄串呢，我不惜一切代价，我要一只距螽，我要立即得到一只距螽。在如此匆忙的远征中，我曾经得到过一次。我高兴得喜气洋洋，却没有料想到，痛苦的失望在等待着我。

只要我能及时到达，只要朗格多克飞蝗泥蜂还在忙着搬运它的猎物，我就成功了！上帝保佑，一切都对我有利。飞蝗泥蜂离它的窝还远，还在拖着猎物。我用镊子轻轻地从后面拉扯猎物，猎手进行抵抗，触角乱动，不愿放弃。我更用力拉，拉得搬运工都往后退，可仍然无济于事，飞蝗泥蜂始终不松口。我身上带着小剪刀，这是我昆虫研究小行囊的一部分。我用剪刀迅速一剪，剪断了距螽的长触角。飞蝗泥蜂仍然朝前走，但很快便停了下来，它惊奇地发现拖着的重物重量突然减轻了。的确，它现在的重物只剩下被我用巧妙的办法剪断的触角。真正的重担，那大腹便便的沉重的猎物还在后面，它立刻被活的虫子代替了。飞蝗泥蜂转过身来，丢下光溜溜的触角，顺原路走回来。它来到被掉包的猎物跟前，审察这猎物，满怀狐疑地把它翻过来，然后停下来，用吐沫沾湿一条腿，擦起眼睛来。在这样的沉思状态中，它的脑子里大概这么想着：“哎呀，我老了吗？我睡着了吗？我眼花了没有？那玩意不是我的。我被谁，被什么东西骗了？”不管怎样，飞蝗泥蜂并不急于用大颚咬我的猎物，它站在一旁，丝毫没有想去抓的样子。为了刺激它，我用指头把猎物放到它跟前，我甚至让猎物的触角碰到它的大颚。我熟知它那大胆随便的性格，我知道它会毫不犹豫地从你手指上把刚刚被抢走然后又还给它的猎物取走的。

怎么？飞蝗泥蜂对我献上的食物不屑一顾，没有去咬我放在它跟前的东西，而是往后退。我再把距螽放在地上，就摆在凶手跟前。距螽这时已经一动不动，对危险毫无知觉。成功了吗？唉，没有，飞蝗泥蜂真是个懦夫，它继续往后退，最后飞了起来。之后，我再也没有看到它了。这次令我热情激昂的实验，就这样莫名其妙地结束了。

以后，在我参观了更多的洞穴之后，我终于逐渐明白了我的失败和飞蝗泥蜂顽固地拒绝我的猎物的原因。飞蝗泥蜂供应的猎物总是雌距螽，无一例外，因为猎物肚子里装着一堆丰盛美味的卵，这大概就是幼虫喜欢的食物。而我在葡萄树下匆匆忙忙寻找时，却抓了一只另一性别的。我给飞蝗泥蜂的是雄距螽，飞蝗泥蜂在食物这个重大问题上，目光比我更敏锐，它不要我的猎物。“这就是我的幼虫的晚餐？把我们当成什么啦！”这些精明的美食家，感觉多么灵敏啊，它会区别出雌性的肉嫩而雄性的肉相对比较粗！它的目光多么锐利，两个性别的形状和颜色一样，可它立即就能认得出来！雌性在腹尖上带着刀，把卵埋到地下的产卵管；毫无疑问，这就是从外表上把它与雄性区别开来的唯一特征。这个特征从来都逃不过飞蝗泥蜂敏锐的目光，这就是为什么在我的实验中，飞蝗泥蜂看到那只猎物时，揉揉眼睛大惑不解的缘故。当初抓到时，明明是长着刀的，现在竟然没有刀子了。面对这样的变化，飞蝗泥蜂小小的脑袋里想的是什么呢？

现在我们来看看飞蝗泥蜂的情况。窝准备好了，它要去把那刚捕获又做过麻醉手术、扔在不远处的猎物找回来。现在距螽的状态与被黄足飞蝗泥蜂麻醉的蟋蟀差不多，这是胸部被蜇刺的确凿证据。不过猎物还能动，还有相当的活力，只是不能全身协调活动罢了。距螽无法站立起来，便侧躺或者仰躺着，迅速摆动长长的唇须和触角；它张开又闭合大颚，咬的力量仍跟正常时一样大；腹部不断地深深起伏；产卵管突然缩到腹部下面，几乎贴到腹部上了；腿仍在动，不过是懒洋洋地乱踢蹬。用针尖来刺激它，它全身乱抖，拼命想站起来走路，可是做不到。总之，除了连简单的站立都无法做到之外，距螽可以说是充满生命力的。因此它的麻醉是局部的，只是腿被麻醉，部分地不能正常运动。这种不是完全无活动力的状况，原因是不是在于猎物神经系统的某种特殊结构，或者是飞蝗泥蜂只蜇了一下，而不是像蟋蟀的捕猎者那样，对猎物胸部的每个神经节都蜇刺呢？我不知道。

猎物尽管颤抖，抽搐，不协调地活动，它目前的状况却不可能对要吃它的幼虫造成危害。我曾经从朗格多克飞蝗泥蜂的巢里，把像刚刚被半麻醉时一样有劲地挣扎着的距螽取出来；可是刚刚孵出来还不到几小时的软弱小幼虫，却非常安全地用大颚进攻这只庞大的猎物；侏儒毫无危险地在咬啮巨人。这一切都得益于母亲对产卵点的选择。我曾说过，黄足飞蝗泥蜂是怎样把卵产在蟋蟀的胸部，产在前腿和中腿之间。白边飞蝗泥蜂所选择的蜇刺点也大致相同；而朗格多克飞蝗泥蜂选择的产卵点稍稍往后退一点，靠近一条后腿的基节窝。这种一致性证明，三种飞蝗泥蜂都具有令人钦佩的本领，能够看出卵应该产在哪里才安全。

现在，我们去看一看关在窝里的距螽。它仰躺着，根本无法翻身。它徒劳地挣扎，徒劳地扑腾；它的腿在空中乱踢蹬，房间太小，这些腿无法把墙壁作为支撑。猎物的抽搐对于小幼虫来说有什么关系呢；幼虫处于任何东西无法碰到的部位，不管是跗节、大颚、产卵管还是触角都碰不到的部位，处于完全一动不动、连皮肤都不颤动的部位。只要距螽不能移动，不能翻身，不能站立起来，就是绝对安全的，而这些条件全都具备。

但是如果猎物有好几只，而麻醉又不能更强烈一些，那么幼虫面对的危险就大了。幼虫压根也不害怕要首先进攻的猎物，因为它所处的位置不会受到这只猎物的攻击；但它要小心旁边其他的猎物，这些猎物偶然伸伸腿就有可能伤害到它，腿上的刺就会戳穿它的肚子。这也许就是黄足飞蝗泥蜂把三四只蟋蟀都堆在同一间蜂房的原因，因为这样就可以使猎物挤在一起无法动弹。至于朗格多克飞蝗泥蜂，它在每个洞里只放一只猎物，距螽的身体大部分可以动弹，只是不能移动和站立，这样它就可以节省使用毒针的次数，不过我还无法予以证实。

仅仅半麻醉的距螽身上，一些部位无法自卫，如果把幼虫放在这些部位就没有危险，但对于要把它运到窝里去的朗格多克飞蝗泥蜂，却不见得就没有危险。首先，猎物还保持着使用跗节的能力，它在被拖运的时候，会抓住路上遇到的草茎，对搬运产生难以克服的阻力。飞蝗泥蜂已经被重负压得疲惫不堪，在多草的地方甚至会弄得精疲力竭，结果因猎物死命抓住什么东西，只好绝望地放弃掉。但这只是最微不足道的麻烦而已。距螽的大颚完全可以使用，咬起来跟平常一样有力。当掠夺者处于搬运姿势时，纤细的身体正位于这可怕的钳子前面，飞蝗泥蜂抓的地方离触角窝不远，腹部朝天的猎物的大颚正对着飞蝗泥蜂的胸部或者腹部。飞蝗泥蜂挺立它那长长的腿，昂首向前，我深信它一定会注意，不让在它身下半张着的大颚咬住自己；它如果稍有疏忽，一步失足，一点微不足道的小事，这两把强有力的钳子就有可能够得着它，而这钳子是不会坐失报复良机的。所以，至少在危险的情况下，应当消除这些可怕的钳子的作用，应当使腿的钩子不可能给运输增添阻力。

飞蝗泥蜂要怎么办才能做到呢？人，甚至专家，也会犹豫不决，由于实验没有成果而茫然不知所措，也许会认为没有希望获得成功。向飞蝗泥蜂学习吧，它从来没有学习过，从来没看见别人做过，却彻底掌握了手术技能。它知道神经生理学最微妙的奥秘，它的所作所为好像它知道这个奥秘似的。它知道在猎物的头颅下有一环神经核，好似高级动物的大脑。它知道正是这个神经的主要发源地使口器能够活动；它知道这是神经中枢，只有这里发出命令，肌肉才会活动；它还知道，如果能够破坏这类神经，一切抵抗都将停止，因为那猎物已经不再有抵抗的愿望。至于动手的方式，对于飞蝗泥蜂来说再容易不过；只要我们向它学习，完全可以试试它的方法。此时，使用的工具不再是螫针，昆虫根据它的智慧，决定用按压而不用毒刺的办法。我们要向它的决定俯首致敬，过一会儿就会看到，在昆虫的知识面前，明白自己的无知是明智之举。我观看了一幕精彩的场面，并当场用铅笔做了记录，我担心另做介绍无法很好地描绘出这位手术大师的卓绝才能，便把笔记原封不动地抄在下面。

飞蝗泥蜂感觉到猎物抓住草茎拼命抵抗，便停下来，对猎物进行了奇怪的手术，好像是给它致命一击让它不再受罪似的。飞蝗泥蜂跨在猎物身上，把猎物的颈关节扳开得大大的，然后用大颚咬住脖子，尽可能往前地在头颅下面进行搜索，可在外部却没留下任何伤口，它抓住脑神经节，压迫再压迫。做了这个手术后，猎物便完全不能动，无法做任何反抗了。而在此之前，那些腿虽然不能做行走所需的协调动作，却还能用力地拖拽住什么东西不让被拉走。

很清楚，飞蝗泥蜂用颚尖在猎物头颅里搜寻和压迫脑子，同时不损伤纤细柔软的颈膜。没有流血，没有伤口，只是在体外压一压而已。当然，我把这只一动不动的距螽保留了下来，以便有空时看看手术的结果。此外，我也急忙在活距螽身上重复实验飞蝗泥蜂刚刚教我的办法。在此，我把实验的结果和飞蝗泥蜂手术的结果做一番比较。

我用镊子夹着两只距螽，压迫它们的脑神经节，它们迅速陷入了与飞蝗泥蜂的猎物相似的状况。只是如果我用针尖刺激，它们就会发出刺耳的声音，而且腿还会懒洋洋地动几下。这种差异无疑是由于我的手术对象的胸部神经节事先没有受到伤害，不像飞蝗泥蜂的距螽那样，胸部先被针刺过。除了这个重要的差别外，可以说我并不是个太差的学生，我在生理学方面表现优秀，能够模仿我的老师飞蝗泥蜂。

我承认，能够做得几乎跟昆虫一样好，我不免有点洋洋自得。

一样好吗？我说的是什么话呀！且等一等再说这样的话吧，我还得向飞蝗泥蜂学习很长时间呢。被我动了手术的那两只距螽很快就死了，名副其实地死了，四五天后，我眼前只剩下两具发臭的尸体。而飞蝗泥蜂的距螽呢？还用说吗？它的距螽甚至在手术十天之后还完全新鲜，仍然处于幼虫对食用猎物所要求的状态。不仅如此，在头颅下面动了手术才几小时，距螽的腿、唇须、触角、产卵管、大颚便乱动起来，就像什么事也没发生似的。一句话，距螽又恢复了飞蝗泥蜂咬它头颅以前的状态。猎物一直乱颤，不过日益衰弱。飞蝗泥蜂只是让它的猎物处于暂时麻醉状态，使它有时间把猎物拖到窝里去，而猎物不会反抗；可我，自以为可以与它匹敌，只不过是个笨拙又野蛮的蹩脚外科医生而已，我杀死了我的猎物。飞蝗泥蜂以它那无法模仿的敏捷手法，熟练地压迫猎物的头颅，使它麻木几个小时；而我，由于无知而且动作粗鲁，也许镊子夹碎了这作为生命源头的纤细器官。如果说有什么会使我不因失败而面红耳赤，那就是我深信，很少有人——如果有这样的人的话——能够跟这些灵巧的生物比试灵巧。

好吧，现在我来解释，为什么飞蝗泥蜂不用它的螯针伤害猎物的脑部神经节。在这个生命力的中心注入一滴毒液，就会使得全身一动不动，死亡便很快随之而来。可是猎手要的不是猎物的死亡，幼虫根本不需要没有生命的猎物，不需要因腐烂而发臭的尸体；猎手要的是一种麻木状态，一种暂时的昏昏沉沉，以便在搬运时猎物不会抵抗。它采取了生理学实验室里所熟知的压迫脑部的方法，取得了这种效果。它像弗卢朗那样，剥露动物的脑袋，对脑部施压，一下子就使动物失去智力、意识、敏感、活力；压迫停止，一切又恢复正常。距螽就是这样，随着飞蝗泥蜂巧妙的压迫而麻痹，又因麻醉效果的消失而恢复残余的生命。头部神经受到大颚的按压，但并没有致命的挫伤，于是距螽又逐步恢复活动，结束昏昏沉沉的状态。我们必须承认，这真是可怕的科学！

进行昆虫学研究真是命运多舛：你拼命追求，往往碰不到；你忘记了它，它却来敲门。为了看看朗格多克飞蝗泥蜂怎样把距螽作为祭品，我已经多少次劳而无功地奔波，多少次一无所获地操心！20年过去了，这些写好的东西已经交给出版商，突然这个月初，即1878年8月8日，我的儿子埃米尔急匆匆地走进我的书房。“快，”

他说道，“快来！院子的门前，一只飞蝗泥蜂在梧桐树下拖着它的猎物！”埃米尔读过我写的东西因而了解这件事，他把我们夜间进行准备工作作为娱乐，尤其是他在田野生活中曾经看到过类似的事情。我跑过去，看到一只朗格多克飞蝗泥蜂拖着一只被麻醉的距螽。它向附近的鸡窝走去，似乎打算爬上鸡窝的墙壁，把窝筑在屋顶的瓦片下面；几年前我也曾见到飞蝗泥蜂带着猎物爬到同样的地方，把窝筑在一块接合得不好的瓦片处。也许现在的这只飞蝗泥蜂，就是我曾看到进行艰苦攀登的那只飞蝗泥蜂的后代呢。

它很可能又要重复同样的英勇行动，而这次是在许多目击者面前进行的，梧桐树荫下，全家人都围在飞蝗泥蜂旁边。我们欣赏着飞蝗泥蜂那满不在乎的大胆劲，它并没有因围观的好奇者而分心；它昂着头，大颚咬着猎物的触角，身后拖着巨大的重物；我们每个人都对它那自豪而有力的步态惊奇不已。所有围观者中，只有我对眼前这个场景生出一分遗憾。“唉，如果我有活距螽就好了！”我不禁这样说道，可是实现这种愿望毫无希望。“活距螽？”埃米尔回答道，“我有非常新鲜的，今天早上才抓到的。”他四级一跨地跑上楼梯，向他的小书房奔去。他在房里用字典围出了一块地方，用来饲养供伯劳吃的漂亮昆虫。他回到我们身边时，手上拿着三只距螽，两只雌的，一只雄的，都非常令人满意。

隔了20年，这些昆虫怎么会在我希望的时刻落在我手中，再度进行我那没有取得效果的实验呢？事情的由来是这样的：一只南方的伯劳在花园小路旁一棵高大的梧桐树上筑窝，可是几天前我们地区的密斯脱拉风[1]刮得那么猛，把树枝和树干吹得东倒西歪，支架

① 密斯脱拉风：法国南部沿着下罗讷河谷自北向南的一种干冷强风。——校注

的摇晃把窝弄翻了，窝里的四只小鸟掉了下来。第二天我发现窝在地上，三只鸟掉下来摔死了，一只还活着。我把活着的这只交给埃米尔照管，他每天三次到附近的草地去抓蟋蟀来喂它。可是蟋蟀个子小，而婴儿的饭量大，它更喜欢吃距螽，所以他不时到茅草堆和刺芹戳人的叶丛中去寻找。埃米尔给我的这三只距螽，就是从伯劳的食橱中拿来的。我对小鸟的怜悯使我得到了这个料想不到的收获。

观众把圈子扩大了些，好让飞蝗泥蜂有活动的场地。我用镊子把它的猎物取走，立即用我的距螽换上，这些距螽的腹部末端跟偷走的猎物一样带着刀。被夺走食物的飞蝗泥蜂只是腿动了几下表示着急，然后冲向新的猎物，这猎物是那么肥，那么胖，它是不会拒绝的。它用大颚咬住猎物马鞍状的前胸，横跨在上面，然后拱起腹部，用腹部末端扫着猎物的前胸，无疑是在那上面刺了几下；可是因为难以观察，我无法知道究竟刺了几下。距螽这个和平的牺牲品，听任别人给它动手术而没有抵抗，就像我们的屠宰场中傻乎乎的绵羊一样。飞蝗泥蜂不慌不忙地慢慢操作它的手术刀，以便准确地刺入。

到此为止，观察者都看得很清楚；可是猎物的胸部和腹部碰到地上了，而手术正是在那下面进行的，那就什么也看不到了。至于插上一手，把距螽抬起一点好看得清楚些，那可是连想都别想，因为凶手会收起武器走开。接下来的行动，观察起来又变得容易了。在刺了前胸后，飞蝗泥蜂把腹部末端放到猎物的颈部，手术师压迫猎物的颈部使颈关节张得大大的。很明显，螫针始终在这个部位搜索，仿佛刺在这里比别的地方更有效。我曾经认为，受伤的神经中枢是在前胸食道下部，但是由神经中枢支配的口器、上颚、下颚、唇须一直在动，表明情况并非如此。飞蝗泥蜂只伤害前胸的神经节，至少是第一个神经节，因为颈部的嫩膜质比胸部的膜质更容易刺进去。

大功告成了，距螽并没有乱抖动的痛苦表示，它已经成为一团没有生气的东西。我第二次把被飞蝗泥蜂动过手术的距螽拿走，换上第二只雌距螽。飞蝗泥蜂又开始了同样的手术，结果仍然相同。飞蝗泥蜂几乎是连着三次，先是对它自己的猎物，然后对我送上的两只替代品，进行巧妙的手术。飞蝗泥蜂会不会对我还剩下的那只雄距螽进行第四次手术呢？我可没有把握，倒不是因为飞蝗泥蜂厌倦了，而是因为猎物不合口味。除了雌虫以外，我从没有看到它要别的猎物，因为雌距螽肚子里装满卵，那是幼虫最喜欢的食物。我的怀疑得到了证实：我把它的第三只猎物拿走，飞蝗泥蜂死都不肯要我给它的雄距螽。它脚步匆匆地跑到这里，跑到那里，寻找失踪的猎物；它三四次走近雄距螽，在四周转悠，轻蔑地看了看，终于飞走了。这不是它的幼虫所需要的东西；经过20年后，我的经验再次向我重申。

那三只被刺过的距螽，其中两只是在我眼前被刺的，还在我手中。它们所有的腿都瘫痪了，不管是正常地趴着，还是仰卧或者侧躺，你把它怎么放，它就一直保持着这样的姿势。生命的唯一征象就是触角不断摆动，隔一段时间肚子起伏几下，唇须动动而已。被摧毁的是运动能力而不是敏感性，因为只要在某处的嫩皮轻轻地刺一下，它全身便会轻轻地颤抖。也许有一天，生理学家会从这样的猎物身上，找到深入研究神经系统的功能的材料。膜翅目昆虫的螯针可以灵巧无比地刺到某一点，而且只在这一点造成伤口。这螯针有巨大的好处，可以代替实验者粗鲁的手术刀，因为实验常常只需要轻轻擦破一点皮，手术刀却非要开膛破肚不可。现在当然还做不到，在这之前，且先看看下面三只猎物向我提供的结果吧，不过是从另一个角度来看。

距螽仅存的腿部运动也消失了，然而除了神经中枢这运动的策源地受到损坏之外，并没有别的损伤，所以它应该是由于虚弱而不是由于受伤而死的。对此我做了如下的实验：两只刚刚从田里抓来的完好无损的距螽，不给食物，一只放在暗处，一只放在亮处。后者四天后饿死了，前者经过五天才饿死。这一天之差很容易解释，亮处的昆虫为了恢复自由，活动得厉害，由于器官的任何运动都要消耗养料，活动得多，肌体的养料储备就消耗得快。两者都完全没吃东西，亮处的那只动得厉害所以命就短，而暗处的动得少所以命就长。

经过我动手术的三只距螽，一只放在暗处，不给食物。这只距螽除了处于完全不给食物和在暗处这些条件外，飞蝗泥蜂给它造成的伤也很重，可是它的触角一直摆动了17天。只要这钟摆在动，生命之钟就没有停止。这只距螽在第18天，停止摆动触角，死掉了。严重受伤的距螽，在同样条件下，比完好无损的距螽活的时间长了四倍。如此看来，似乎应该是造成死亡的原因，事实上却成了生命延续的原因。

这种结果乍看起来不合情理，其实很简单。完好无损的昆虫拼命乱动，消耗了体力，而瘫痪的昆虫只有维持机体必不可少的内部微弱运动，所以体内的物质由于活动的减弱而相应节约了下来。活动的昆虫身体器官因运作而磨损；瘫痪的昆虫器官因休息而得以保存。由于不再进食以弥补损失，运动的昆虫在四天中耗尽体内储存的营养便死掉了；不动的昆虫不消耗养分，所以过了18天才死去。生理学告诉我们，生命是不断的破坏；飞蝗泥蜂的猎物给我们提供了最好的证明。

还有一点必须注意，飞蝗泥蜂非要新鲜的肉不可。如果猎物是完好无损地堆在窝里，那么四五天后，它就会成为腐烂的尸体，刚刚孵化出来的幼虫就只有一堆腐烂的东西维生；被针螫过的猎物则可以活两三个星期，这时间足够卵的孵化和幼虫的发育。因此，麻醉有两个效果：食物一动不动，不会危及纤弱的幼虫的生存；肉长时间保存，可以保证幼虫吃到卫生的食品。即使有科学的启迪，人类根据自己的逻辑，也找不到比这更好的办法。

另外两只被飞蝗泥蜂螫过的距螽，我一直把它们放在暗处并不断供应食物。这两只距螽，除了长长的触角不断摆动之外，几乎跟死尸没有什么区别，毫无活力。让它们进食乍看起来似乎是不可能的，可是大颚还会自由张合给了我希望，于是我便试一试，成功超过了我的期望。当然我并不是给它们一叶生菜，或者一片平常吃的嫩芽，而是像给虚弱的人喂奶似的，用汤药来维持生命，我提供的是糖水。

距螽仰卧着，我用一根麦秸把一滴糖水滴进它的嘴里，触角立即抖动，上颚和下颚动了起来，显然这滴糖水使它们喝得十分满意，尤其是在长时间饿肚子之后。我一直让它们喝到不喝了为止，每天喂食三次，有时两次，数量不等，因为我不愿自己完全成为这种医院的奴隶。

不错，凭着这微不足道的饮食方式，有一只距螽活了21天。这跟挨饿的距螽比起来，时间并没长多少。的确，由于我笨手笨脚，它曾两次从实验台上掉到地板上，摔得很重，受到的挫伤可能加速了它的死亡。至于另一只则没有发生意外，活了40天。因为我喂给它们的糖水不能无休止地代替生菜等食物，所以如果有可能进食正常的饮食，距螽有可能活得更久些。因此，我的推测得到了证实：被飞蝗泥蜂螫刺的猎物是死于饥饿，而不是死于受伤。

第十二章 本能的无知

飞蝗泥蜂刚刚表明，它受无意识的启发，在本能的指引下，行动多么正确无误，技术多么卓越；现在它将表明，哪怕只是稍微偏离习惯的情况，它的办法是多么缺乏，它的智慧是多么局限，它甚至是多么不合逻辑。这便是本能所具有的特征。这是一种奇怪的矛盾：高深的技能与同样深深的无知联系在一起。出于本能，不管困难多大，无论什么都可能办到。在建造那完全由三个菱形构成的六角形的蜂房时，蜜蜂极其精确地解决了最大值和最小值这些艰难的问题，这些问题如果由人来解决，就需要极高深的代数学。膜翅目昆虫由于它的幼虫靠猎物维生，在凶杀术方面所发挥的手段，即使精通最精妙的解剖学和生理学的人，也几乎无法与之比试高低的。

只要行为不超出动物所掌握的不变的法则，那么出于本能，没有任何事情是困难的；同样，如果超出了通常遵循的法则，那么出于本能，没有任何事情是容易的。昆虫以它高度清醒的头脑令我们赞叹不绝，惊骇不已；但是过一会儿，面对最简单但有别于它通常实践过的事情，却又愚蠢得令我们吃惊。飞蝗泥蜂将给我们提供例子。

我注意观察它把距螽拖到窝里去的过程，如果运气好，也许会看到一个小场面，现在我把这场面描述一下。在走进岩石下已经做好的窝里时，这只飞蝗泥蜂在那里会发现一只食肉类昆虫，一只修女螳螂栖息在草茎上。修女螳螂表面看来似乎在虔诚念经，其实虔诚外表下隐藏着残忍的习性。飞蝗泥蜂大概知道，这埋伏在路边的强盗会给它带来什么危险，它把猎物放下来，勇敢地向螳螂冲去，打算狠狠地揍它几下，把它赶走，至少吓它一吓，让它不敢乱动。那强盗不动弹，紧闭前臂这两把大锯，像部死亡机器。飞蝗泥蜂又回来，从螳螂躺着的草茎旁边走过。根据头的朝向，我们看出它有所提防，它要以威胁的目光使敌人待在原地，不敢动弹。这样的勇气是该有回报的，猎物堆在原地，没有令人担心的事情发生。

关于修女螳螂，我得再说几句。这种昆虫在普罗旺斯语中称为“祷上帝”。它那大风帆似的嫩绿色长翅膀，向天仰望的头，折叠交叉在胸前的前腿，使它呈现出正在凝神祈祷的修女的假象，其实，它是喜欢屠杀的凶狠的昆虫。各种膜翅目掘地虫的工地，虽然不是它特别喜爱的地方，但它也常常光顾。它守在飞蝗泥蜂窝附近的荆棘丛上，等待天赐良机，让某些过客落入它的手中，它甚至可以同时得到两份猎物，既抓到猎人又得到其猎物。不过，它的耐心要经受长时间的考验。飞蝗泥蜂满怀狐疑，一直小心提防；但是它终于越来越放松了警惕，不由自主地有点糊涂了。这时螳螂像痉挛似的一抖，半打开翅膀，突然发出响声，走近的飞蝗泥蜂被吓了一跳，由于害怕，犹豫了一下。螳螂像弹簧似的立即把带着锯齿的前臂猛地一缩，飞蝗泥蜂就被夹在齿条间了，就像捕狼器的夹板夹住刚咬着饵物的狼似的。这时，螳螂并不松开凶猛的机器，而是小口小口地啃着它的捕获物。这就是“祷上帝”所谓的凝神、祈祷、沉思[①]。

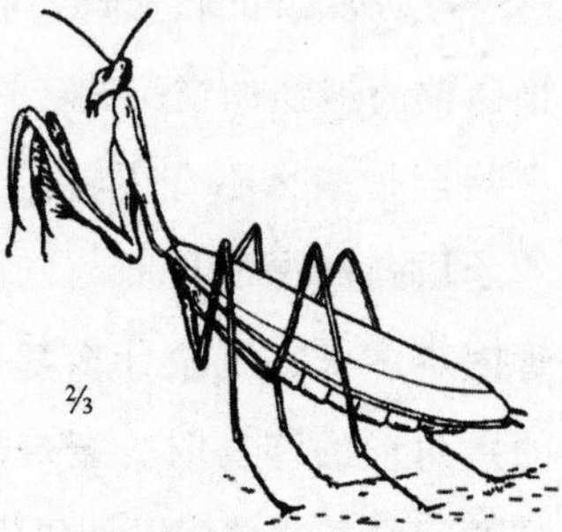
2/3

修女螳螂

---

① 见卷五第十八章。——校注

关于修女螳螂留在我的回忆中的屠杀情景，我不妨在此讲述一个场景。事情发生在食蜜蜂的大头泥蜂的一个工地上。这些以蜜蜂喂养幼虫的膜翅目掘地虫，当蜜蜂正在采集花粉和蜜时，从花朵上把它们抓来。如果大头泥蜂觉得刚刚抓到的蜜蜂身上装满蜜，那么在把蜜蜂储存起来之前，它免不了在路上或者在洞口，先压迫蜜蜂的蜜囊，把美味的糖浆挤出来，让自己舔着这不幸者的舌头饱吮一顿，糖浆不断地从垂死的蜜蜂嘴里流出来。凶手压迫垂死者的肚子，把里面装的东西挤空，作为自己的美餐[①]。这种对垂死者的糟蹋，场面真是丑恶。食蜜蜂的大头泥蜂这么做如果是错误的，我就要狠狠责难它一番了。这样可怖的美宴正在进行的时候，我看到大头泥蜂连同它的猎物都被螳螂抓住，强盗被另一个强盗拦路抢劫了，情景真是可怕。当螳螂抓住大头泥蜂，用锯子的尖端戳穿大头泥蜂并已经在咀嚼它的肚子时，大头泥蜂继续舔着蜜蜂的蜜，它即使在死亡的痛苦中，也舍不得放弃美味的食物。我们赶快把这丑恶的场面遮住吧。

我们仍旧回到飞蝗泥蜂上来，在进一步叙述前，有必要了解一下它的窝。与其说窝筑在细沙里，不如说是筑在一个天然隐蔽所的尘土中。窝的过道很短，一两法寸，没有拐弯，通到仅有的一间宽敞的椭圆形房间。总之，这是一个匆匆挖成的粗陋洞穴，而不是精雕细刻的美宅。我曾经说过，住所之所以这么简陋，而且每个窝只能有一间蜂房，是因为事先抓到的猎物要暂时丢在狩猎场所。因为谁知道在猎手这一天第二次捕猎时，命运又会把它带到何方呢！所以洞穴必须就筑在抓到笨重的猎物的附近。如果要运输第二只距

① 见卷四第十一章。——校注

螽，今天的窝就离得太远，无法用来进行明天的工作。所以，每抓到一只猎物，就要进行新的挖掘，建造仅有一间蜂房的新窝，蜂窝时而在这里，时而在那里。

做了这番交代之后，我来做一些实验，看看当我们给飞蝗泥蜂创造新环境时，它会怎样行事。

第一个实验。一只飞蝗泥蜂拖着猎物在离窝几法寸距离处，我没有打扰它，只用剪刀剪断距螽的触角。我们知道，飞蝗泥蜂是用这些触角作为缰绳的。由于拖着的重担突然变轻，它感到惊奇，便回到猎物身边。它现在毫不犹豫地抓住触角的基部，剪刀剪剩下的那一小节太短了，几乎不到十毫米，不过没关系，对于飞蝗泥蜂来说，这已经足够，它咬住剩下的缰绳又搬运起来。为了不伤着飞蝗泥蜂，我十分小心地剪距螽的触角，这一次我贴着头顶剪。飞蝗泥蜂在熟悉的部位找不到抓的东西，就在旁边抓起猎物长长的一根唇须，继续拖拽，竟然对于套车方式的改变丝毫不觉得有什么奇怪。我任凭它继续这么做。

猎物被带到了窝里，头摆在洞口，然后它独自走进窝里，在把食物储存起来之前，对蜂房的内部做短暂的视察，令人想起黄足飞蝗泥蜂。我利用这短暂时刻抓起被暂时丢下的猎物，剪掉它所有的唇须，并把它放在离窝一步路的地方。飞蝗泥蜂又出现了，它发现猎物在窝的门槛处，便径直朝猎物奔去。它在猎物的头部正面找，后面找，侧面找，却找不到可以抓住的东西。它做了一个绝望的尝试，把大颚张得大大的，试图咬住距螽的头；可是它的钳子开度不够，无法夹住这么大的东西，在圆滚光滑的头颅上滑了下来。它又多次尝试，可总是没有任何结果。现在它相信自己是白费劲，它走开了一点，似乎要放弃再做努力了。它好像已经泄气似的，它用后腿擦擦翅膀，把前跗节放到嘴上舔舔，然后揉揉眼睛；我认为这就是它放弃尝试的表示。

距螽除了触角和唇须外，还有别的部位可以容易地抓住和拖拽。它有六条腿，有产卵管，不过这些器官都相当小，不方便整个咬住并作为拉车的缰绳。我相信，对于储物来说，拉着触角把头先拖进去，这样猎物便处于最合适的状态。但是拉一条腿，尤其是前腿，猎物同样可以容易地拖进去，因为洞口宽，过道很短，甚至没有过道。那么为什么飞蝗泥蜂一次也没有试一试去抓一条腿或者产卵管呢？为什么它反而拼命尝试做不可能的事，做荒谬的事，用非常短的大颚去咬猎物巨大的头颅呢？它难道连这样的念头想也没想过吗？那么我们设法去提醒它吧。

我把距螽的一条腿或者腹部的那把刀放到飞蝗泥蜂的大颚下，飞蝗泥蜂顽固地不肯去咬，我一再诱惑它，仍然毫无结果。它既抓不住猎物的触角，又不知道抓住猎物的腿，飞蝗泥蜂一直束手无策。这个猎手真是奇怪！也许我一直待在那里以及刚刚发生的不寻常的事件，打乱了它器官的功能吧。那么就让飞蝗泥蜂独自跟它的猎物待在洞口吧？让它在没有人打扰的情况下，有时间去思考，去想出解决问题的办法来吧。于是我丢下飞蝗泥蜂，继续走我的路。两小时后，我回到原处，飞蝗泥蜂已经不在那里，窝一直敞开，距螽也仍然躺在我最初放置的地方。我想我可以由此得出结论：飞蝗泥蜂根本连试都没试过，它走了，把住所和猎物都扔掉了；其实它只要抓住猎物的一条腿，这一切就都归它所有了。

这种可与弗卢朗比试高低的昆虫，刚才以它的技能使我们瞠目结舌，它会压迫猎物的大脑使之昏昏沉沉，而面对超出最简单的但不合习惯的事情，却愚蠢得令人无法想象。它如此善于用螯针刺中猎物前胸的神经节，用大颚压迫脑神经节，带毒的螫刺会让神经的生命力永远消失，而压迫只是导致暂时昏沉，它能够分辨得如此清楚；可它却不知道，如果在那个部位抓不住猎物，可以抓住别的部位。它根本无法明白可以不抓触角而抓腿，它只知道要抓触角或者头上别的丝状物，比如唇须。如果没有这些绳子，它的种族就要完蛋了，因为它无法解决这小小的困难。

第二个实验。窝里食物已经储存，卵已产好，飞蝗泥蜂正忙着把窝封住。它后退着用前跗节打扫门前，把一柱尘土抛到家门口。扫地工的动作非常敏捷，尘土从它肚子底下穿过，射出抛物线般的网，就像液体的网一样连续不断。飞蝗泥蜂不时用大颚挑选几粒沙子、小石子插入土块中，用头来顶，用大颚来压，把它们垒到一起。砌了这道墙后，洞口的门很快就不见了。我在它工作过程中插手进去，把飞蝗泥蜂拿开，小心地用小刀扫清短短的过道，取走封门的材料，使蜂房与外部恢复畅通无阻。然后我没有搞坏建筑物，用镊子把距螽从蜂房里取出来，当时距螽的头放在窝的尽头，产卵管对着门口。飞蝗泥蜂的卵像平常一样产在牺牲品的胸部，表明飞蝗泥蜂对窝做了最后的加工，以后再也不回来了。

采取了这些措施并把取出的猎物安全地放在盒子里后，我把地方让给飞蝗泥蜂，而飞蝗泥蜂在它的家被洗劫时一直待在一旁注视着。它发现门开了，便走进去，在里面待了一会儿，然后退出来又继续被我打断的工作。它认真地堵住蜂房的门口，重新往门口退着扫地，运沙粒，始终一丝不苟地堆砌，仿佛在干有用的工作。门再次堵好了，飞蝗泥蜂掸掸身子，对刚完成的作品满意地看一眼，最后飞走了。

飞蝗泥蜂应该知道窝里已经一无所有，因为它刚刚进去过，甚至还待了相当长的时间；可是它察看了被抢劫一空的家后，仍然要把蜂房重新封起来，细心的程度就好像任何异常根本没有发生似的。它是不是打算以后再使用这个窝，再带另一只猎物回来，再在那里产卵呢？如果它把窝封住的目的，是不让不速之客在它不在时闯入它的家，那么这就是谨慎的措施。防止别的掘地虫觊觎已经盖好的房子，也许是防止室内受到损坏的明智手段。某些掠夺成性的膜翅目昆虫，当工程需要停顿一段时间时，的确是把门暂时封起来，不让别人进入的。

食蜜蜂的大头泥蜂的窝是一个竖井，我曾看到它在动身去捕猎或者在太阳下山停工时，正是这样用一块平平的小石头把蜂房的门封起来。不过那只是简单的封住，只是用一块小石头盖住井口而已。大头泥蜂回来时只要搬开那块小石头，入口就畅通无阻了，而这只是顷刻就能办成的事。相反，我们刚才看到飞蝗泥蜂建造的则是牢固的栅栏，是坚实的砌体，整个过道里尘土和砾石一层层交替相间。这是永久性的建筑物，不是暂时的防御工程；建筑者对建筑物的细心就是证明。何况根据飞蝗泥蜂的行为方式，说它还会回来利用已完美的小窝，十分值得怀疑。我认为，我可以充分肯定：飞蝗泥蜂将在别的地方捕捉猎物，用来储存距螽的仓库也将在别的地方挖掘。不过这毕竟只是推理，我们还是看看实验的结果吧，实验比逻辑更有说服力。我把这件事搁下将近一个星期，好让飞蝗泥蜂有时间回到它有条不紊地封闭起来的窝里，第二次产卵，如果这就是它封闭窝的意图。事实回答了逻辑的结论：窝一直封闭得好好的，但是里面没有食物，没有卵，没有幼虫。证明是决定性的，飞蝗泥蜂没有再来。

被抢劫的飞蝗泥蜂进入它的窝，从容地查看空空如也的房间，它的行为就好像根本没有发现，刚才还拥塞着蜂房的庞大猎物如今已经消失了。它是否真的不知道食物和卵已经不在了呢？它在从事凶杀大业时，洞察力是那么敏锐，难道它的智慧是这么愚钝，居然看不到蜂房里已经一无所有了吗？我不敢说它真的这么笨。如果它已经发现了，那么它为什么又这么愚蠢地去封闭，而且是认真地去封闭一个已经空荡荡的家，一个它以后也不打算再在里面放食物的窝呢？封门的工作是无用的，是极端荒谬的；可是，飞蝗泥蜂以同样的热情继续封门，仿佛幼虫的未来是取决于这一工作似的。

昆虫的各种行为是命中注定要彼此联系在一起的，因为某件事刚刚做过，所以与之相关的另一件事就非做不可，以便完善补充前一件事或者为后一件事做准备。两个行为彼此联系得那么紧密，以至于做了第一件事就要做第二件，即使由于偶然的情况，第二件事已经变得不仅不合宜，而且有时还有悖于自己的利益。没有了猎物和幼虫，这个窝现在已经没有用处，而且飞蝗泥蜂也不会再来，那么飞蝗泥蜂把这个窝堵住，究竟目的何在呢？对于这种不合逻辑的行为的解释，只能视之为某些行为非做不可。在正常情况下，飞蝗泥蜂捕捉猎物，产卵，然后把窝封住。虽然猎物被我从蜂房里抽了出来，但是反正猎捕过了，卵产过了，现在该把窝封起来了。昆虫就是这样做的，内心没有丝毫想法，丝毫不怀疑它现在的工作是无用的。

第三个实验。在正常条件下通晓一切，在异常条件下一无所知，这便是昆虫向我们展示的奇怪现象。例子我也是观察飞蝗泥蜂得来的，可以证实这一推测。

白边飞蝗泥蜂攻击中等个子的蝗虫。在它的窝附近，各个种类的蝗虫都有，它无须特别选择。由于蝗虫很多，捕猎不必长途跋涉。当竖井状的窝筑好之后，白边飞蝗泥蜂只要在屋子附近半径不大的地方走动，很快就能找到在阳光下觅食的蝗虫。它扑向蝗虫，不让它乱踢蹬，同时用螯针刺它；这对于飞蝗泥蜂来说，只是顷刻间的事。猎物的胭脂红或者天蓝色的翅膀扑腾几下，腿乱踢几下，然后就一动不动了。现在要把猎物运到窝里去，而且要徒步运输。为了从事这种艰辛的工作，白边飞蝗泥蜂采用了跟它的两个同类一样的方法，用大颚咬着猎物的触角，两腿抱着猎物，把它拖回去。如果路上有草丛，白边飞蝗泥蜂便从一根草茎跳到或者飞到另一根草茎上去，一刻也不松开它的猎物。最后，当它来到离窝几步路的地方时，它所做的事跟朗格多克飞蝗泥蜂做的一样，不过没有那么慎重，经常还有些不屑。白边飞蝗泥蜂把猎物扔在路上，虽然并没有任何明显的危险威胁着住所，它还是急匆匆奔向井口，几次把头伸进井里，甚至走下去一点，然后回来，把蝗虫拖得离目的地近一点，又扔下猎物，再看看竖井，如此反复多次，而且每次总是急急忙忙的。

这样的一再察看，有时会发生讨厌的事故。被扔在斜坡上的昏昏沉沉的猎物滚到斜坡底下去了，飞蝗泥蜂回来时在原地找不到猎物，不得不到处寻找，可有时一无所获。如果它找到了，就需要重新开始艰难的攀登。尽管这样，它还是要把战利品扔在同样糟糕的斜坡上。多次察看井口，第一次可以合乎逻辑地加以解释，想必飞蝗泥蜂抱着沉重的猎物到达洞口之前，想看看家门是不是通行无阻，会不会有什么东西阻碍把猎物运进去。但是第一次侦查过之后，其他几次间隔时间很短、一次接着一次的侦查有什么用呢？是不是飞蝗泥蜂思想变化不定，忘记了它刚察看过，所以过一会儿又往住所跑去，然后又忘记了，因而多次重复察看呢？它的记忆力也许过于短暂，印象刚刚产生就消失了。对于这个根本说不清的问题，我们不必过分深究吧。

猎物终于拖到了井边，触角垂在井口里，这时我又看到白边飞蝗泥蜂忠实地重复黄足飞蝗泥蜂和朗格多克飞蝗泥蜂的行为。白边飞蝗泥蜂独自入窝，察看内部，又回到门口，抓住触角，把蝗虫拖进去。在蝗虫的捕猎者察看住所时，我把它的猎物推得远一点，实验结果跟蟋蟀的捕猎者提供的情况完全相同。这两种飞蝗泥蜂在把猎物运进去之前，都一样固执地自己先走进地下室。我们回忆一下，把蟋蟀移得远一点这个把戏，不一定都能骗过黄足飞蝗泥蜂。黄足飞蝗泥蜂中有精英部落，有精明的家族，在几次失败之后，它们明白了实验者玩的手段，并且会挫败这些手段。但是这些能够进步的革命者为数寥寥，固执于旧习惯的保守者则是大多数。我不知道捕猎蝗虫的飞蝗泥蜂是不是根据居住地的不同，有的诡计多些，有的少些。

下面是一个更引人注目的，也正是我希望最终得到的结果。在多次把白边飞蝗泥蜂的猎物推得离地下室门口远些，迫使它再来抓之后，我利用它下到井底的机会拿走它的猎物，放到它找不到的安全地方。飞蝗泥蜂又上来了，找了很长时间，当它深信猎物真的已经丢失时，便又下到它的窝里去。飞蝗泥蜂开始堵塞它的窝，不是用一块平的小石头遮住井口，临时封闭小窝，而是永久性的封闭，它把尘土和砾石扫到过道里，直至把过道填平。白边飞蝗泥蜂在它的井里只造了一间蜂房，蜂房里只放一只猎物。这唯一的蝗虫已经抓到并放到洞边，但猎物没有储存起来。这可不是捕猎者的过错，而是我的过错。飞蝗泥蜂已经按照不变的规则进行了前一步工作，它也将同样按照不变的规则把窝堵住，以便完成工程的全过程，尽管窝里什么也没有。朗格多克飞蝗泥蜂加固刚刚被抢劫因而毫无用处的小窝，白边飞蝗泥蜂也一样。

第四个实验。黄足飞蝗泥蜂在同一过道里建造若干个蜂房，在每个蜂房里堆放着若干只蟋蟀，如果它在工作过程中暂时受到打扰，它会不会也做出同样不合逻辑的事情？我可没有把握断定，因为尽管蜂房空无一物或者储备的食物不完备，但飞蝗泥蜂仍然会回到同一个窝来为其他蜂房做准备。不过我有理由认为，黄足飞蝗泥蜂像两个同类一样，也会犯同样的错误。当一切工作结束时，每个蜂房里蟋蟀的数目通常是四只，不过三只也不罕见，甚至有时只有两只。我认为，四只这个数目是正常的。因为，首先，这种情况最常见；其次，在喂养从窝里取出来的小幼虫时，当它们第一次吃猎物时，我发现所有的幼虫，不管是原来只备两三只猎物的还是备四只的，它们都会把我一只只喂的食物吃完，直到第四只为止；超过第四只，它们就什么也不吃了，对第五份口粮顶多只是碰一碰。如果幼虫需要四只蟋蟀才能使身上的器官发育完全，为什么母亲有时给它备三只，有时备两只呢？为什么在口粮供应上有相差一倍这么大的区别呢？给幼虫吃的猎物并没有什么不同，所有的猎物体积都一样大小；这只可能是猎物在路上失掉了，在飞蝗泥蜂筑窝的斜坡顶，常常会发现一些成为猎物的蟋蟀，捕猎者出于某种动机把它们扔下一会儿，由于地面倾斜猎物滚到坡下成为蚂蚁和苍蝇的食物。飞蝗泥蜂遇到这些蟋蟀是不会要的，否则，自己就要把敌人引入窝里来了。

这些事实表明，如果说黄足飞蝗泥蜂的算术能力，能够正确估计出要捕捉的猎物数目，它的能力却不会高到能够完整清点运到目的地的猎物数。昆虫在计算时，指引它的只是一种不可抗拒的天启，促使它以一定的次数去寻找猎物。当它完成了应该的出征数，当它尽可能把出征得来的猎物储存好后，它的工作便结束了，蜂房便封闭起来，不管蜂房里是否已经完全备好粮食。自然赋予它的，只是在一般情况下为了喂养幼虫所要求的本领；而这些盲目的本领不会因经验而有所变动，因为这对于传宗接代已经足够，昆虫不可能有更卓越的能力。

我以我开始所说的话作为结束：在业已指明的道路上，昆虫的本能是无所不知的；超出这条道路，本能便什么也不会了。根据是在正常的条件下还是在偶然的条件下行事，昆虫的表现或者是充满杰出的本领，或者是不合逻辑蠢得惊人，两者都是它的天赋。

第十三章 登上万杜山

普罗旺斯不毛的山峰万杜山[①]遗世独立，四面都可以受到各种大气因素的影响；它高耸突兀，是阿尔卑斯山和比利牛斯山之间最高的山峰，生长各种依气候分布的植物种类，人们可以十分清楚地进行研究。山麓生长着茂密的怕冷的橄榄树和各种灌木植物，如百里香，它那芳香的气味需要南方地区太阳的照射；山顶至少半年覆盖着白雪，生长着来自极地海滩的北方花朵。

顺着山坡往上走，你就会接连看到主要的植物种类，这些植物，你在同一子午线上从南到北要做长途旅行才能遇到。刚动身时，你脚踩一簇簇有香脂气味的百里香，这连绵不断的地毯铺满了山脉低处圆形的山丘；过了几个小时，你的脚就将踩在长着对生叶的虎耳草暗色的小垫上，7月在斯匹茨卑尔根[②]海边登岸的植物学家，看到的第一种植物就是虎耳草。在海拔低处，你在篱笆下采撷了石榴树猩红色的花朵，石榴树是非洲气候的朋友；在海拔高处，你将采撷到一种小小的毛茸茸的虞美人，它的花茎长在碎石渣下面，开着黄色阔瓣的花。这种虞美人既长在万杜山顶的斜坡上，也开在格陵兰和北海海峡寥廓的冰天雪地里。

这样对比鲜明的景物，令人每次到那里都会有新鲜感。我尽管至今已经登山25次，却还没有餍足。1865年8月我第23次登山。我

---

① 万杜山：沃克吕兹省北部一座山，海拔1912米，位于卡班特拉附近，法布尔年轻时常上山采集植物标本。——校注

② 斯匹茨卑尔根：挪威的群岛。——校注

们一行八人，三个人是为了植物学考察，五个人是要到山上走走，看看高处的风光。那五个对植物研究一窍不通的同伴，后来没有一个表示要陪我再去了，因为这场远征十分艰苦，看日出的乐趣是补偿不了的。

把万杜山比作一堆砸碎了用来维修公路的石头，这比喻十分贴切。把这堆石头一下子垒两千米高，给它一个成正比的底座，再让那白色石灰岩上点缀着黑色的森林，这样你对这整座山便有了一个清晰的概念。这个碎石堆，有时是小石块，有时是大石岩，耸立在没有斜坡、没有一级级台阶的平原上，把平原叠成一层层的，从而攀登起来没那么困难。一走上碎石嶙峋的山路，登山就开始了，山路上最好的路段也没有铺石板。路越走越难走，我们就这样一直走到海拔1912米的山顶。使其他山岭魅力无穷的景色，比如清新的草地，欢快的小溪，长着青苔的岩石，百年老树的巨大树荫，这里都没有；有的只是绵延无尽的一片片剥落的石灰层，脚踩上去便会塌下来，发出金属般干巴巴的咔嚓声。碎石流就是万杜山的瀑布，岩石坍塌的声音代替了潺潺水声。

现在我们已经到达山下的小镇贝都安，跟向导已经交涉好，商定了出发的时间，讨论并准备了食物。我们要设法睡一觉，明天在山上一定难以成眠。睡觉，真是困难啊；我总是睡不着，有些疲惫不堪。读者中若有人打算登万杜山做植物学考察，我建议，切不要在星期天的傍晚到达贝都安，这样就可以避免客栈人来人往的吵闹声，没完没了的高谈阔论声，弹子房弹子的碰撞声，杯盏交错的叮当声，酒后的低唱，路人的夜歌，旁边酒吧铜管乐的喧闹，以及其他一些在这不必干活的欢乐日子里免不了要遭受的磨难。否则，在接下来的那个星期中，他们能得到更好的休息吗？但愿他们能，可我不敢担保。至于我，我可没合过眼。为了我们的肠胃，那生锈的烤肉架在我的房间下面整夜不停地转动，吱吱嘎嘎地响个不停。我跟那该诅咒的机器只隔着一块薄薄的木板。

天已经泛白，一头驴子在窗下叫，到时候了，起床吧。还不如不睡呢！把口粮和行李装好后，我们的向导喊着“驾！吁”，于是我们上路了。早上4点钟，万杜山的向导特里布勒牵着骡子和驴子走在队伍的前面，我的植物学同事们在黎明清新的微光下，用目光探测着路边的植物，其他人则边走边聊天。我随队伍走着，肩膀上挂着晴雨计，手上拿着笔记本和铅笔。

我的晴雨计原是用来记录植物生长地的纬度的，但很快便成为跟朗姆酒葫芦接吻的借口。只要发现一种值得注意的植物，便有人喊道：“快，来一下晴雨计！”于是我们全都急急忙忙围在酒葫芦四周，然后才把物理仪器拿来。早晨的清凉和步行使我们十分喜欢来这么几下晴雨计，以至于葫芦里烈酒下降的速度比水银柱还要快。为了以后之需，我不得不克制着不要老去看托里拆利管[①]。

温度变得越来越低，绿色的橄榄树和橡树首先慢慢消失，接着是葡萄和杏树，之后是桑树、核桃树、白栎树。黄杨到处都是，我们进入了一个单调的地区，这里是山毛榉生长地带的下限，农作物不再生长，主要的植物是高山的风轮菜。风轮菜的细叶里充满香精油，味道苦涩，当地俗称“驴梨”。我们的食物中有一些小乳酪上就洒着这种味道冲人的香料。不止一个人心里已经想吃这些乳酪了，不止一个人饥饿的目光已经老是往骡子背上放粮食的鞍囊扫视。艰苦的晨行带来了食欲，何止是食欲，简直就是饥肠辘辘，贺

① 意大利物理学家托里拆利（1608—1647）发明了晴雨计，故晴雨计又称托里拆利管。——校注

拉斯[1]称之为“胃的焦躁不安”。我教我的同事们怎样对付胃的焦躁不安，直至到达下一个休息地。我告诉他们，在乱石中长着铁矢状叶子的小酸模，并且亲自尝了一大口。大家先是嘲笑我的建议，我让他们去笑，可是很快我看到他们一个个都争着去采摘这珍贵的酸模了。

我们咀嚼着酸酸的叶子来到了山毛榉生长的地带，最先见到的是些藤蔓曳地的灌木，稀落落地散布在山坡上，很快又见到一棵棵挨在一起的小矮树，最后映入眼帘的是枝干粗壮、浓密而阴暗的灌木林，那里的土壤是钙质的土块。这些山毛榉树冬天积雪压枝，一年四季都被密斯脱拉风凶猛地吹打，许多树枝都断了，树身弯曲得奇形怪状，甚至躺倒在地上。穿过树林地带要走一个多小时，从远处望去，林带像一条黑带围在万杜山的山腰上。然后山毛榉又变成稀落落的灌木，我们到达了山毛榉地带的上限。嚼酸模叶毕竟不管用，当我们到达选定来吃午饭的休息地时，大家都舒了一口气。

我们来到拉格拉斯泉，山毛榉树搭成的长凹槽里，引来了一股从地里冒出来的涓涓泉水；山里的牧人都把羊群赶到这里来喝水。泉水的温度是7摄氏度，对于我们这些从平原三伏天的火炉里来的人，真是清凉得不可想象。一泓泉水流淌在阿尔卑斯山植物铺成的地毯上，长着欧百里香叶子的指甲草闪闪发光，它那宽大而细薄的花蕾就像银色的鳞片。食物从鞍囊里拿了出来，酒瓶也从稻草层中取了出来。不易破碎的器皿，涂着蒜汁的羊后腿和面包堆摆一处，淡而无味的小鸡放一边，饥饿的肚子填饱了后，这小鸡会让洁白的牙齿高兴一会儿的；在不远的地方，摆着用山上的风轮菜做香

① 贺拉斯（前65—前8）：古罗马杰出诗人，著有《歌集》和《书札》等作品，对西方诗歌产生了很大的影响。——校注

料的万杜乳酪，驴梨小乳酪；阿尔红香肠就放在乳酪旁，肥肉条和整块的梨像大理石似的镶在玫瑰红的肉中；在这角落里，摆着还流着卤水的绿橄榄和用油做佐料的橄榄；在那角落里，摆着卡瓦翁的西瓜，有的白瓤，有的橘黄色瓤，各人爱好不同，均可各取所需；在又一个角落里，摆着鳀鱼罐头，美餐小牛腿肉后可猛喝鱼汤；最后，冰水槽里冰镇着酒瓶。我们没忘掉什么吗？不，我们忘掉了主要的餐后点心，蘸着盐生吃的玉葱。那两个巴黎人——我们中间有两个巴黎人，我的植物学同事——开始时对这么丰盛的菜肴很惊讶，不过，过一会儿他们就会赞不绝口了。好了，一切都准备好了，开始吃吧！

大家狼吞虎咽起来，这真是一生中令人难以忘怀的一顿饭。头几口有点饥不择食，一块块后羊腿，一片片面包，接连不断地塞进嘴里，速度快得惊人。每个人焦虑的目光都瞧着肚子，心里想：“像这样吃法，今晚吃得过瘾，可明天吃什么？”大家心里担心却都没有说出来。起先，我们一声不吭地拼命往嘴里塞；现在没有那么饿了，我们边吃边聊天，怕明天没得吃的担忧也消除了。大家都认为膳食总管安排得很对，他预料到了这种狼吞虎咽的吃法，所以准备得非常充分，让大家可以尽情享用。现在是内行的美食家评价食物的时候了。这一个用刀尖戳着一个个橄榄，夸奖不已；那一个一边称赞鳀鱼罐头，一边在面包片上把赭石色的小鱼切开；第三个人热情地谈着红香肠；最后所有的人都齐声赞美那还没有巴掌大的驴梨乳酪。吃过饭，大家点着烟斗和雪茄，躺在草上，肚皮晒着太阳。

休息了一小时，起来，时间很紧，必须继续向前走。向导带着行李一个人沿着树林边往西走，那里有一条山路，牲畜可以通过。他在位于海拔大约1550米的地方，山毛榉生长的上限的羊棚里等我们。羊棚是用石头砌成的大房子，顶上盖的是草，可供牲畜和人过夜。我们则继续爬山，去到山脊，然后不太费力地顺着山脊上到山顶。太阳下山后，我们将从山顶下来，来到向导早就等在那里的羊棚里。这便是向导提出来并得到我们同意的计划。

我们到达山脊了。比较缓的斜坡向南伸展，一望无际，这是我们刚刚爬过的斜坡。北边莽莽苍苍，气势雄伟；山坡时而笔直削切，时而状如梯级。梯级虽然高度只有一米半，却陡峭惊人，随便扔出一块石头都不会在半路停下来，而是一跳一跳地往下跌落至谷底。山下土鲁朗克河的河床像一条带子清晰可见。当我的同伴们摇晃岩石，推入深渊，看着岩石滚落发出可怕的轰响时，我却发现了毛刺砂泥蜂这个老相识，它藏在一块扁平的大石头下。过去我看到的毛刺砂泥蜂总是孤零零地在平原的路坡上，而这里，几乎在万杜山顶，它们却几百只挤在一个窝里。

我正在寻找这么多砂泥蜂住在一起的原因时，猛然刮起了南部地区特有的风，这风今早已经让我们有点害怕，现在突然卷起乌云下起雨来。我们还没来得及躲避，铺天盖地的大雨便把我们盖住，两步路外什么都看不见了。糟糕的是，我最要好的朋友德拉库尔[①]，他去寻找山里一种稀有植物岩生大戟走丢了。我们用手掌做成话筒状，一起扯着嗓子拼命喊，可是没人回应。旋风翻滚，骤雨如盆，哗哗雨声把喊声淹没了。既然迷失者听不到我们的喊声，我们便去寻找他。在漆黑的云遮雾罩中，两步路外，彼此都看不见，我们七个人中，只有我熟悉这地方。为了不落下一个人，大家手牵着手，我自己走在最前面，就这样我们还真玩了几分钟捉迷藏的游戏，可

① 德拉库尔（1890—？）：美籍法裔鸟类学家，植物学家，法布尔最信赖的朋友，常同法布尔一道攀登万杜山。——校注

就是找不到。德拉库尔熟悉万杜山的气候，可能当乌云盖顶的时候，他利用最后一刻晴朗的天气，匆匆跑回羊棚去了。我们尽快也到羊棚去吧，我们浑身内外都水淋淋的了，斜纹布裤贴在腿上就像又一张皮一样。

这时，出现了一个严重的问题：我们来来回回，转来转去地寻找，把我弄得好像被蒙住双眼绕着原地转圈似的。我什么方向都辨不清了，我不知道，一点也不知道，哪一边是右山坡。我问这个，问那个，彼此的意见都不同，都不肯定，没有一个人能够肯定哪边是北，哪边是南。我从来，真的从来都没有像那时那么认识到东西南北方位的价值。我们的四周是茫茫灰云，在我们的脚下，我们只能辨认出哪里有斜坡往下延伸。但是走哪个斜坡才对呢？必须选好然后才能往那条路走，如果我们不幸朝北面斜坡走，那么我们就要掉入深渊，粉身碎骨。那深渊，我们刚才看一眼都胆战心惊，掉下去谁都回不来了。我那时有几分钟不知如何是好，痛苦万分。

"我们就待在这里，"大部分人这么说，"等到雨停了再说。""坏主意！"另一部分人反驳道，我就是其中之一。雨会一直下，我们现在淋成这样，只要夜里一冷，大家都会冻僵的。我可敬的朋友威尔罗，他特地从巴黎植物园来跟我一道攀登万杜山，他表现得十分冷静沉着，相信我会谨慎地带领大家走出困境。为避免加剧别人的恐慌，我把他拉到一旁，告诉他我心中可怕的恐惧。我们进行了一场秘密谈话，企图在思考的罗盘上加进所缺乏的磁针。

"刚才黑云真是从南面来的吗？""的的确确是从南面来的。""虽然风向几乎看不出来，可雨是稍微由南偏北的，是吗？""是这样，在我还能辨明东西南北时，我看是这样。难道没有什么东西能够指引我们吗？我们应该从雨打来的方向下去。""这我想过，不过我有点怀疑。风太弱了，无法确定风向。也许这是旋风，当云把山顶罩住时，就会刮旋风的。而且我们根本不敢肯定，开始的风向会一直保持着，而现在的风不会是从北边刮来的。”“我同意您的怀疑，那怎么办？”“怎么办，怎么办，困难就在这里。啊，我有一个想法，如果风向没变，那么我们应当主要是身子的左边淋湿，只要我们没有迷失方向，雨是从这边打来的。如果风向转了，那我们浑身应该差不多一样湿。我们考虑考虑然后再决定，行吗？”“行！”“要是我搞错了呢？”“你不会搞错的。”

几句话，大家都明白怎么回事了。我们都摸摸自己，不是摸外面的衣服，那不足以说明问题，而是摸最里面的内衣。当听到大家异口同声地说左边湿得比右边厉害时，我心中真是说不出地松了一口气。我们又手拉手连成一条链，我走在最前面，威尔罗断后，以免有人掉队。在开始走之前，我再一次对我的朋友说：“哎，我们会不会冒险呵？”“冒险就冒险，我跟着你走。”于是我们不管三七二十一，一头钻进了吉凶未卜的摸索中。

在陡坡上还没走出20步，我们害怕发生意外的忧虑全都消失了。我们脚下不是万丈深渊，而是一心盼望的地面，碎石地面，脚踩上去，后头就塌下长长的一道石流。对于我们来说，这碎石的清脆声是美妙的音乐，表明我们踩着的是坚实的土地。走了几分钟，我们便走到了山毛榉地带的上限。这里比山顶更黑，必须弯腰贴到地面才能看出要在什么地方下脚。在漆黑一片中，怎么能够找到藏在树林中的羊棚呢？人们经常走过的地方都会长两种植物——藜和雌雄异株的荨麻，它们成了我的向导。我一边走，一边用空着的手在空中搜索，每当手被刺了一下，就是碰着了荨麻，这便是一根标杆。断后的威尔罗也尽量挥动着手，用剧烈的刺痛来补充视力的不足。同伴们不大相信这种寻路的办法，他们提出继续往下走，如果有必要就回到贝都安去。威尔罗更相信他对植物的嗅觉，跟我站在一起，坚持我们的寻找办法。为了让最沮丧的同伴树立起信心，我们反复强调，尽管四周黑魆魆的，仍有可能用手摸草问路，回到营地去。大家被我们说服了，我们一群人摸着一簇簇荨麻，过了不久就到达了羊棚。

德拉库尔，还有我们的向导和行李，都及时赶到那里躲雨了。我们点起熊熊烈火，换了衣服，大家又谈笑风生了。一团从附近山谷里带来的雪装在袋子里挂在炉子前，雪化成的水就盛在一个瓶子里，这就是我们晚餐的泉水。最后我们躺在一层山毛榉叶铺成的床垫上过夜，在我们之前有许多人到这里来过，把树叶压得稀烂。谁知道这床垫有多少年没有换过，如今已变成一片松软的沃土！有人睡不着，他的任务便是给炉子添火。羊棚除了屋顶有一处坍塌形成了一个大洞外，烟没有别的出路，因此满屋都是烟，简直可以熏鲱鱼了。要想吸几口可以呼吸的空气，必须趴到山毛榉叶的最下层，鼻子几乎碰到地上才行。所有的人都在咳嗽、嘀咕，要想睡着简直是妄想。因此，拨火的人手有的是。凌晨两点，所有的人都起来了，要爬上最高的山顶去看日出。这时雨已经停了，满天星斗，今天一定是个好天。

一般情况下，有的人上山时会感到有点恶心，原因嘛，首先是因为疲劳，其次是空气稀薄。气压表下降了140毫米，我们呼吸的空气密度少了五分之一，因此氧气的含量少了五分之一。空气这一微不足道的变化，人体几乎感觉不出来，可是大家昨天很疲劳，又没有睡觉，这点变化使得我们非常不舒服。我们两腿无力，气喘吁吁，只能非常慢地爬山，不少人走一二十步就不得不歇一下。终于走到山顶了，我们钻进粗陋的圣女克努瓦小教堂歇气，亲吻酒葫芦以抵御清晨刺骨的寒冷，这次我们把它喝了个底朝天。很快，太阳升起来了，万杜山三角形的影子投射到天边，在阳光的衍射下泛着紫红色。南边和西边，平原在薄雾迷蒙中伸延，当太阳升得高些的时候，我们看到罗讷河犹如一条银线躺在那里。北面和东面，在我们脚下铺展着一片像白色棉海的无边云层，低处的黑色山峰就像炉渣堆成的小岛似的从云海里露出来。在阿尔卑斯山那边，几座山峰上挂着的冰川在闪闪发光。

但是我们要看的是植物，别因为这壮丽的景象而耽搁了。我们在8月上山，节气上已经晚了一点，许多植物的花季已经过去。如果你想采集植物，真正做到满载而归，那么你必须在7月上旬上山，必须赶在羊群在山上出现以前，不然羊会把植物都吃掉，而你只能采到它们吃剩的东西。7月，羊群还没有光顾过的万杜山顶真正是个花园，鲜花把碎石层点缀得五彩缤纷。一想到这些，我脑海里就涌现出那长着一根嫩红色花蕊幽雅可人的绒毛雄蕊白花，那开放在闪亮的石灰石上有着蓝色大花冠的塞尼山紫堇花，那花序的芳香和根部的粪味混在一起的缬草，那长着心状花叶、成片成片地点缀着蓝色头状花序的厚密绿地毯的球花，那天蓝的颜色可与蓝天比美的阿尔卑斯勿忘草，那细茎上托着小白花球、根茎蜿蜒伸入碎石中间的康多尔屈曲花，那长着玫瑰色花冠的对生叶虎耳草和长着白里透黄花冠的藓苔虎耳草，像暗色的小坐垫似的密密麻麻挤在一起；所有的花上全都闪烁着早晨的露珠。当阳光更强烈些时，我们会看到一种白翅蝴蝶，美丽的蝶翅点缀着胭脂红点，四周镶着黑边，它懒洋洋地在花丛间飞来飞去，这便是阿波罗绢蝶，万年积雪寂寥的阿尔卑斯山优雅的客人。它的幼虫以虎耳草维生。在万杜山顶等待着博物学家的美妙的欢乐，我就做这番概述好了，现在我们回到昨天瓢泼大雨来临前，浓密的乌云把我们笼罩住时，成群蜷缩在石头下的毛刺砂泥蜂上吧。

阿波罗绢蝶

第十四章 迁徙者

我曾经介绍过，在万杜山顶海拔约 1800 米处，我有过一次昆虫学考察的好机会。这样的机会如果经常出现，并且进行有系统的研究，就会结出丰硕的果实。不幸的是，我的观察仅此一次，我再也无法做进一步研究，所以我对于这次观察的结果尚存有疑义，希望未来的观察者用确定无疑的事实来代替我的推测。

在一块平板大石下，我发现了几百只毛刺砂泥蜂，几乎像一个蜂窝里的蜜蜂那么密密麻麻地堆在一起。一掀起石板，这一群毛茸茸的虫子全都乱窜乱动起来，却不打算逃跑飞走。我用双手满满地捧起虫堆，把它移到另一个地方；可没有一只虫子显出想抛弃团伙的样子，似乎共同的利益把它们联系得牢不可分；如果不是大家都走，就没有一只走开。我尽可能细心地检查它们藏身的石板、石板下的土壤以及石板周围的情况，但我没有发现有任何东西可以说明，它们这么奇怪的团结一致究竟是什么原因。我不知怎么办才好，便试图数数这一堆里有多少只虫子。就在这时候，乌云密布，我无法再观察下去，我四周漆黑一片，那令人不安的情形，我刚才已经说过。第一阵雨哗哗落下，在离开那地方前，我急忙把石板放回原位，把毛刺砂泥蜂再放到隐蔽所下面。我认为自己做得很对，我希望读者也会肯定，我尽量小心翼翼，不希望这些可怜的昆虫，由于我的好奇心而被倾盆大雨淋湿。

毛刺砂泥蜂

毛刺砂泥蜂在平原并不罕见，不过都是形单影只地出现在山间小路边或者沙坡上，有时在挖掘竖井，有时忙着搬运笨重的幼虫猎物。它像朗格多克飞蝗泥蜂一样独来独往，所以我在快到万杜山山顶的地方，发现在同一块石头下聚集着这么多毛刺砂泥蜂，真是惊奇万分。此刻，展现在我眼前的，不是迄今我所知道的孤零零的一只只的，而是一个数目众多的群落。现在我来探讨一下这种聚居的可能原因。

对于毛刺砂泥蜂来说，这是十分罕见的例外。一开春，毛刺砂泥蜂就开始筑窝；接近3月底，如果季节暖和，最迟4月上旬，当蟋蟀已具成虫形态，正在家门口痛苦地蜕掉若虫的皮时，当诗人们喜爱的水仙正盛开最初的花朵，雪鹀在高高的柳树梢发出绵长缓慢的乐声时，毛刺砂泥蜂正忙着给它的幼虫挖住所，备粮食。这样的工作，其他的砂泥蜂和各种捕食性膜翅目昆虫，只在秋天，只在九十月间进行。它的筑窝日期比绝大多数膜翅目昆虫提早六个月，立即引起了我的思考。

我寻思，这些在4月初就在筑窝的毛刺砂泥蜂是不是当年的昆虫，这些春天的劳动者是不是在此前三个月完成变态而离开了它们的茧。根据一般的规则，所有掘地虫羽化为成虫，离开地下的家，并为它们的幼虫筹备粮食，都是在同一季节。大多数擅长狩猎的膜翅目昆虫，都是在六七月从幼年时居住的地下拱廊中出来，而在以后几个月，8、9、10月才发挥矿工和猎手的本领。

类似的法则是不是也适用于毛刺砂泥蜂呢？它是不是在同一季节完成变态并从事昆虫的工作呢？这是十分可疑的，如果毛刺砂泥蜂在3月底就忙于筑窝，那么它就必须在冬天，至迟来年2月底完成变态并从茧中钻出来。可是严寒的天气使我们无法接受这样的结论。当凛冽的密斯脱拉风不停地呼啸达半个月之久，把地冻得硬邦邦的时候，当纷飞的大雪随着冰冷的寒风而来的时候，蛹期艰难的变态是不可能完成的，而成虫也不可能在这时候想到离开茧的隐蔽所。只有在夏天太阳的照耀下，土地温暖而又润湿，成虫才会抛弃窝居生活。

如果我知道毛刺砂泥蜂从它出生的窝里出来的时期，一定有很大的帮助；可是很遗憾，我不知道。我日积月累的笔记，由于这类研究总是要取决于无法预料的机遇，故不可避免有模糊混乱之处，对此没有什么说明，今天我看到了问题的重要性，所以我要把我的材料凑在一起，写下几行字。我的笔记中写到，沙地砂泥蜂在6月5日羽化，银色砂泥蜂在同月的20日羽化，可是关于毛刺砂泥蜂的羽化期则只字未提。这个细节由于疏忽而没有弄清楚。前两种昆虫的羽化期遵循一般的规律，成虫在炎热时期出现。我根据类推的办法，认为毛刺砂泥蜂也是同一时期破茧而出。

那么为什么我们看到毛刺砂泥蜂，在3月底4月初便开始筑窝呢？结论是显而易见的，这些毛刺砂泥蜂不是当年的而是上一年的昆虫。它们在通常的时期，即六七月从茧里出来，越冬后，春天一到便立即筑窝。总之，这些是越冬的昆虫，实验也证实了这一结论。

各种采蜜的膜翅目昆虫，年复一年地在朝阳的垂直土坡或者沙坡上传宗接代，在壁上凿一个个洞，组成一个由走廊连成的迷宫，像个巨大的海绵似的；人们只要耐心寻找，在隆冬时节，肯定会发现毛刺砂泥蜂十分舒适地蜷缩在阳光照射着的温暖凹陷处，或者孤零零一只，或者三五成群，无所事事地等待温暖日子回归。在寒冷肃杀的严冬，当雪鹀和蟋蟀刚开始鸣唱时，这种优雅的膜翅目昆虫，便会使山间小路的草地呈现一片生机盎然的景象。这种小小的乐趣，我只要愿意，就可以尽情地享受。如果不刮风而阳光又稍微强烈些，这种怕冷的昆虫便从隐蔽所出来，在洞口欢快地沐浴温暖的阳光；或者畏畏缩缩地冒险走到外面，一边擦亮翅膀，一边一步步地走过海绵状沙层的表面。灰色的小蜥蜴在太阳开始把故居的旧墙壁晒暖时也是如此。

但是在冬天，即使是在保暖最好的隐蔽所，也根本找不到节腹泥蜂、飞蝗泥蜂、大头泥蜂、泥蜂和其他幼虫喜欢吃肉的膜翅目昆虫。它们在秋天的劳动之后全都死了，在寒冷的季节里，它们的种族只剩下在地穴深处冬眠的幼虫。因此，毛刺砂泥蜂是极其罕有的例外，它在炎热的季节羽化，然后躲在某个温暖的隐蔽所越冬；这便是它在一开春就出现的原因。

根据这些资料，我先试着解释在万杜山顶的毛刺砂泥蜂成群聚居的原因。成堆的砂泥蜂隐蔽在石块下，究竟可能干些什么呢？它们打算把这里作为越冬的大本营，蜷缩在石板下，等待适宜劳动的季节来临吗？一切迹象都表明这是不可能的。昆虫并不是在8月，在酷热的时节冬眠。缺乏从花朵里吮吸的蜜汁，也不能作为理由。9月的阵雨很快就要降落，盛夏暂时停止生长的植物将再度茁壮，把田野铺得几乎跟春天一样繁花似锦。这个时期对于大多数膜翅目昆虫来说，是十分快乐的，毛刺砂泥蜂也不会在这时睡眠。

另外，万杜山陡峭高耸，密斯脱拉风呼啸狂扫，有时把山毛榉和冷杉连根拔起；山顶有六个月都一直刮着凛冽的北风，把雪花吹得上下翻滚；山峰上一年大部分时间都笼罩着寒云冷雾。难道能够设想，这么热爱阳光的昆虫，会把这地方选为越冬的藏身地吗？这简直就像是要它在北海海角的冰上过冬一样。不，毛刺砂泥蜂的越冬地不会是在那里。我们看到的蜂群只不过是路过而已。稍有一点下雨的迹象，这些迹象我们看不到，而对于大气变化十分敏感的昆虫却能感觉得出来，蜂群就躲到石头下面等待雨停后再飞。它们从哪里来？它们到哪里去呢？

在8月，主要是9月这段时间里，迁徙的小鸟从它们喜爱的地方，从比我们这里凉爽些、树木多些、更宁静些的地方，从它们产卵的地方，一站路一站路地往南飞到我们这个盛产橄榄树的炎热地方。它们到达的日子几乎是固定的，先后次序一点不变，仿佛是由只有它们知道的黄道吉日所指引似的。它们在我们的平原上待那么几天，这是富裕的一站，有许多昆虫是它们喜爱的食物。这些鸟在我们的田里，在犁耙耕出来的田塍里，一块地一块地搜寻露出身体的小虫，这是它们的美宴；照这样的吃法，它们很快便屁股长得肥嘟嘟的，成了丰富的粮仓，里面装满富有营养的储藏品，以供未来疲乏时的需要。在备好旅途的食物之后，它们继续南下，前往没有冬天，任何时候都有昆虫的地方：西班牙和意大利南部，地中海上的岛屿，非洲。这是阿尔吉尔人进行狩猎，品尝美味肉串的欢乐时期。

首先来到的是长翅百灵，我们称它为“克雷乌”。8月刚开始，就会看到这种鸟在田里搜索，寻找狗尾草的穗，这是对作物有害的禾本科植物。一有惊动，它就飞走，喉咙里发出刺耳的咕噜声，它的普罗旺斯名字就是对这种声音极好的模拟。随后来到的是石鹏，它在种过苜蓿的地里安详地搜寻象虫、蝗虫、蚂蚁。与它同来的是枝头的贵宾，阿尔吉尔的名鸟；到了9月，飞来的是鹏，也叫白尾雀，所有曾经品尝过它的人，都对它的美味赞不绝口。在马提雅尔[1]的铭辞中受到讴歌，深受罗马饕餮之徒喜欢的燕雀，也比不上白

① 马提雅尔（约40—约104）：古罗马著名铭辞作家。——译注

尾雀喷香美味的脂肪球，不过白尾雀因为吃食太多，已经太肥。这种鸟吃各种昆虫，我收集的博物学资料中记载了它胃里装的东西，其中可以找到各种幼虫和象虫、蝗虫、砂潜、龟甲、叶甲、蟋蟀、球螋、蚂蚁、蜘蛛、鼠妇、蜗牛、赤马陆以及其他许多昆虫。为了消化这些美味的食物，它还要佐以葡萄、树莓以及血红色的欧亚山茱萸的浆果。白尾雀飞起来时尾巴上的白羽毛舒展开来，好似一只飞逸的蝴蝶。它从一块土地飞到另一块土地，不停地吃着美味的食物，所以它会长得这么肥。

在增肥术方面唯一超过它的，是跟它同时迁徙的另一种爱吃昆虫，生活在灌木丛中的鹀。书本上的命名恰当，而牧人们则把这种鸟称为“肥腿”，意指特别肥的鸟，单单这个名称就足以说明它的基本特点，其他任何鸟儿都不会养得这么肥。到了一定时候，这鸟儿从翅膀到脖子全都长满板油，就像一小块牛油似的。这不幸者太爱吃象虫了，害得它浑身长着脂肪，好不容易才从一株桑树飞到另一株桑树，因为太肥，它几乎要窒息了，便气喘吁吁地停在浓密的树丛中。

10月里飞来了半灰半白的灰鹡鸰，胸前长着黑绒毛，大颈项，身材细长。这种体态优美的鸟儿摆动着尾巴，碎步蹦跳地跟着农夫，几乎就在马的脚下，在新开出来的田塍里啄食害虫。云雀在同一时期来到，开始是一小批先遣部队，作为侦察兵，然后无数云雀成群结队占有了麦田和新开垦的土地。那里有许多狗尾草穗，是它们平时的食物。此时，在平原上，朝阳的光辉洒满大地，悬挂在草茎上亮晶晶的白霜和露珠，像镜子似的放射出闪闪的光芒。此时，猎人手中放出的枭鸟，飞了短短的距离便扑下来，转动着惊恐的眼睛，猛地往上飞起。俯冲下来的云雀在近距离看到那闪闪发光的犁耙或者那巨大的飞鸟，十分好奇。云雀就在那里，在你的面前十几步远的地方，两爪下垂，翅膀撑开，就像圣灵的图像那样。正是时候，瞄准开枪吧！我祝愿读者们在这场快意的狩猎中心情舒畅。

与云雀一道来的是草地鹨，通俗的名称叫“西西”，这又是一个模仿鸟儿低声鸣叫的拟声词。草地鹨往往夹在云雀群中一道飞来，没有任何鸟会比它更让猫头鹰狂热的，它不断摆动翅膀，围着猫头鹰飞翔。我们不可能经常看到这些迁徙者，它们大多数只在这里歇歇脚。这里食物丰富，特别是昆虫多，它们便待上几个星期，吃得身强力壮，浑身溜圆，然后继续往南飞去。另外一些鸟把我们的平原选作越冬的大本营，因为这里雪很罕见，甚至在严冬，地上也可以找到许许多多小种子。云雀就是这样，它在麦地和新开垦的地里搜寻食物；草地鹨也是这样，它更喜欢苜蓿田和草地。

云雀几乎在整个法国都十分常见，却不在沃克吕兹平原筑窝；在这里生活的是凤头百灵，也叫羽冠云雀，它们是公路和养路工人的朋友。寻找它所喜爱的孵卵地，用不着北上去很远的地方，在毗邻的德龙省就有许多这种鸟的窝。所以很可能在整个秋冬季节，占领我们的平原的云雀中，有许多就是从德龙省南下的，而不是从更远的地方飞来。它们只要从邻省迁徙，就可以找到没有雪的平原，也有把握找到小种子吃。

我猜想，接近万杜山顶之所以会发现砂泥蜂群，就是由于与此相似的短距离迁徙。我已经确定，毛刺砂泥蜂是以成虫的形态，躲在某个隐蔽所中越冬，等待4月到来便开始筑窝。它跟云雀一样，也要预防寒霜季节。它不怕缺乏食物，它不吃东西也可以坚持到鲜花开放的时节，但它是那么怕冷，至少需要防备致命的严寒，所以它逃避土地冰冻三尺、漫天大雪的地方。它们像鸟类一样成群结队迁徙，翻山越岭，到古老的城墙，到南方被太阳晒热的沙滩寻找新居。冬天过后，这群昆虫全部或者部分地又回到故乡。这就是为什么在万杜山见到砂泥蜂群的缘故。这是一群迁徙的部落，它们来自寒冷的德龙省，为了往南飞到生长橄榄树的炎热平原去，它们越过了土鲁朗克深深的大峡谷，可是突然遇到了雨，便在山顶暂时歇歇脚。由此看来，毛刺砂泥蜂为了避寒，不得不进行迁徙。当小鸟旅行的时候，毛刺砂泥蜂的队伍也开始行走，它也将从比较寒冷的地方旅行到比较温暖的地方。穿过几道峡谷，越过几道山岭，它便会飞到它的冬季营地。

昆虫异乎寻常地聚居在高地，我曾收集到另外两个例子。10月我在万杜山顶，发现小教堂上覆盖着俗称“慈悲虫”的七星瓢虫。小教堂顶有多少块石板，这些昆虫在石头上便垒成多少面墙壁，它们紧紧地挤在一起，使得那粗陋的建筑物在几步路外看起来像个珊瑚球。在那里聚会的七星瓢虫，有如恒河沙一般众多，我不敢估计有多少。这些吃蚜虫的昆虫被吸引到海拔约两千米的万杜山顶上来，肯定不是因为食物的缘故。这里的植物太贫乏，蚜虫是绝不会冒险到这么高的地方来的。

另一次在6月，在万杜山附近海拔734米的圣阿曼高原上，我看到了类似的群集，不过数目少得多。在高原最高处，在悬崖的陡壁边上，竖立着一个以砌石为底座的十字架。正是在底座的各面和基石上，跟万杜山上相同的七星瓢虫成群聚集在一起。这些虫子大部分一动不动，但只要是阳光强烈的地方，新来者和原到者在临时的圣坛上，总是在不断地交换位置，原先的占有者如果被挤走，过一会儿会再回来。

圣阿曼高原跟万杜山一样，没有任何现象能够告诉我，在这干

4

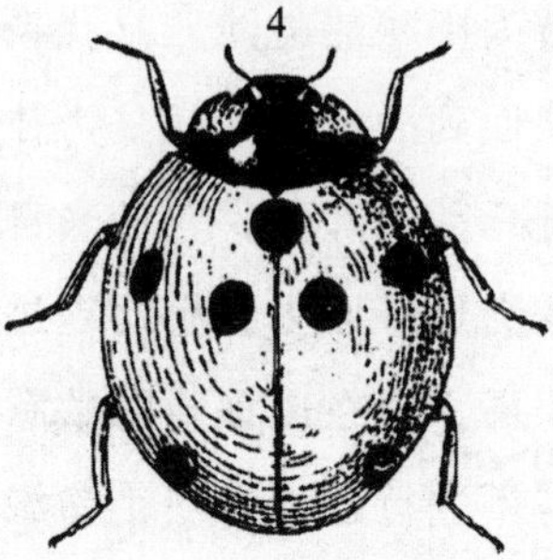

七星瓢虫

旱的土地上，既没有蚜虫又没有任何东西吸引七星瓢虫，为什么昆虫会这么奇怪地聚集在一起；没有任何现象能够告诉我，在高山的砌石工程上，众多昆虫的聚会，究竟秘密何在。还有没有别的昆虫迁徙的例子呢？有没有昆虫像燕子一样，在出发之前，大家聚集在一道呢？这里是不是集会点，成群结队的七星瓢虫要从这里前往食物更丰富的地方呢？这是很可能的，不过也相当奇特。

七星瓢虫素以不喜欢旅游而著称。当我们看到它杀戮蔷薇花上的绿色小虫和蚕豆上的黑色小虫时，我们完全会认为它是喜欢家居而不爱外出的；可是它们却以短短的翅膀，成千上万地飞到万杜山顶开个全体大会。甚至雨燕也只是在极端狂热时才会飞到那里去，它们为什么在这么高的地方聚会呢？为什么这么喜欢栖息在堆砌起来的石头上呢？

第十五章 砂泥蜂

身材纤细，体态轻盈，腹部末端非常细窄，像一根细线似的系在身上，身穿黑色服装，肚子上饰有红色披巾，这便是砂泥蜂简要的体貌特征。它们的形状和颜色接近黄足飞蝗泥蜂，习性却大不相同。飞蝗泥蜂捕捉直翅目昆虫，包括蝗虫、距螽、蟋蟀，砂泥蜂则以幼虫为野味。仅仅因为猎物变了，它们在本能的捕杀战术上便采取了不同的手段。

砂泥蜂这个词听起来不太顺耳，所以我想来挑剔挑剔。它的意思是“沙之友”，不过这个术语太绝对，而且往往并不正确。沙的真正朋友，干燥的、粉状的、流动的沙的真正朋友，是捕捉苍蝇的泥蜂，而我在这里打算介绍的幼虫捕捉者，却丝毫不喜欢流动的纯沙，它们甚至要逃避流沙，因为这样的沙只要稍微一碰，就会坍塌。在把食物和卵放到蜂房里以前，它们的竖井应当一直畅通无阻，所以挖掘竖井的地方应当比较坚实，免得时候未到，井就被堵住了。它们需要的是一块易于挖掘的松土，那里的沙用一点黏土和石灰就能粘牢。山间小路边，长着稀疏草皮的朝阳斜坡，就是它们喜爱的地方。在这些地方，春天，一到4月初，就有毛刺砂泥蜂了；当九十月来到时，则会找到沙地砂泥蜂、银色砂泥蜂和柔丝砂泥蜂。我在此把这四种砂泥蜂所提供的资料加以综述。

这四种砂泥蜂的地穴都是钻出来的一个垂直的洞，像井似的，内径至多有一根粗鹅毛管粗，深约五厘米。底部是蜂房，蜂房从来都只有一间，只比蜂房的竖井稍大一点。总之，这是一个毫不起眼的住宅，不费多少力气就能一次挖成；幼虫只能依靠它那像黄足飞蝗泥蜂一样有四层壳的茧御寒过冬。

砂泥蜂独自进行挖掘工程，安安静静，不慌不忙，也没有欢快的干劲。前跗节作为耙，大颚起挖掘工具的作用。如果某颗沙粒难拔出来，昆虫的翅膀和整个身体开始振动，我们便会听到从井底响起尖锐的沙沙声，仿佛它在使劲吆喝。间隔不长时间，它会出现在地面上，大颚咬着挖出来的一粒沙砾，飞起来，把它扔到远处，免得阻塞现场。挖出来的沙砾，有些由于形状和体积的关系，似乎特别值得注意，至少砂泥蜂没有像对待别的沙粒那样，把它们扔到远离工地的地方，而是用脚来搬运，放到井的旁边。这些是优质的材料，是现成的砾石，以后要用它们来封闭住所。

外部工程进行得审慎而且非常认真。砂泥蜂身子翘得高高的，腹部挂在长长的一条肉茎末端，它翻转身时，要掉转整个身子，简直就像线的一头钉住另一头转起来那样精确。如果它必须把它认为碍事的碎屑扔到远处，它便一声不吭地小块小块地扔，往往是倒退着扔。砂泥蜂总是头最后从竖井里出来，它这么做，好像是为了避免翻转身体，节省时间。这种像自动装置的呆板动作，腹部长有肉茎的沙地砂泥蜂和柔丝砂泥蜂干得最一丝不苟。因为腹部鼓得像梨子一样大，吊在一根带子的末端，转身动作很难控制，动作猛了点就会把细细的肉茎弄断，所以，这些砂泥蜂走起来动作十分谨慎，如果它们需要飞，便倒退着，以免老是掉头转身。相反，毛刺砂泥蜂因为腹部的肉茎短，在挖地穴时像大部分掘地虫一样，动作潇洒敏捷，行动自由，因为没有腹部的障碍。

柔丝砂泥蜂

住宅挖好了。到了晚上，甚至只要太阳照不到刚挖好洞的地方，砂泥蜂就肯定要去它在挖掘过程中储存下来的小砾石堆巡视一番，选一块中意的石子；如果找不到满意的，就到附近去找，总是很快就能找到。这是一块扁平的小石片，直径比井口略大一点。它用大颚把石板搬运来，暂时盖在洞口上，这扇实心的门使它的家不会受到侵犯。明天，当阳光普照着附近的斜坡，到处暖洋洋的，便于捕猎时，砂泥蜂完全能够找到它的窝；它咬着一条被麻醉的幼虫的颈子，用腿把幼虫拖回这里；它掀开石板，这石板跟周围的小石子没有丝毫不同，只有它知道究竟区别在哪里，把猎物放进井底，把卵产下来，把留在附近的余泥扫进竖井里，最后把住所永远封闭起来。

我好几次看到，当太阳下山或者时间太晚，而不得不将储备粮食的工作推到第二天时，沙地砂泥蜂和银色砂泥蜂便暂时把地穴封闭起来。它们关上家门，我也只好把观察推到第二天。不过我把这地方画了个图，选好标线和基准点，插几根树枝作为标杆，以便在竖井填满后能够找得到。因为，如果我第二天不是一大早就来，砂泥蜂有空利用大白天的时间，那么地穴总是永远封闭并且储备好粮食的。

砂泥蜂的记忆力令人叹为观止。它干活干得晚了，把剩下的工作放到明天做，可是它不在刚刚挖的屋子里过夜；它放弃这个新家，用一块小石头盖住井口，然后走开。它对这地方并不熟悉，也并不了解别的地方，砂泥蜂跟朗格多克飞蝗泥蜂一样，它随意地游走，把卵产在各处。它偶然走到一个地方，它喜欢这里的土壤，便在那里挖洞。现在它走开了，它到哪里去？谁知道呢，也许到附近的花朵上去。暮霭沉沉中，它将在花冠里舔一滴蜜汁，就像我们的矿工一样，在黑暗的巷道里干活疲劳之后，晚上要喝一瓶酒来恢复体力。砂泥蜂离开了，走得或远或近，一站站地走到花窖里去。它度过了傍晚、夜间、清晨，可是它必须回到地穴去完成未竣的工程；它昨夜从一朵花飞到另一朵花畅饮，早晨又来回走动进行捕猎，现在它必须回到地穴去。

胡蜂能够回到它的蜂窝，蜜蜂能够回到它的蜂箱，丝毫不会令我感到惊讶：蜂窝和蜂箱是永久性的住宅，由于长期往返，路已经熟悉。可是砂泥蜂要在离开那么久之后再回去，它对蜂巢根本不熟悉呀。它的竖井在它昨天到过的、也许是第一次到过的地方，它今天必须再到那里去，它怎么分辨方向呢？何况还有猎物的沉重累赘。然而，它对于地形却记得清清楚楚，有时甚至精确得令我赞叹不已。砂泥蜂向它的地穴直奔而去，仿佛附近的小路它已经走了千百次似的。

有的时候，它犹豫很久，寻找了许多次。如果困难重重，猎物的重担妨碍它匆匆忙忙地搜索，它便把猎物放在高处，放在一丛百里香上，放在一束草上，过一会儿再来找时可以看得很清楚。于是，砂泥蜂轻松了，继续积极地寻找。我随着砂泥蜂所走过的地方，用铅笔画出它走的路线图。从画出来的图可以看到，那是一条非常凌乱的线，有弧线和锐角，有凹曲线和辐射线，反反复复地打结、画圈、交叉，总之是个真正的迷宫。路线是那么复杂，说明迷路的砂泥蜂心中惶惑不安，不知所措。

竖井找到了，石板也掀了起来，砂泥蜂现在必须回到猎物那里去；可是如果砂泥蜂来来去去迷路了，要回到猎物那里就颇费周折。虽然砂泥蜂把猎物放在可以方便地看到的地方，可它似乎预见到，当它要把猎物拖到窝里去时，再找到猎物会有麻烦。所以如果寻找窝的时间拖得太久，它会突然中断探索，回到猎物那里去，摸一摸，咬一咬，好像是为了证实它的猎物，它的财产还在那里。然后它又急急忙忙奔到搜索的地点，搜寻一会儿，再次放弃搜索，又去看看猎物，再第三次去搜索。我认为它这样一再回到猎物那里去，是使自己记住猎物的存放地点。

如果路线十分复杂，它就这样行事；一般情况下，砂泥蜂可以毫不困难地回到昨天挖的竖井。竖井的地点它并不知道，而是随心所欲，走到哪里便挖在哪里。它把这地点记在脑海里，指引它的行动，我下面将要叙述它的记忆力发挥了多么令人叹为观止的作用。至于我自己，要想第二天再找到用小石片遮盖住的竖井，我可不敢只靠我的记忆力。我必须用笔记下来，画个草图，标明路线，竖立标杆，总之需要一整套详细的地理学知识。

沙地砂泥蜂和银色砂泥蜂用石板把地穴暂时封起来的办法，其他两种砂泥蜂似乎不会，至少我从未见到它们用盖子保护住所。毛刺砂泥蜂根本就不要这种暂时性的封闭物，据我所见，毛刺砂泥蜂先捕猎食物，然后在捕猎地点附近挖洞，当时便把食物储存起来，费力盖上个盖子是不必要的。至于柔丝砂泥蜂不会使用暂时封闭物，我猜想是出于另一种原因。其他三种砂泥蜂在每个地穴里只放一只幼虫，而它放的幼虫多达五只，不过体积小得多。就像我们忘掉把经常走的门关上一样，柔丝砂泥蜂或许也疏忽了把石板盖在竖井上，因为在短短的时间内，它至少要下到井里五次。

量地虫

这四种砂泥蜂为它们的幼虫准备的口粮都是蛾的幼虫。柔丝砂泥蜂选择的幼虫细细长长，靠身体的收缩来走路，当然并不是非如此不可。这种幼虫走路时像圆规似的一开一合，人们称它为量地虫。同一个窝里会存放着颜色非常不同的食物，这证明不管哪种量地虫，只要个子小，柔丝砂泥蜂就看得上，因为猎手本身就小，它的幼虫尽管备有五只猎物幼虫作为食物，大概也不会吃得非常多。如果没有量地虫，柔丝砂泥蜂就捕捉其他种类的小不点的幼虫。被麻醉针蜇刺的量地虫蜷成一团，这五只虫便被一只只层叠着放在蜂房里。所需的食物准备好了，卵便产在最后一只虫上。

其他三种砂泥蜂只给每个幼虫一只小虫。不过这些小虫以体积弥补了数量上的不足。猎物肥胖丰满，可以充分满足幼虫的食欲。我曾经从沙地砂泥蜂的嘴里拿走一只比猎手重15倍的小虫；15倍呢，猎手咬着这样的猎物颈部，克服地上的万千困难，把它拖回去要花多大的力气，就会知道这真是个了不起的事情。任何别的膜翅目昆虫跟它的猎物放到秤上称，掠夺者和战利品之间都没有这么不成比例的。从地穴里挖出来的或者从砂泥蜂爪下看到的食物颜色千变万化，也证明了这三种掠夺者对猎物并没有特别的偏爱，见到什么幼虫便逮什么，只要幼虫身材适合，不太大也不太小，而且属于夜蛾一类就行。最常见到的猎物是身着灰色衣服、在浅浅的土下面啃食植物根茎的幼虫。

在砂泥蜂的整个故事中，占主要地位、特别引起我注意的是，为了幼虫的安全，它采取什么方式来制服猎物，使它处于无法伤人的状态。就身体而言，它所捕捉的猎物的确与我们迄今所见到的牺牲品，如吉丁、象虫、蝗虫、距螽都十分不同。夜蛾幼虫由一系列类似的环或体节组成，前三个环上有真正的足，这些足将变成夜蛾的足；其他的环上有膜状的足或者说假足，这些足只有幼虫才有而夜蛾则没有；另外一些环则没有足。每个

夜蛾幼虫

环都有神经核或称神经节，是产生感觉和控制动作的中枢；不包括位于头颅里类似大脑的神经节，神经系统有12个彼此隔开的不同的中心。

象虫和吉丁的神经比较集中，只要刺一下就可以全身麻醉，飞蝗泥蜂一个个刺伤蟋蟀的胸部神经节，便可以使它无法活动。夜蛾幼虫与它们不相同，它不是只有一个神经集中点，也不是只有三个神经中枢，而是有12个由于体节相隔而彼此分隔的神经节。这些神经节位于腹面的中线上，像念珠似的排列着。在低等生物中，同一器官大量重复，由于散乱的关系而失去了力量，是普遍的规律；这些各式各样的神经核彼此具有相当大的独立性，每个神经核只影响一个体节的活动，相邻体节功能的紊乱只是缓慢地影响到这一体节。即使幼虫的一个体节失去了活动和敏感性，其他的体节仍能保持完好无损，长时间仍然活动自如，也有感觉。这些情况足以说明，这种膜翅目昆虫面对猎物所采取的凶杀手段，具有高度的研究价值。

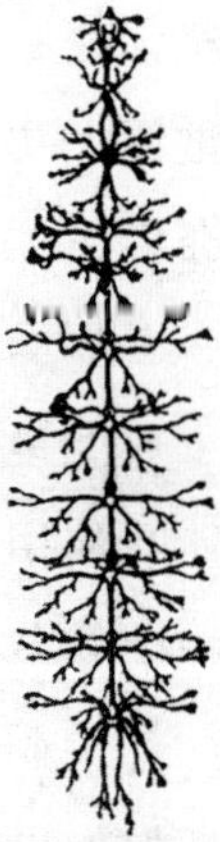
幼虫的神经系统

虽然研究价值大，但观察的困难却不小。砂泥蜂落落寡合的习性，使它们一只只散居在广阔的地方，而且，几乎总是偶然才遇得到，我们不太可能像对朗格多克飞蝗泥蜂那样，对它做预先筹划好的实验。我们必须长时间窥伺时机，要有百折不挠的耐心等待，而且当你根本不再去想它而机会却来到时，必须善于即时加以利用。这个机会，我年复一年地等待；有一天机会出现在我眼前，观察起来十分容易，连细节都看得十分清楚，这对我的长时间等待真是一个补偿。

在我开始研究时，我曾经两次目睹残害幼虫的情形，虽然动作迅速，我看到砂泥蜂的螫针刺在猎物的第五或者第六体节上，而且一蜇便大功告成。为了证实这一观察结果，我产生了这样的想法：掠夺者正忙于把幼虫拖到地穴去，我没有亲眼看到蜇刺过程，应从掠夺者那里把幼虫偷来，看看究竟刺在哪个体节上；可是我不应求助于放大镜，因为任何放大镜在牺牲品上都发现不了一点受伤的痕迹。我使用的办法是这样的：幼虫非常安静，我用一根细针尖探测每一个体节，我可以从昆虫所表示出的疼痛迹象来测量它的敏感程度。针尖刺进第五或者第六体节，甚至整个戳穿，幼虫也一动也不动，但如果刺到这个无感觉的体节的前一节或后一节，甚至轻轻地刺一秒钟，幼虫便会扭曲身子挣扎；刺的体节离第五六节越远，挣扎得越用力。特别是靠近腹部末端，只要稍微碰一碰，幼虫就会乱动乱扭。可见砂泥蜂蜇刺只有一次，受到蜇刺的是第五或者第六体节。

为了使幼虫无法逃走，为了使它一动不动，砂泥蜂是否把螫针刺入具有运动器官的体节呢？对于非常弱的小不点猎物，它要不要特别采取这种夸张的预防措施呢？肯定不要，螫针刺一下就够了；不过螫针要刺到中心点上，毒汁所产生的麻木会在最短的时间内，逐步扩散到有足的体节。所以为了这唯一的注射，毋庸置疑，选择的体节应该是把两组运动体节分开来的第五或第六体节。合理的推断所指出的蜇刺点，也就是昆虫所选择的蜇刺点。

最后我要指出，砂泥蜂的卵绝对不变地产在失去感觉的那个体节上。在这个部位，而且只有在这个部位，砂泥蜂幼虫可以啃猎物而不会引起猎物扭曲身子而伤害到自己；在那里，毒针的蜇刺不会使猎物产生任何反应，幼虫的啮咬也不会刺激它。猎物就这样一直一动不动，最后婴儿有了力气，可以往前进攻而不会发生危险。

在后来的研究中，多次的观察使我产生了疑问，不是对我的观察结果，而是对观察结果的普遍性。一些弱小的量地虫，一些身材小的幼虫，只要刺一下就变得无伤害能力，尤其是螫针刺到上面所推断的部位时，这是非常可能的事，而且不管是直接的观察还是用针来探测它的敏感性，都可以证明。可是沙地砂泥蜂，尤其是毛刺砂泥蜂捕捉的猎物，身体巨大，重量达到掠夺者的15倍。处理这种庞大的猎物，方法是否与处理纤弱的量地虫一样呢？为了制服庞然大物，使它无法伤害幼虫，只刺一针够吗？这可怕的猎物如果用强有力的臀部撞蜂房的墙壁，难道不会使卵或者幼虫有危险吗？我不敢想象，刚刚孵化出来的小生命，跟这只还可以自如地卷起和伸直弯弯曲曲的身子的巨龙，面对面地待在地穴狭窄的房间里会发生什么事。

通过检查幼虫的敏感性，我对此更加怀疑。当砂泥蜂的螫针刺到不是平常所刺的体节时，柔丝砂泥蜂和银色砂泥蜂的小猎物便剧烈地挣扎；而沙地砂泥蜂，尤其是毛刺砂泥蜂的肥大的猎物，不管被刺到哪里，刺在随便什么地方，都一动不动。它们身体没有扭曲，尾部没有突然上卷，钢针只是引起皮肤轻微的颤动，表明小虫还有一点感觉。用这种庞大的猎物来喂养幼虫，为了幼虫的安全，就必须使猎物几乎根本不能动弹，没有感觉能力。在把猎物送到地穴里去之前，砂泥蜂已使这团东西没有了活力，但并没有死去。

我曾经有机会看到砂泥蜂用它的手术刀给粗壮的猎物动手术。我跟我的一个朋友一道从安格尔高原下来，给圣甲虫设置陷阱，考验它的智慧。这时，一只毛刺砂泥蜂突然出现在我们的面前，它在一丛百里香下非常忙碌地干着活。我俩立即在离砂泥蜂很近的地方趴下来，砂泥蜂并没有因为我们在那里而被吓住，它到我的袖子上歇了一会儿，看到它的两个邻居一动不动，认为对它不会有害，便回到百里香下面。我们是老相识，我知道这样大胆的亲密无间意味着什么。砂泥蜂正忙着某种重要的事情，我们等着瞧吧，马上就会看到究意是怎么回事。

砂泥蜂扒着百里香根茎处的土，拔出植物细细的侧根，把头钻到掀起来的小土块下面。它匆匆忙忙地在百里香周围，一会儿跑到这里，一会儿跑到那里，检查所有能够使它进入灌木下面的裂缝。它不是在挖掘住宅，它正在捕猎住在地下的猎物；看到它那样的动作，我想起一条正把兔子赶出窝的狗。果然，一条肥大的黄地老虎幼虫不知道顶上发生什么事，心里惴惴不安，而砂泥蜂又追捕得越来越近，便决心离开地下室到地上来。这下它完蛋了，猎手立即扑上来，抓住它的后颈，不管它怎么挣扎都牢牢地抓住。砂泥蜂骑在庞然大物的背上，翘起腹部，就像一个对患者的解剖学结构了如指掌的外科大夫那样，有条不紊、不慌不忙地拿着手术刀，在受害者的腹面，从第一体节到最后一个体节，把所有的体节都刺了一下。没有一个体节没被蜇刺，不管这体节上有没有脚都要刺，而且按照顺序，从前到后地刺下来。

这便是我所看到的情况，而且是安闲自在、十分方便地看到的，观察要做到无可指责就要有这样的条件。砂泥蜂的动作精确得连科学家也会艳羡不已；它知道人类可能永远不会知道的事情，它了解猎物完整的神经器官，猎物有多少个神经节，它便刺了多少下。我刚才说，它知道和了解；我应该说，它行事就好像它知道和了解一样。它的行为完全受到天启，它丝毫不知道它在做什么，而是服从推动着它的本能。这种至高无上的天启是从哪里来的呢？遗传、行为选择、生存竞争，这些理论能够合理地对此做出解释吗？

我和我的朋友认为，不管过去还是现在，要解释难以言喻的逻辑，行为仍然是最有说服力的启示，这种逻辑以神启的法则管理着世界，并指导着无意识行为。我俩被这真理之光深深打动，眼眶中潸然流出一种无以名状的感慨的眼泪。

第十六章 泥蜂

离阿维尼翁不远处，在罗讷河右岸，面对杜朗斯河口，有我喜欢的一个观察点，这就是伊萨尔树林。千万不要误解“树林”这个词的意义，它通常让人想到铺着一层清凉的青苔地毯的土壤，想到覆盖着有一两百年树龄的乔木林，朦朦胧胧的阳光从树叶缝隙间透射进来。然而，在炽热的平原上，只能听见蝉在稀落落的橄榄树上聒噪，根本找不到树影婆娑、凉气袭人的宜人隐蔽所。伊萨尔树林只有一人高的绿色矮橡树林，树丛稀疏，树荫几乎无法消减太阳的暑气。在七八月的酷暑里，我好几个下午坐在矮林中便于观察的地方时，只能躲在一把大伞下，这把伞以后居然还在别的方面给了我非常宝贵的帮助，适当的时候我会在故事里提及。如果我忽略了带这把走长路很累赘的伞，那么抵御太阳的唯一办法就是直挺挺地躺在沙丘后面，当太阳穴被晒得血管都胀鼓鼓的时候，最后只好把头躲在兔子窝的入口。这就是在伊萨尔树林的纳凉办法。

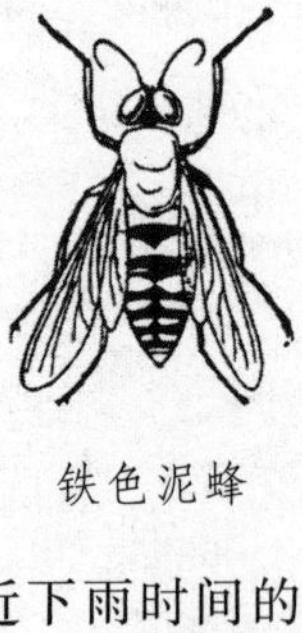
铁色泥蜂

地面长不出木质植物丛，几乎寸草不生，覆盖着流动性非常大的干干的细沙，在有绿色橡树根和树桩挡住的地方，风把沙堆成了小沙丘。由于沙的流动性很大，稍有下陷便塌落下来，表面自动恢复匀称，沙丘的斜面通常很平整。只要把手指插进沙里再拔出来，沙就立即坍塌，填平凹处，沙面就恢复到原先的样子而没有任何痕迹。不过在一定的深度，根据最近下雨时间的远近，沙还有点潮湿，还粘在一起，有一定的稠度，可以挖小洞，而洞壁和洞顶不会塌下来。阳光灼热，晴空万里，膜翅目昆虫的耙子一耙，沙坡就毫不困难地塌下来，野味也丰富，可作为幼虫的食物，而且几乎从来没有行人的脚步打破这里的安静。泥蜂在这块乐土上真是万事俱备。现在，我们来看看灵巧的泥蜂的窝吧。

如果读者愿意跟我一道坐在伞下或者利用兔子窝，那么他就会看到7月末的这种场面。一只泥蜂不知道从什么地方突然飞来，事先不加搜索，便毫不犹豫地落在一个地方，在我看来，那里与沙地的其他地方没有丝毫的不同。它用那长着一排排强有力的纤毛，像扫把、像画笔，又像钉耙的前脚，挖掘地下室。泥蜂靠后面四只脚支撑，后脚稍微叉开，前脚交替耙和扫流动的沙。跗节即使靠弹簧来带动，动作也没有这么精确而迅速。沙从肚子下往后甩，从拱形的后腿间穿过，喷射出的沙柱像连续不断的涓涓细流，画了一道抛物线落到两米远的地方。在5～10分钟内，抛射出来的沙一直那么密集，充分说明劳动的速度快得惊人。我无法举出其他动作如此敏捷的例子，这种敏捷丝毫不影响泥蜂动作的轻松优美，进退自如，它往这边进进退退，然后又往那边进进退退，而沙柱的抛物线始终不断。

挖掘的地方非常疏松，泥蜂一边挖，旁边的沙一边塌下来把洞填满。在塌落的沙中还有细木屑、烂叶片、比沙稍微大些的石粒。泥蜂后退着用大颚把这些搬到远点的地方，然后回来把洞扫干净，不过总是扫得不深，而且它也不想深入到地里去。它完全在地面工作，目的何在呢？初初地看这么一眼是不可能找到答案的，我跟亲爱的泥蜂在一起度过了几天的时间，把观察到的零散材料集中起来之后，我认为我已经依稀看到它这样做的动机。

这种膜翅目昆虫的窝肯定在那里，在地下几法寸深处，挖在新鲜而固定的沙中。小窝里有一枚卵，也许有一只幼虫，母亲每天用蝇喂它。蝇是泥蜂幼年时期永远不变的食物。母亲应当能够随时用脚抱着幼儿的口粮飞进这个窝，就像猛禽爪上抓着麋鹿、野猪这些美味进入它的巢穴给幼禽吃一样。猛禽要返回它建在某个无法进入的突岩上的洞巢，除了捕获的猎物太重或搬动不便外，没有别的困难；可泥蜂要进它的窝却必须每次都从事矿工般的艰苦劳动，重新开辟巷道。因为随着泥蜂的往前进入，沙就会塌下来，巷道就自动堵塞住。在地下住所里，有一个房间洞壁不会塌落，那就是幼虫居住的宽敞的蜂房，蜂房位于它享受半个月美宴所排出来的废物中间。母亲要走进尽头的房间或者出来去打猎，得走过狭窄的前厅，前厅每一次都要坍塌下来；它至少必须挖开干沙里的巷道，那部分由于一再进进出出变得更加松软。因此泥蜂每次进去和出来，都要在坍塌物中为自己开辟一条通道。

出来没什么困难，即使是第一次破沙而出。沙起初可能有点坚固，泥蜂也可以活动自如，它在遮蔽物下是安全的，它可以从从容容、不慌不忙地使用跗节和大颚。回去就完全不是一回事了，泥蜂前脚抱着猎物紧贴在肚子上很不方便，矿工无法自由使用它的工具；更严重的是，一些无耻的寄生虫是真正的强盗，它们埋伏在窝的四周，等待那母亲千辛万苦返回时，就在它即将消失于巷道里的那一刻，匆忙把它们的卵下到猎物身上。如果强盗得逞了，那么，泥蜂的幼儿，这一家的子女，就会由于这些贪食的共栖者而饿死。泥蜂似乎了解这一危险，所以它采取了一些预防措施，以便可以没有严重障碍地迅速回到窝里去。只要头一拱，前脚迅速一扫，堵住门口的沙就可以扒开。

为此，泥蜂对用于住所四周的材料做了筛选。空闲时，在阳光适宜而幼虫有食物无须它照料时，母亲便耙耙门前的地面，因为进家门时危机四伏，它必须事先把可能横在过道上堵塞通路的细木屑、过大的砾石、树叶剔掉。我们刚才看到它如此热情地干的就是这样的筛选工作。为了更方便地进入地穴，它把前厅搜查了一遍，把一切妨碍走路的东西剔出来清除掉。泥蜂难道不是通过它那敏捷的动作和欢快的活动，以自己的方式来表达它做母亲的满足感，来表示它因为能够照顾它那个珍藏着卵的家而感到幸福吗？

既然泥蜂只是整饬家门的外部，不打算进入到大厅里去，而且屋里一切都井然有序，那就没有什么要着急的。我一无所获地等待，泥蜂可能不会再告诉我什么了。那么我们去察看察看地下的小窝吧。我在泥蜂喜欢待的地方用刀轻轻刮沙丘，很快便发现入口处的前厅全被堵住了，不过有一段过道，从材料翻搅过的样子，仍然可以辨认出来。过道的内径有指头那么粗，根据土壤的性质和地形的起伏，或笔直或弯曲，或长或短，有两三分米长，通到那在清凉的沙中挖出来的唯一的房间。房间的四壁并没有涂上任何砂浆，用以预防坍塌并使粗糙的表面变光滑，只要在饲养幼虫期间，屋顶不塌下来就足够了；当幼虫已经装到像保险箱一样结实的蛹室里以后，管它将来会不会坍塌呢。我们稍后会看到它是怎么造蛹室的。蜂房的工程很简陋，只马马虎虎地挖了一下，没有一定的形状，天花板很低，容积能够放下两三个核桃。

叉叶绿蝇

在隐蔽所里放着一只猎物，只有一只，非常小，根本不够贪吃的幼虫食用。这是一只金绿色的蝇，吃腐烂的肉的叉叶绿蝇。这种被当作食物的双翅目昆虫一动不动地躺在那里，它完全死了吗？它只是被麻醉了吗？这个问题以后会搞清楚的，眼下我看到猎物的侧面有一个稍微弯曲的白色圆柱形的卵，两毫米长，这是泥蜂的卵。正如我们根据母亲的行为能够预见的那样，窝里的确没有什么紧迫的事。卵已经产下，幼虫将在24小时后孵化出来，母亲根据娇弱的幼虫的需要，按比例备好了粮食。在很长一段时间内，母亲不会再回到窝里去，它只是守护在周围，或者去挖另一个窝继续产卵。它产下一枚卵后再产另一枚卵，每枚卵都产在单独的蜂房里。

最初只以一只小小的猎物来做粮食，这个特点并不是带喙的泥蜂所特有的，其他各类泥蜂都一样。我打开任何一种刚产卵不久的泥蜂窝，总会看到卵紧粘在一只双翅目昆虫的胸部，这么一只就足够了；另外，初生儿的口粮总是个子小小的，似乎母亲给它娇弱的婴儿找的是嫩些的食物。不过，它这么选择也许是出于另一种动机：提供新鲜的食物。这一点我以后将详细研究。上桌的第一道菜总是不太丰盛，而且菜的性质还根据窝附近其他种类的猎物是否常见而有变化。有时是只叉叶绿蝇，有时是只厩螫蝇或者尾蛆蝇，有时是只穿着黑毛绒服的娇弱的卵蜂虻；最常见的是细肚子的斐洛福蝇。

只给卵准备一只双翅目昆虫作为食粮，对于贪婪的幼虫来说肯定太少。从这种常见的事实，我看到了泥蜂最突出的习性。许多膜翅目昆虫把幼虫赖以维生的食物堆放在每个蜂房里，数目足够整个幼虫期之所需；它们把卵产在一只猎物上，把住所封闭起来，然后就再也不回来了。以后，幼虫孵化出来，孤零零地独自发育，它一眼就能看到面前那一堆为它准备好的食物。这个规律却不适合泥蜂。蜂房里一开始放着一只野味，从来都只有一只，体积很小，卵就产在那上面。这件事完成后，母亲便离开地穴，地穴会自动地封闭；不过在走开之前，母亲总是细心地把洞外的地面耙得平平整整的，以便除了它之外，任何人都看不出洞口在哪里。

两三天过去了，刚孵化的小幼虫开始进食已经准备好的优质食物。这期间母亲就待在附近；我看到它时而舔着瘦姬蜂头上渗出的甜汁，时而欢快地躺在炽热的沙上，它无疑是在那里担负着住所周围的警戒任务。有时它筛选着洞口的沙，然后飞走不见了。也许它是忙着去挖另外一些蜂房，并以同样的方式储备食粮。但是不管飞走多久，它都不会忘记小幼虫，因为它为幼虫准备的食物非常精打细算。母亲的本能告诉它，婴儿什么时候口粮吃完了，需要新的食物，于是它便回到窝里来。它知道怎么找到看不出来的洞口，简直令人佩服极了。这一次它抱着大一点的猎物进入地下，把猎物放下来后，它又离开家，在屋外等待第三次供应食物。这一时刻很快就来到了，因为幼虫狼吞虎咽地进食。母亲又一次来到，带着新的口粮。

在大约两个星期的幼虫发育期间，食品就这样随着需要一趟趟地相继送来，婴儿长得越大，送饭间隔的时间越短。半个月后，母亲要忙个不停才能满足贪食者的食欲。幼虫不断褪下足和腹部的角质，并在这些环形残骸中笨重地拖动它的肚子。母亲不断地把新捕猎的猎物带回来，又不断地再出去捕猎。总之，泥蜂并没有事先囤积许多粮食，而是天天喂养它的幼虫，就像鸟一样，为窝里的雏鸟带来一口口的食物。有许多证据清楚地说明，对于以猎物作为幼儿粮食的膜翅目昆虫来说，这种喂养方式相当奇怪。我曾经说过，泥蜂将卵产在蜂房里，而蜂房里准备的食物只有一只小小的双翅目昆虫，总是只有一只，从来没有更多的。要证实并不难，不需要等待专门时机，下面是另一个证据。

现在我们去搜查一个为幼虫事先准备好食物的膜翅目昆虫的窝。如果我们所选择的正好是昆虫带着猎物进窝的时刻，那么我们会在蜂房里找到一定数量的猎物。食物已经开始储备，但那时绝对没有幼虫，甚至没有卵，它只在食物完全准备好之后才产卵。产卵后，蜂房便封了起来，母亲也不会再回到那里去。所以只有在母亲不再需要巡视的窝里，才有可能在食物旁边找到幼虫。如果我们在一只泥蜂带着猎物回窝时参观它的家，肯定会在蜂房里找到一只或大或小的幼虫，躺在已经吃过的食物残屑中间。因此母亲现在带来的这份口粮，是用来把一顿饭继续下去，这顿饭已经延续了多天，而且还将利用以后狩猎得到的猎物继续下去。如果在幼虫发育的最后阶段进行搜寻，那我们在一大堆残屑上面会找到一只大腹便便、胖乎乎的幼虫，母亲还在为它带来新鲜的食物。母亲不断地供应粮食，只有当幼虫被像葡萄酒似的肉粥胀得浑身圆鼓鼓的拒绝进食，躺在吃剩的猎物的残翅断爪上时，它才会永远离开蜂房。

母亲每次狩猎归来进窝时，只带一只双翅目昆虫。如果根据在幼虫期结束时蜂房里留下的残屑，有可能数出供给幼虫食用的猎物有多少只，我们就会知道自从产卵以来，这只泥蜂探视它的窝至少有多少次。不幸的是，餐桌上的残羹剩饭在肚子饿的时候已经被嚼了又嚼，大部分已经不可辨认。但是如果我们打开幼儿还不太大的蜂房，那么食物的数量还可以数出来；因为有些猎物还是完整或近乎完整的，更常见的是，食物被咬成一段段的，但保存得很好，可以辨认出来。这样得出的统计数字尽管不完全，却令人惊奇不已。那母亲要多么积极奔走，才能够满足这样的粮食供应啊！下面是我观察到的一份菜单。

9月末，朱尔泥蜂的幼虫身体已经长到约成虫的三分之一大小，我在幼虫身旁找到了如下猎物：6只寄蝇，2只完整，4只断肢残骸；4只彩色食蚜蝇，2只完整，2只残碎；3只黑服寄蝇，全都完好无损，其中一只是母亲刚刚运回来的，正是这次送食行为使我发现了地穴；2只粉蝇，1只完好，1只咬过；1只压得稀烂的卵蜂虻；2只成为碎片的中带寄蝇；2只也是碎成片的花粉蝇。总计为20只昆虫。这的确是一份丰富多样的菜单，可是幼虫现在几乎还不到成虫的三分之一大，所以在完整的盛宴菜单上，昆虫食物的数量很可能高达60只。

中带寄蝇

我可以毫不困难地核对这个庞大的数字：泥蜂母亲的关怀，我可以替它来做，给幼虫提供食物，让它吃得饱饱的。我把蜂房搬到一个小纸盒里，纸盒里铺着一层沙，然后把幼虫放到这张床上。幼虫的表皮很娇嫩，我放的时候十分小心。母亲已经为它供应好的口粮，我连一点残屑也没漏掉，全都摆在幼虫的四周。我用手捧着纸盒，返回我的家，我尽量小心不产生一点震动，以免好几公里的路途把蜂房弄得乱七八糟，危及我饲养的幼虫。如果有人看到我在尼姆[①]的公路上疲惫不堪地行走，手上小心翼翼地捧着我长途艰苦跋涉的唯一成果，一只肚子鼓鼓囊囊塞满苍蝇的肮脏的小虫，肯定会嘲笑我没事找事的。

一路平安无事，我到家时，幼虫好像什么事也没发生似的，继续安静地进食双翅目昆虫。囚居的第三天，放在窝里的食物吃完了；幼虫用尖尖的大颚在残骸堆里搜寻，却没找到一点合口味的东西；勉强咬住的那一小点东西太硬，是角质的碎片，幼虫厌恶地扔了。由我来继续供应食物的时刻来到了。我手边能够找到的双翅目昆虫，将是我的囚犯的食物。我把这些虫子用手指捏死，但没有把

① 尼姆：法国南部朗格多克—鲁西莱大区加尔省省会。——校注

它们捏碎。第一份口粮有3只尾蛆蝇和1只麻蝇，经过24小时，全都吃完了。第二天，我放了2只尾蛆蝇和4只苍蝇，足够当天食用，但没有剩余。我继续每天给幼虫提供丰盛些的食物，到了第九天，幼虫拒绝吃任何东西，它开始结茧了。这八天盛宴吃的食物有62只虫子，主要是尾蛆蝇和苍蝇；这数字再加上原先在蜂房里找到的20只完整或残缺的猎物，总共为82只。

我在饲养幼虫时，很可能不像它的母亲那样注意卫生，并审慎地节制饮食；每天的食物我都一次性供应好，完全由幼虫自由支配，也许有点浪费。在某些情况下，我得承认，在母亲照管的蜂房里，事情不是这样的。我的笔记记载了如下的事实。在杜朗斯河冲积层的沙中，我扒开一个窝，大眼泥蜂刚刚带着一只麻蝇进入。在窝的尽头，我找到一只幼虫、许多残屑和几只完整的双翅目昆虫，泥蜂当着我的面带进去的那只也算在内。我注意到，半数的猎物是麻蝇，放在蜂房的尽头，就在幼虫的嘴边；另外一半在过道里，在蜂房的入口处，不会被还不能走动的幼虫吃掉。因此我认为当狩猎收获丰富时，母亲暂时把猎物放在蜂房的门口，储存在仓库里，当需要时，尤其是下雨天无法工作时，它便到那里去取。

这样节约地分配食物就会防止浪费，可我对待我的幼虫却无法做到，也许幼虫吃得太丰盛。于是我降低捕猎的数目，减少到60只中等个子的昆虫，包括苍蝇还有麻蝇。如果昆虫的体积不大，这大约就是母亲给幼虫吃的双翅目昆虫的数目。我们地区所有的泥蜂都是这样，除了铁色泥蜂和带齿泥蜂之外，它们特别喜欢吃虻，数量1～12只不等，根据虻的体积而定，各种虻的大小相差很远。

下面列举我这次研究中，在六种泥蜂窝里所观察到的双翅目昆虫，以结束对食物性质的介绍。

1．橄榄树泥蜂。这种泥蜂我只在卡瓦伊翁见过一次，食物为叉叶绿蝇。

下面五种沙蜂在阿维尼翁比较常见。

2．大眼泥蜂。它的卵通常产在双翅目昆虫身上。食物包括厩螯蝇、粗野粉蝇、食蚜蝇、反吐丽蝇、农家麻蝇、家蝇。最常见的食粮为厩螯蝇，我曾在一个窝里发现了50～60只。

3．踊猴泥蜂。它也把卵产在双翅目昆虫身上，也捕猎卵蜂虻、蜂虻、墓地尾蛆蝇、食蚜蝇。它最喜欢的食物为蜂虻和卵蜂虻，比如黄卵蜂虻。

4．朱尔泥蜂（9、10月）。卵产在粉蝇上。食物有食蚜蝇、红色寄蝇、中带寄蝇、黑服寄蝇、花粉蝇、粗野粉蝇、叉叶绿蝇、长足寄蝇、蜂虻。

5．铁色泥蜂。它特别爱吃虻，把卵产在食蚜蝇、叉叶绿蝇身上，它为幼虫提供各种肥大的虻属猎物。

6．带齿泥蜂。也爱捕猎虻，我没见到它吃其他猎物，我不知道它还把卵产在别的什么双翅目昆虫身上。

食物的多样化说明泥蜂并不专门要吃什么虫子，在捕猎时碰巧遇到什么双翅目昆虫它都逮来。不过它似乎也有某些更喜欢的，第一种泥蜂尤其爱吃蜂虻，第二种爱吃厩螯蝇，第三、第四种爱吃虻。

第十七章 捕捉双翅目昆虫

在记录了泥蜂幼虫的食物之后，应该探究一下，泥蜂为什么采取这么一种食物供应方式，这种方式在所有掘地虫中是如此异乎寻常。为什么不事先储存足够数量的食物，然后把卵产在上面呢？这样随后就可以立即把蜂房封住而不再回来了。为什么泥蜂要拼命从事这样艰苦的劳动，在半个月中，从窝里到田间，从田间到窝里，不断地来回奔波，每一次不管是为了到附近捕猎，还是把刚捉到的猎物带回来，都要费力地在塌陷的沙里开辟道路呢？首要的是食物的新鲜问题，这是问题的关键，因为幼虫拒绝任何由于腐烂而变味的食物；就像其他掘地虫的幼虫那样，必须向它们供应新鲜的肉，始终是新鲜的肉。

我们前面介绍节腹泥蜂、飞蝗泥蜂、砂泥蜂时看到，母亲解决食物保存的难题，就是事先在蜂房里储存好必要数量的猎物，并使猎物在整整几个星期中保持着完全新鲜，我说得不对，是保持着几乎活着的状态；然而，为了保证幼虫的安全，猎物是一动不动的。最灵巧的生理学本领实现了这一奇迹。根据神经分布的结构，带毒的螫针刺入神经中枢一次或者多次；这样动了手术之后，猎物保持着生命的特性，只是不能活动而已。

我们现在来考察一下，泥蜂是否使用这种深奥的屠杀方法。我从进窝的掠夺者爪下取出来的双翅目昆虫，大部分完全像死了一样，一动不动，一些虫的腿偶尔还有轻微的痉挛，这是正在熄灭的生命所残存的最后活力。在那些不是被杀死而是被节腹泥蜂巧妙的毒针麻醉的昆虫身上，通常也能找到这种仿佛死亡的样子。因此，是生是死的问题，只能根据猎物保存生命的方式来论定。

飞蝗泥蜂捕捉的直翅目昆虫，砂泥蜂捕捉的幼虫，节腹泥蜂捕捉的鞘翅目昆虫，放置在小纸杯或者玻璃管中，在整整几个星期乃至几个月里，肢体还能弯曲，颜色还保持鲜艳，内脏还处于正常状态。这些并不是死尸，而是身体已经麻木，再也不会苏醒过来。泥蜂捉回的双翅目昆虫，表现就完全不一样。尾蛆蝇、食蚜蝇，还有其他的双翅目昆虫，衣着起先还有点鲜艳的颜色，过不了多久，华丽的服饰就失去光彩了。某些虻的眼圈里那三条亮丽的紫红色金边，很快就褪了色，就像垂死的人目光暗淡下来一样。所有这些大大小小的双翅目昆虫，如果堆放在通风的纸袋里，两三天就干了，一捏就碎；如果为了避免蒸发放在空气不流动的玻璃管里，就会发霉腐烂。所以，当泥蜂把它们搬运到窝里来时，它们已经死亡，的的确确死了。即使有的还一息尚存，可用不了几天，或者几小时，这种垂死状态就结束了。可见由于使用螫针的本领不高明，或者由于别的什么原因，凶手把它的猎物彻底杀死了。

如果我们知道猎物被抓住时已经死亡，那么对于泥蜂采取的手段的逻辑性，有谁不会赞赏不已呢？泥蜂的行为就是这样，一切都按部就班，一步接着一步，一环套着一环！抚养幼虫的时间至少要半个月，而食物储存超过两三天就要腐烂，所以不应该一开始就把全部食物都堆放在窝里；于是不得不捕猎不止，并随着幼虫的长大，一天天不断分配口粮。第一份为产卵准备的猎物，吃的时间比以后的口粮长些，初生的幼儿要花好几天才能把它吃完，因此猎物的个子要小，否则还没吃完肉就腐烂了。所以这只猎物不能是庞大的牛虻、肥胖的蜂虻，而应该是小不点的小飞蝇或者类似的东西。

娇弱的幼虫需要柔软的饭菜，然后才是逐渐大些的猎物。

母亲不在时，窝必须封闭住，以免幼虫受到会有严重后果的侵袭；不过有厚颜无耻的寄生虫在一旁窥伺，当膜翅目昆虫带着猎物回来的时候，应该很容易就能急忙打开入口。然而，膜翅目掘地虫造窝的土壤通常比较硬实，这些条件是不具备的。开得大大的门，不管是用卵石和泥土堵塞起来，还是要打开，每次都要花费长时间的艰苦劳动。所以地穴必须挖在表面非常松软的地里，挖在干的细沙中，只要稍稍用力立即就能挖开，在坍塌下来时又自动把门封住，就像浮动的地毯，用手卷起来便形成通道，然后又恢复原状。这具有逻辑性的行为，便是由人们根据理性推断出来，由泥蜂的智慧付诸实施的。

为什么掠夺者要杀死猎物，而不是仅仅把它麻醉呢？是它使用螯针不灵活吗？是由于双翅目昆虫的机体或者捕猎手段而带来的困难吗？首先，我应当承认，我曾不想把一只双翅目昆虫杀死，而是使它一动不动，可我的企图失败了。用一根针尖把一小滴氨水注入吉丁、象虫、金龟子的神经节里，从而使昆虫一动不动，原本是十分容易的。费了千辛万苦进行实验的昆虫变得一动不动，可是当它再也不动时，已经真正死亡，它不久就腐烂或者干化了。但是，我非常信任本能所能产生的办法，我曾目睹许多问题被巧妙地解决，我不相信对于实验者来说，这一个无法解决的困难会使昆虫裹足不前。因此我并不怀疑泥蜂的谋杀本能，我倾向于相信它是出于另一种动机。

也许双翅目昆虫披甲薄弱，身体不胖，更准确地说，它们那么消瘦，一旦用螯针麻醉了，无法抵御长时间的蒸发，结果就会在两三星期的储存中干化。我们来看看纤细的小飞蝇吧。在它身体内有足够的液体来蒸发吗？只有一丁点，根本没有什么液体。它的肚子是一根细带子，前胸贴后背，体内的液汁如果没有营养来补充，几个小时就蒸发干了。能够以这样的猎物作为粮食储存吗？至少这一点是有疑问的。

现在我来谈谈捕猎方式，读者就可以明白。从泥蜂的足下取出来的猎物，在它们身上往往会看到混乱搏斗、毫不留情、匆忙捕猎的痕迹。双翅目昆虫有时整个头朝后转了过来，就像是被掠夺者拧断了脖子似的；翅膀被撕破，如果有毛，毛则散乱翘起。我曾看到有的虫子被大颚啄得开膛破肚，腿在战斗中被打断了，不过身子通常是完好无损的。

不管怎样，由于猎物长着翅膀可以迅速逃跑，要想捕获它，必须突然袭击。因此，我认为就不太可能只把它麻醉而不把它杀死。一只面对着笨重的象虫的节腹泥蜂，一只与肥胖的蟋蟀或者大腹便便的距螽搏斗的飞蝗泥蜂，抓住幼虫颈子的砂泥蜂，这三者对于动作十分缓慢而无法逃避攻击的猎物都具有优势。它们可以不慌不忙、从从容容地选择螫针应该刺入的精确部位，然后像医生那样用解剖刀小心翼翼地给躺在手术床上的病人动手术。可是对于泥蜂来说，完全不是这么回事。只要稍有惊动，猎物就飞快地溜走，而且飞得比掠夺者还要快。泥蜂必须出其不意地扑向猎物，不惜采用一切进攻方法，采取任何打击手段，就像苍鹰在休耕的田里狩猎那样。大颚、利爪、螫针，所有的武器在紧张的混战中全都同时用上，以便尽快结束战斗，稍有迟疑，挨打者就有时间逃跑。如果这些推测符合事实，泥蜂的猎物就只能是一具死尸，或者至少受到致命伤。

不错，推测是正确的。泥蜂进攻时的那种凶猛劲，连猎鹰都会佩服。要想看到它捕猎的过程，可不是件容易的事；尽管我十分耐心地在窝的附近窥伺，可也是白费心机。因为没有好机会，泥蜂都飞到远处去了，它飞得那么快，我根本无法追上它。如果不是有助手的帮助，我肯定不可能知道它是怎么干的，我从来没料到这玩意还可以派上用场。那宝贵的助手就是我在伊萨尔树林的沙丘上用来遮太阳的伞。

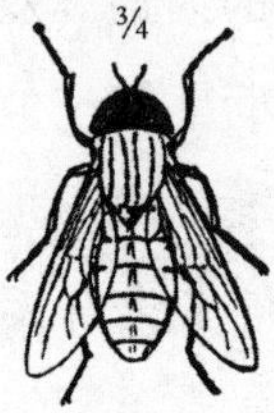
¾
虻

并不是只有我一个人利用了伞的阴影，通常有许多伙伴跟我在一起。各种虻都飞来躲在丝质伞盖下面，在撑开的丝布上，它们安安静静地，有的待在这里，有的待在那里。在闷热的天气里，没有虻跟我做伴的情况是很少见的。没事可干时，为了消磨时间，我喜欢看着它们金色的大眼睛像红宝石似的，在遮伞下闪闪发光，我喜欢在它们因为伞顶太热而不得不挪动位置时，注视着它们笨重的步伐。

一天，“砰”的一声，撑开的丝绸像鼓皮似的发出响声。也许是橡栗刚刚从橡树上掉到伞上了。过不久，又是一下一下“砰”“砰”的声音。是谁恶作剧不让我安宁，把橡栗或者小石块扔到我的伞上吗？我从伞下出来，四周察看，可什么也没看到。猛烈的撞击又开始了，我眼睛朝伞顶上看，这下可找到这神秘之事的原因了。附近专门吃虻的泥蜂发现了这些丰富的食物正跟我待在一起，便厚颜无耻地闯进伞里，到伞顶去抢劫双翅目昆虫。天从人愿！我只要听其自然，看着就行了。

不时有一只泥蜂突然闪电般地飞进来，扑向丝质伞顶，伞顶便发出一声猛烈的撞击声。那上面乱哄哄的，混战是那么激烈，我的眼睛根本分不清哪个是进攻者，哪个是被进攻者。战斗的时间并不长，泥蜂立即用腿抱着猎物飞走了。惊呆的虻群看到这突如其来的进犯者，把它们一个接着一个地杀死，便全都朝四周后退，可是并没有放弃这害人的遮蔽所。外面是那么热，慌张什么呢？

泥蜂这样突然的进攻，这样匆忙地把猎物抢走，根本不可能巧妙地使用它的匕首。螫针无疑发挥了作用，但只是在战斗中遇到哪里便刺到那里，并没有准确的部位。为了给被它俘虏但还在它腿下挣扎的虻致命的一击，我曾看到泥蜂咀嚼着猎物的头和胸。仅从这一点便可以看出，泥蜂要的是一具真正的尸体，而不是一只被麻醉的猎物，因此它毫不留情地结束了垂死的虻的性命。据此，我认为，猎物很快就会干掉，加上如此迅速的攻击所带来的困难，这两点决定了泥蜂给幼虫提供的食物是死的，因此必须不断供给。

现在我们来看看泥蜂用两腿抱着猎物进窝时的情况吧。一只跗猴泥蜂抱着卵蜂虻进来了。窝建在一个底部是沙土的垂直边坡下。捕猎者向窝飞来，发出尖尖的、好像哀鸣似的嗡叫声，只要它没找到落脚处，声音便一直响个不停。泥蜂在沙坡上飞来飞去，然后一面发出尖尖的嗡叫，一面顺着垂直面，小心谨慎、非常慢地爬下来。如果它那敏锐的目光发现有什么异常的情况，它就缓降慢下，盘旋一会儿，又往高飞，再降下来，最后呼的一下逃走了。过了一会儿，它又回来了，它在一定高度上盘旋，似乎是在观察站的高处察看地面的情形。它又开始垂直朝下飞，飞得更谨慎、更慢；最后，它毫不犹豫地落下来，停在一处铺着沙的地面上，在我看来这地方跟别处没有什么不同。哀怨的鸣声立即停止了。

泥蜂的落脚地也许有点随意，即使训练有素的眼睛，也无法在沙层上把此地与彼地区别开来。它落在住所附近，开始寻找家的门，因为它上次离开时，入口不仅被自然坍塌的流沙覆盖，也由于它认真的清扫，完全被掩盖了。然而，事情并不是这样随意的。泥蜂没有犹豫，它不需要摸索，它不需要寻找。人们一致认为，触角就是指导昆虫进行寻找的器官。然而在它回到窝里时，我从它运用触角的方法却没有看到丝毫特殊的现象。泥蜂一刻也没有放下猎物，就在离落脚点不远处扒沙，用前额拱，然后立刻抱着肚子底下的猎物一道进去了。沙塌下来，门又闭上了。就这样，泥蜂进入自己的家了。

我曾经上百次想帮助泥蜂回家，但都劳而无功。我每一次都惊讶地看到，目光敏锐的泥蜂毫不犹豫地找到了没有任何痕迹的门。这扇门是十分细心地遮盖起来的，但这一次并不是在泥蜂入窝之后；因为沙已经淌得差不多，无法靠自身的滑落把地铺平，结果有时留下了小窝，有时留下没有完全堵住的门厅，不过这一切是在泥蜂出去很久以后发生的。它出发远征时，从来都不会忽略对自然坍塌的状况进行一番修补。等它离开吧，我们将看到它在走开前总要扫扫门前，十分小心地把门前弄平。泥蜂母亲走后，我敢说，即使最敏锐的目光也无法找到这扇门。沙层的面积相当大时，要想找到这门，就需要求助于类似三角测量的办法。可是有多少次，在离开现场几小时之后，我的三角法和我的记忆力都无济于事！我只有靠插在洞门前的稻草秸做的标杆来辨认，可这办法并不一定有效，因为泥蜂不断地在窝外面修修整整，经常会把稻草秸弄到不知哪里去了。

第十八章 寄生虫与茧

泥蜂抱着猎物在窝的上空盘旋，然后非常慢地飞下来，同时发出哀鸣般的叫声。这样的小心翼翼、犹犹豫豫，也许会令人以为，昆虫是要从高处查看一番地形以便找到家门，所以在落脚之前把这地方回忆一下。其实，它这样做是另有原因的，我将在下面说明。在平常的条件下，如果没有任何危险情况引起它的注意，泥蜂不会一边盘旋一边哀鸣，而是猛的一下直冲飞下来，毫不犹豫地落到家门口附近。它的记忆非常清楚，根本用不着寻找。那么现在我们来看看，泥蜂的迟疑不决究竟是什么原因。

泥蜂盘旋着，慢慢降落，逃走，然后又回来，这是因为有一个非常严重的危险威胁着它的窝。它那哀鸣般的叫声是焦虑不安的表示，当没有危险时，它不会发出这样的叫声。那么，敌人究竟是谁？我坐着观察，敌人是我吗？不是的，我对它来说是毫不足道的，我只是一堆或一块东西，无疑是不值得它注意的。可怕的敌人，恐怖的敌人，它无论如何要避免的敌人就在那里，一动不动地待在住宅附近的沙地上。这是只小小的双翅目昆虫，外表非常难看，似乎不会伤人的样子。这只不起眼的小蝇正是泥蜂所恐惧的。泥蜂可以大胆地屠杀双翅目昆虫，敏捷地把叮在牛背上吸血的虻扭断脖子，却因为在洞口有另一种双翅目昆虫在等待着它，而不敢进入自己的窝。其实，这种虫子是真正的小不点，还不够它的幼虫吃一口呢。

为什么它不向这虫子扑去，把它解决掉呢？泥蜂飞得很快，能够抓住它的；而且尽管这种猎物很小，幼虫也不会不屑一顾的，因为任何一种双翅目昆虫在它们看来都是美食。可是泥蜂不这样做，面对一只它用大颚一咬就能咬得粉碎的敌人，它却狼狈逃窜了。这仿佛是一只猫在老鼠面前吓得逃跑似的。这个屠杀双翅目昆虫的狂热屠夫，却被另一种双翅目昆虫，最小的一种赶走了。我自愧无知，绝不奢望能够了解角色为什么会这样颠倒过来。敌人就在那里，在你的附近窥伺着你，向你挑战，而你能够毫不困难地了结掉这么一个处心积虑要毁灭你的家庭的不共戴天的敌人，把它变成你的幼虫的美食，你能够这么做可不这么做，这在动物界中实在太反常了。说反常，完全用词不当，不如说这符合生物界的和谐，既然这种微不足道的双翅目昆虫在芸芸众生中要发挥它的微小作用，那么泥蜂就必须尊敬它，在它面前怯懦地逃跑，否则，世上早就不再有这种双翅目昆虫了。

下面我来谈谈这种寄生虫的故事。在泥蜂的窝中，有一些窝由泥蜂的幼虫和另外一些不是这个家族的幼虫同时占有，这是很常见的现象，后者贪婪地吃着前者的食物。这些不速之客比泥蜂的幼儿小，形如小不点的泪水，身体透明，可以隐约看出由于流汁食物的颜色而呈酒红色。它们数目不等，通常有六只，有时十只或者更多。这些虫子属于双翅目昆虫，从它们的形状以及蛹可以知道，而且饲养窝里的幼虫可以进一步证明。我把它们放在盒子里饲养，下面铺一层沙，再放一些苍蝇，每天更换，然后幼虫就化成了蛹，第二年，从蛹里出来了一只小双翅目昆虫，一只弥寄蝇。

就是这种双翅目昆虫埋伏在窝附近，使泥蜂非常害怕。事实上你看看窝里发生的事就会明白，泥蜂的恐惧太有道理了。母亲不惮辛劳、竭尽全力保持窝里有足够的食物，可就在食物堆四周，跟合法的婴儿一道，竟有6～10个饥肠辘辘的客人，用它们尖尖的嘴啄着这堆共同的食物，毫无顾忌地就像在它们自己家里似的。餐桌上显得和平无间，我从没有看到合法的幼虫因为异族幼虫的肆无忌惮而触怒，也没看到后者做出要扰乱前者的餐席的样子。大家全都乱糟糟地在食物堆上，安安静静地用餐，没有去找邻居的碴子。

如果没有突然发生严重的麻烦，直至这时，一切都再好不过。显然，不管哺育幼虫的母亲如何勤奋，它也无法满足这样的消费。仅仅养活一只幼虫，它的幼虫，它就必须不断远征狩猎。如果它同时要供应15只贪吃的食客，会是什么情况？家庭人口剧增的结果只能是食物不足，甚至闹饥荒；不过，这可不是弥寄蝇闹饥荒，它们长得比泥蜂快，在东道主还十分年幼时，它们便趁还有可能取得丰富食物的时机大吃一顿。东道主则是真正闹饥荒了，它到了要变态的时候还无法弥补失去的时间。何况即使第一批客人化成蛹，给它留下了宽敞的饭桌，另外一些寄生虫在母亲进窝时也会窜进来，把它饿死。

在有许多寄生虫侵入的窝里，泥蜂幼虫的身材，比人们根据吃掉的食物堆和塞满蜂房的残渣所想象的要小得多。它软弱无力，消瘦不堪，身材只有正常的一半或三分之一，它试图织茧，可没有丝料，结果织不成；它在小屋的角落里，在比它幸运的客人的蛹中间死掉了。它的结局也许会更加悲惨，如果在缺乏粮食时，带着食物来饲养它的母亲回来得太晚，那么弥寄蝇就要把泥蜂的幼虫吃掉。我在亲自饲养一窝幼虫时，证实了这种残酷的行为。只要粮食充足，一切都没问题；但是如果忘记了或者有意不补充每天的口粮，我肯定会发现弥寄蝇幼虫在贪婪地瓜分泥蜂的幼虫。因此，如果窝被寄生虫侵入，合法居住的幼虫必然饿死，或者被杀死，这便是为什么泥蜂看到弥寄蝇在它隐庐四周转悠，会感到讨厌的原因。

并不是只有泥蜂成为这些寄生虫的牺牲品，所有膜翅目掘地虫，不管哪一种，它们的窝都受到弥寄蝇的抢劫。一些观察者，特别是拉普勒蒂埃曾谈到过这些厚颜无耻的双翅目昆虫的诡计。但是，据我所知，没有一个人曾看到寄生虫如此奇怪地侵犯泥蜂。我之所以说如此奇怪，是因为不同虫子的育儿方式完全不同。其他掘地虫的窝是事先备好粮食的，在猎物送进窝时，寄生虫便把卵产在猎物上面。膜翅目昆虫备好粮，产好卵，便把蜂房封闭起来。从此房主的幼虫和外族的幼虫一道在那里孵化和生活，它们与世隔绝，外人从来没有见过，母亲根本不知道寄生虫的抢劫行为，这种行为既然没人知道也就不会受到惩罚。

泥蜂的情况完全不同，在哺育幼虫的两个星期中，母亲时时刻刻回到它的窝；它知道它的幼儿跟许多不速之客在一起，这些入侵者吃掉了大部分食物。每当它给自己的幼虫喂食时，它接触到，它感觉到，在窝的尽头，这些饥饿的共食者根本不满足于残羹剩饭，而是扑向最好的食物；它计数的能力再弱，也应该会看得出来十二大于一，何况食物的消费跟它的捕猎数目不成比例，也会提醒它的。然而，它并没有抓住这些胆大包天的外来者的肚皮，把它们扔到门外去，而是和和平平地宽待它们。

宽待它们？何止呢！它喂养它们，给它们带来口粮，也许它对它们跟对自己的幼虫一样充满着母爱呢。这让我看到了布谷鸟故事的又一个版本，不过情况更加奇怪。布谷鸟的身材几乎跟鹰一般大，可它习惯于把卵产在弱小的莺的窝里，却不会受到惩罚；而莺也许被那面孔像蟾蜍的幼儿吓住了，便收养它，照顾它。必要时我们似乎可以用这种说法作为解释。可是莺成了寄生虫，居然大胆到把卵产在猛禽的窝里，产在专门吃莺的凶猛的鹰的窝里，这又怎么解释呢？猛禽居然收养莺产下的卵并温柔地养育着雏鸟，这又怎么解释呢？泥蜂的行为正是如此，它吃某些双翅目昆虫，可又喂养另一些双翅目昆虫，它是猎手，却把食物分给猎物吃，而这猎物的最后一顿美餐却正是猎手自己的幼虫，它的孩子被猎物开膛破肚了。我把这种奇怪的关系留给比我能干的人去解释吧。

现在我们来看看弥寄蝇采取什么策略把卵产在掘地虫的窝里吧。在主人不在的情况下，这小蝇即使发现窝的门大大敞开，它也绝不进入窝里，这是绝对不变的法则。这种狡诈的寄生虫根本不会钻进过道里去，因为那里不能方便地逃走，那么它就要为自己鲁莽的大胆付出高昂的代价。对于它来说，实现企图的唯一有利时机，它极有耐心地窥伺的时机，就是泥蜂把猎物抱在肚子下面走进窝的时候。在泥蜂或者其他掘地虫身子的一半已经进入窝里，而另一半即将消失在地下时，这一瞬间即使再短暂，弥寄蝇也会飞跑过去，抓住猎手后部稍微露出一点的猎物，就在猎手因为难以进入而放慢脚步时，以无可比拟的敏捷把一枚、两枚，甚至三枚卵一个接着一个地产在猎物身上。

膜翅目昆虫身负重担而行动不便，即使这只是一眨眼的工夫，小蝇也已经足以干完坏事，而又不会被带进门里去。机体的功能必须多么灵活，才能够这么快地产下卵啊！泥蜂自己把敌人带到家里来之后走掉了，而弥寄绳则在窝外晒太阳，策划再一次的卑劣行动。如果你想检查小蝇的卵在这么迅速的动作中是不是真的产下来了，你只要打开窝，随着泥蜂走到屋子的尽头就可以了。在猎物肚子上有一个点，上面至少有一枚卵，有时更多，根据入窝时耽误时间的长短而有不同。这些卵非常小，只能是寄生虫的卵；如果还有疑问，你可以把这些卵放在盒子里单独饲养，结果会看到一些双翅目昆虫的幼虫，它们化成了蛹，最后变成弥寄蝇。

小蝇所选的时刻非常精确，只有这个时刻，它可以实现它的计划，既没有危险，也不会徒劳的奔波。泥蜂的身子有一半已经进入前庭，无法看到敌人厚颜无耻地趴在猎物的身上；即使它怀疑有强盗在后头，它也无法把强盗赶走，因为过道狭窄，它无法自由行动；最后，尽管为了便于进入，它已经采取了一切措施，可它并不能够很快地消失于地下，寄生虫的速度实在太快。事实上，这正是有利的时刻，而且是唯一的时刻，小蝇出于谨慎不能进到窝里去，在窝里，比它更强壮的双翅目昆虫还作为幼虫的食物呢。在窝的外面，在光天化日下，困难也是无法克服的，因为泥蜂的警惕性非常高。现在我们花点时间，看看母亲到达一个被弥寄蝇监视着的窝的情况吧。

这些小蝇，数目时多时少，通常三四只，停在沙上，一动不动，眼睛全都朝着窝张望，窝的入口掩蔽得再巧妙，它们也能分辨得出来。这些暗棕色的小蝇，张着血红的大眼，在任何情况下都一动不动。这令我多次想到那些身穿棕色粗呢服装、头裹红巾、埋伏着等待干坏事的强盗。泥蜂抱着猎物来了，如果没有令它担忧的事，那么它当即便会走到门前去的。可是它在一定高度处盘旋，谨慎地慢慢飞下来，它犹豫不决，由于翅膀特殊的颤动而发出的哀鸣般的叫声，表明它心中的害怕，可见它看到坏家伙了。这些坏家伙同样也看到了泥蜂，它们的眼睛一直跟着泥蜂，这从它们红色的头不断地转动可以看得出来。它们的目光都聚焦在令人垂涎的猎物上。从它们前进、退后、回转的动作中，可以看出诡计和谨慎在较量。

泥蜂以令人察觉不出的方式垂直飞下来，翅膀就像撑着降落伞似的毫不费力地滑下来。现在它在一小块地上飞翔。时刻到了，小蝇们飞了起来，全都跟在泥蜂的后边。它们紧跟着泥蜂飞翔，有的近些，有的远些，全都呈直线状。如果泥蜂想挫败它们的计谋，拐个弯飞，它们也拐弯，而且精确得在后面一直保持着原先的直线。泥蜂是它们的领头人，它前进，它们也前进；它后退，它们也后退；它飞得慢，它们也慢；它停，它们也停。它们根本不想扑到它们所垂涎的东西身上去，它们的战术只是以后卫的姿势紧跟在后面，这样到最后采取迅速行动时，飞行动作就不会有什么闪失。

有时泥蜂被这样的紧追不舍弄得不耐烦，便飞落在地上；那些小蝇也立即停在沙地上，一动不动地仍然跟在它身后。泥蜂发出更尖厉的哀鸣声又飞了起来，这声音无疑表明它越来越愤怒了；小蝇跟在它后面也飞了起来。摆脱纠缠不休的小蝇还有最后一个办法：泥蜂奋身一跃，飞到远处，也许是希望在广阔的田野里迅速飞行，把寄生虫弄得晕头转向，迷路不知返。可是这些狡诈的小蝇不中计，它们让泥蜂飞走，自己重新待在窝周围的沙上。当泥蜂回来时，同样的追逐又开始了，最后寄生虫死皮赖脸的纠缠，使泥蜂母亲心烦意乱，变得不那么谨慎了。在泥蜂失去警惕性的这一时刻，小蝇立刻一拥而上。位置最有利的那一只立即扑到即将消失的猎物身上，大功告成，卵产下来了。

泥蜂显然意识到了有危险，它知道这讨厌的小蝇会使自己的窝发生怎样可怕的事情。它长时间企图摆脱弥寄蝇，它那样犹豫不决，它的逃跑，使我们对此丝毫也不会怀疑。于是我再一次寻思，它们捕捉双翅目昆虫，为什么会听任另一种双翅目昆虫骚扰自己呢？如果它愿意，只要一跃就会抓到这种无法做丝毫抵抗的小不点强盗的。为什么它不把累赘的猎物放下，扑向这些坏蛋呢？它要怎样才能把窝边这些为非作歹的家伙消灭掉呢？进行一次搜捕，对于它来说只是举手之劳。

然而，使生物保持和谐的规律却不肯这样做，因此泥蜂总是听任自己受到骚扰，为生存而斗争这一著名的法则，从来也没有教会它消灭敌人的根本办法。我曾看到有的泥蜂被弥寄蝇紧逼得扔掉猎物，仓皇而逃，没有流露出丝毫的敌意，虽然重物掉下来使它有了行动的自由。刚才弥寄蝇还那么垂涎三尺的猎物，如今掉了下来，谁都可以摆布，可是谁都不理不睬。摆在露天的这个猎物，对于弥寄蝇来说是没有价值的，因为它们的幼虫要藏在窝里；对于多疑的泥蜂来说也同样没有价值，它飞回来，摸了一会儿，然后轻蔑地抛弃了。虽然只是片刻没有看守，但它认为这猎物已经靠不住了。

现在我以幼虫的故事来结束这一节。在两个星期中，除了吃饭和生长外，它那单调的生活没有什么值得注意的。造蛹室的时候来到了，幼虫丝腺器官不发达，无法结出像砂泥蜂和飞蝗泥蜂那样的茧；纯丝的茧由好几层茧壳组成，茧壳彼此重叠，那么在秋天下雨和冬天下雪时，幼虫和蛹在挖得不深和保护得不好的窝里，就不会受到潮湿的侵害。可是泥蜂的窝比飞蝗泥蜂的窝条件更差，窝就建在最容易进水的几法寸深的土里。因此，为了给自己创造一个足以防潮的隐蔽所，幼虫以它的技巧来弥补丝的不足。它把沙砾巧妙地聚拢在一起，用丝质材料把沙砾黏合起来，筑成了既牢固又防潮的蛹室。

为了以后在里面蜕皮变态，膜翅目掘地虫筑巢的方法通常有三种。有的在很深的地下，在隐蔽物下面筑窝，所以它们的茧只有一层壳，薄得看起来透明，比如大头泥蜂和节腹泥蜂的茧。有的窝不深，挖在敞露的土地下面，那么，它们就用足够的丝把茧织上许多层，如飞蝗泥蜂、砂泥蜂、土蜂的茧；如果丝不够，就要采用黏结的沙，比如泥蜂、大唇泥蜂、黄足小唇泥蜂。人们可能会把泥蜂属昆虫的蛹室当作种子粗壮的核，因为它是那么密实和坚固。蛹室呈圆柱状，一端为球形圆罩，另一端呈尖形，长两厘米，外表有点粗糙，样子粗劣，但内壁涂上了一层细腻的清漆，十分光滑。

在家里饲养幼虫，使我能够从头到尾看到这奇怪的建筑物建造的细节。这真是个保险箱，在里面可以安全地抵御各种恶劣的天气。幼虫先是把食物的渣滓排到身体四周，然后推到蜂房或者单间包房的一个角落去，这包房是我用纸做的墙壁在纸盒里给它隔开的。把场所打扫干净后，幼虫在房子的隔墙上钉上一些漂亮的白丝线，构成蜘蛛网似的纬纱，这纬纱把壅塞的食物渣滓堆隔开来，并作为下一步工作的脚手架。

第二步工作是在从一堵墙壁拉到另一堵墙壁的丝线中心，做一个任何脏东西都碰不到的吊床，只有极细的白丝线穿过吊床。床的形状像一个一端开了一个大圆口，另一端封闭成尖状的口袋，很像渔夫的捕鱼篓。圆口的边始终用许多丝线撑开，丝线从圆口引出来，拉到旁边的墙壁上去。这个袋子是用极细的材料编织成的，非常透明，可以看到幼虫的一切动作。

从前一天起，丝袋一直保持原样，突然我听到幼虫扒搔纸盒的声音。我把纸盒打开，看到我的俘虏正忙着用大颚刮扒纸盒的壁板，身子有一半已钻出了袋子。纸盒已经被咬得乱七八糟，一堆细小的碎屑堆在吊床的开口前面准备以后使用。由于没有别的材料，幼虫无疑是要用这些刮下来的东西来建筑它的小屋。我认为根据它的爱好，给它送上沙会更合适些。泥蜂的幼虫从来都没有用过这么豪奢的材料来盖房子。我给囚犯倒上掺杂着金色云母片的蓝色吸水沙。

食物放在袋口前，袋子水平放置，便于以后的工作。幼虫半欠着身子伸出吊床外，用大颚在沙堆里几乎是一粒一粒地挑选着沙粒。如果遇着太大的沙，它便拿起来扔到远处。经过筛选后，它用嘴把一部分沙扫到丝袋里去。做完后它回到捕鱼篓里，开始把丝拉出来，在袋底铺上均匀的一层，然后粘上各式各样的沙粒，用丝做水泥把沙粒嵌到建筑物中去。袋顶建造得比较慢，沙粒一颗颗地搬到上面，然后立即用丝质胶黏剂固定住。

第一批沙只够建筑蛹室的前半部分。在转身建造后半部分之前，幼虫又准备了材料，并采取了预防措施，以便在砌造时不会受到影响。外面的沙堆在门口会塌落到袋里来，妨碍建设者在这么狭窄的空间工作。幼虫预见到了这一事故，它把几颗沙粒黏结起来，做成一道厚沙帘把袋口遮住，虽然并不完善，却足以阻止塌方。采取了预防措施后，幼虫建筑蛹室的后半部分。它不时返身到外面备料；它把防止外部细沙侵入的门帘撕开一角，通过这个裂缝，叼着所需的材料。

蛹室还没有完全筑好，较粗的一端还大大敞开，缺少把蛹室封住的球形罩。为了这项最后的工程，幼虫准备了大量的沙，这是所有储存物中最重要的；然后它把这堆沙推到门前，在袋口编织丝罩，丝罩跟捕鱼篓的口连在一起。最后把储存在袋里的沙粒一粒一粒地放在丝质材料上，用丝液把沙黏结起来。之后，幼虫只需要对内部做最后的加工，用清漆把内壁涂好，免得粗糙的沙粒擦伤它那娇嫩的皮肤。

我们可以看到，纯丝的口袋和把口袋封起来的球形罩只是一个脚手架。泥蜂以此作为支撑，来砌沙和使口袋弧度均匀。这好比建筑者为了建造一个门拱或拱顶使用桁架一样，工作结束后，把桁架去掉，拱顶就靠着自己平衡支撑。同样，蛹室做好后，丝质的支架便消失了，一部分埋到砌体中，一部分则被粗糙的泥沙磨掉；没有丝毫痕迹可以看出它使用了多么巧妙的办法，用沙这样流动的材料，建造出一座非常漂亮的建筑物。

用来堵住捕鱼篓的球形罩，是单独编织的，被接到蛹室的主体上。虽然连接和焊接这两个部件的工作进行得非常细心，可它却不如幼虫一气呵成所砌造的蛹室牢固，所以围绕着罩子有一条不太坚固的环形线。但这并不是建筑物的缺点，而是它的另一个杰出的优点。泥蜂以后从保险箱里出来时将会遇到严重的困难，因为墙壁太坚硬；比其他地方脆弱的连接线大概可以使它省却许多劲，因为当泥蜂羽化破壳而出时，罩子就是顺着这条线裂开的。

我把这蛹室称为保险箱，它确实非常坚固，既由于它的外形，也由于材料的性质。地面的坍塌和下陷都不会使它变形，手指用最大的劲来压它也不会压碎。所以尽管窝是挖在不结实的土壤里，天花板迟早会塌下来，但这对于幼虫来说都没有什么关系，甚至上面覆盖着薄薄的沙，过路人脚踩着也不要紧；它藏在结实的隐蔽屋里，什么也用不着害怕。潮湿也不会危害到它，我曾把泥蜂的蛹室浸在水里两个星期，却没有发现里面有丝毫潮湿的痕迹。我们的住宅怎么不能有这样的防水材料呢！这卵形的蛹室很漂亮，与其说是幼虫的产物，不如说是一件精雕细刻的艺术品。对于不了解这一秘密的人来说，我让幼虫用吸水的沙建造的这些茧，仿佛是以闻所未闻的妙法做成的首饰，是撒在藏青色布上，准备给波利尼西亚[①]的美女镶嵌在项链上泛着金光的大珍珠呢。

① 波利尼西亚：大洋洲太平洋上的群岛。——校注

第十九章 回窝

砂泥蜂在傍晚挖掘它的井，用一块石头做盖子把井口封住，然后便扔下它的建筑物，在花间徜徉远去，离开那地方。可是，第二天它却知道带着猎物幼虫返回它昨天挖的窝。尽管它不知道这窝的地点，而且窝往往有好几个，但泥蜂也会抱着猎物，准确地停落在它那被流沙堵住、跟滚滚黄沙浑然一体的家门口。我的眼睛根本看不到，我的记忆也根本想不起来这窝在哪里；可是昆虫的眼力和记忆却万无一失。看来昆虫身上有某种比简单的记忆更敏锐的东西，一种我们无法比拟的对地点的直觉，总之，一种无以名状的能力，我无以名之，姑且称之为记性。不知道的东西不可能有名字。为了尽可能稍微弄明白昆虫的心理，我进行了一系列实验。

第一个实验的对象是捕捉方喙象的栎棘节腹泥蜂。上午将近10点钟，我在同一个斜坡上、同一个蜂群里，抓了12只雌节腹泥蜂，有的正在挖掘，有的在给窝供应粮食。每个俘虏单独封闭在一个纸袋里，然后全都放在一个盒子中。我走到离蜂窝约三公里的地方，把栎棘节腹泥蜂放走，不过为了以后好辨认，我用麦秸蘸着一种不会褪色的颜料在它们的中胸点了一个白点。

这些膜翅目昆虫飞往各个方向，有的到这里，有的到那里；不过只飞了几步，便歇在草茎上，用前腿揉揉眼睛，仿佛因为骤然重见天日，被阳光眩迷了眼；接着它们先后又飞了起来，可是全都毫不犹豫地向南，向它们家的方向飞去。五个钟头后，我回到了蜂窝，这些窝全都建在同一地点。我刚走到那里，便看到有两只我做了白色记号的节腹泥蜂正在窝里干着活；不一会儿，第三只从田野里突然来到，腿上抱着一只象虫，第四只很快也随之而来。我待在那里不到一刻钟时间，就目睹了四只节腹泥蜂回到了原来的窝，这已经足以说明问题，我没有必要再等待。这四只知道做的，其他的也会做，也许它们已经这么做了呢；因此可以设想，那八只正在路上捕猎，或者已经躲到了窝的深处。我的节腹泥蜂被带到两公里之外，方向和路途是它们在纸牢里根本不可能知道的，可是它们却返回，至少有一部分回到了它们的家。

我不知道节腹泥蜂的狩猎范围有多大，可能在方圆两公里内它们比较熟悉些。也许我把它们送去的地方还不够远，它们可能是靠着对这些地方的了解而返回的。我必须再做实验，要离得更远，而且出发的地方是它们根本不会知道的。

我从上午曾经取过实验品的同一窝蜂群中又取了九只雌节腹泥蜂，其中三只接受过上一次实验。运输还是用黑漆漆的盒子，每只昆虫都关在纸袋里。出发地选在离窝约三公里的邻近城市卡班特拉。这一次，我不是像上次那样在田野里，而是在人口稠密的市中心大路上释放我的昆虫。节腹泥蜂的习性是在乡下生活，这地方它们从来都没有来过。由于天色已晚，我推迟了实验，囚犯们便在囚牢里过了一夜。

第二天早上将近8点，我在这些节腹泥蜂的胸部做了两个白点的记号，以便跟昨天那些只有一个白色记号的区别开来，然后我在路上把它们一只只释放了。放走的每一只节腹泥蜂，先是从一排排楼房间垂直往高处飞，仿佛要尽快从连绵不断的街道中摆脱出来，上升到视野辽阔的高处，它们到了屋顶上后便立即奋力一跃，疾速往南飞去。我是从南边把它们带到城里来的，它们的窝就在南边。我有九个俘虏，我一个个地释放它们，可是九次我都惊奇地看到，完全改变了生活环境的节腹泥蜂，毫不犹豫地选择正确的飞行方向，以便返回它们的窝。

几小时后，我到了窝那里。我看到好几只昨天的节腹泥蜂，这从胸部只有一个白点可以辨认得出来，可是刚才释放的却一个也没见到。它们找不到家吗？它们是在捕猎呢，还是正躲在巷道里让这场实验所引起的紧张心情平静下来呢？我不知道。第二天，我又去视察。这一次，我满意地发现有五只胸部有两个白点的节腹泥蜂正在积极地工作，好像没有发生任何不平常的事情似的。三公里的距离，人口稠密的城市，鳞次栉比的房屋，炊烟缭绕的烟囱，这一切对于这些纯粹的乡下人来说是如此的新奇，但都没有阻挠它们返回自己的窝。

把鸽子从窝里取出来，运到很远的地方，它能够迅速回到鸽棚来。把节腹泥蜂运到三公里远的地方它也能返回窝，如果就动物的体积与飞行路程的长度相比，它比鸽子要强多少啊！昆虫的体积只有一立方厘米，而鸽子的体积完全应该有一立方分米，甚至还不止。鸽子的体积是节腹泥蜂的1000倍，所以为了与昆虫比赛，它应该从3000公里处，从法国由北到南距离最远处三倍的地方返回鸽棚。我不知道哪只信鸽曾经完成过这样的壮举。但是强有力的翅膀并不可以用米来衡量的，动物的本能更不能。这件事不能用体积的比例来考虑，所以我们只能认为，节腹泥蜂是鸽子当之无愧的对手，而不能确定究竟谁更有优势。

当鸽子和节腹泥蜂被人为地弄得背井离乡，运到它们没有到过也不知道方向的远方时，它们是否靠着记性的指引而返回鸽棚或窝的呢？它们是否有记性作为指南针，这样它们飞到一定的高度时，从那里以某种方式测定出方位，于是向它们的窝所在的天际展翅奋力飞去呢？在第一次到过的地区，是否这种记性给它们在天空中指明了道路呢？显然不是，对于不认识的东西是不可能有记忆的。膜翅目昆虫和鸟不知道它们所在的地方，没有任何东西可以指引它们飞行的方向，它们是放在黑漆漆的密闭纸盒或者箱子里被运走的。它们完全不知道身处的地点和方向，可是它们返回来了。因此指引它们的是比单纯的记性还要好的东西，它们有一种专门的本领，一种地形感。我们对于这种地形感是不可能有什么概念的，我们身上没有丝毫类似的东西。

我打算通过实验来证明，这种本领在有限的能力中是多么的敏锐和精确，然而只要超出了一般的条件，它又是多么的局限和迟钝。这便是在本能方面所具有的千篇一律的矛盾现象。

一只为供应幼虫食物而奔波不息的泥蜂离开了窝，过一会儿带着猎物回来了。泥蜂在动身前，后退着把沙扒到洞口仔细地堵住入口；在漫漫沙地上根本看不出入口跟其他地方有什么不同，对于泥蜂来说，这完全不是什么困难，它找到洞门的办法我已经叙述过。

我想出恶作剧改变现场的状况，欲把泥蜂难住。我突发奇想，用一块平板石头把入口盖住，过一会儿泥蜂来了。在它外出时家门口所发生的巨大变化，似乎并没有使它产生丝毫的犹豫，它立即向石头奔去，试图去挖掘，它挖掘的地点不是在石块上，而是在与洞口对应的那个部位。挖了一会儿，由于障碍物坚硬，它很快打消了这个念头，它围着石头左转转，右转转，钻到石头底下，然后开始朝着窝的准确方向挖了起来。

这块平板石头根本难不住机灵的泥蜂，我们想个好一点的办法吧。我不让泥蜂继续挖掘，因为眼看就要挖到了；我用手帕把它赶到远处，受惊的泥蜂相当长时间不在洞口，使我有空设下圈套。现在采用什么材料呢？在临时进行实验的情况下，必须善于利用一切东西。就在不远处的路上有牲口的新鲜粪便，路边的木块可以作为工具。我把粪便挑了过来，一块块地摆好，弄碎，然后撒在洞口和周围，至少有一法寸厚，面积约0.25平方米。这肯定是泥蜂从来没有见过的家门，材料的颜色、性质、粪味，都会让泥蜂上当。它会认为自己的门前就有这粪便层、这味道吗？会的，它来了，从高处审察一番现场异乎寻常的状况后，它就踩在粪便层的中央，正对着入口挖扒起来，它钻进带有粗纤维的粪团中，直至有沙的地方，在那里它立即就找到了洞口。这时，我把它抓住，再次把它赶到远处。

泥蜂这么准确地扑向它的窝，可这窝已经用全新的方式掩盖起来，这难道不能证明它并不是单纯靠目光和记性来指引的吗？那么，还会有什么呢？是嗅觉吗？这很可疑，因为粪便发出的味道并没有使昆虫失去敏锐的观察力。不过，我们还是再用另一种气味来试试吧。我的昆虫学工具囊中正好有一小瓶乙醚，我把粪便层扫掉，换上一层青苔，青苔不厚可面积比较大。我一见到泥蜂回来便把瓶里的乙醚洒在青苔上面。乙醚的气味太强，泥蜂起初不敢走近。可这只是瞬间的事，接着泥蜂扑向还在散发着非常强烈的乙醚气味的青苔；它穿过障碍物，钻进窝里去了。乙醚的气味跟粪便的气味一样，都没能难住泥蜂，有某种比味觉更有把握的东西告诉它窝在哪里。

人们往往认为，可以指引昆虫的感官存在于触角中。我已经指出膜翅目昆虫是如何进行寻觅的，而这行为似乎丝毫都没有因为把触角这些器官被处理掉而受到妨碍。我在更充分的条件下又试了一次。我抓住泥蜂，把它的触角连根切断，然后立即把它放走。泥蜂因为被捏在我的手中，疼得像针刺一样而惊恐万状，便一溜烟地跑走了。我等了很久很久，以为它也许不会回来了。可是泥蜂回来了，还是那么准确地径直扑向被我第四次更换了装饰物的洞口。现在，窝所在的地方已经用核桃大的卵石作为马赛克盖住，对于泥蜂来说，我的工程虽然远远超过了布列塔尼[①]的拱形建筑物，超过了卡纳克的史前期遗留下来的巨石林[②]。但我骗不了这伤残的昆虫，被截断触角的泥蜂在我的迷魂阵中，就跟器官完整的昆虫一样，轻而易举地又找到了入口。这一次，我让这位顽强的母亲平平安安地回到了它的窝。

接连四次把现场改头换面，住宅前面换了颜色、气味、材料，以及双重的伤害所带来的疼痛，这一切都无法难住泥蜂，甚至都没能让它对家门的位置产生丝毫犹豫。我无计可施，我根本不明白，如果昆虫在我们所不知道的官能中没有某种特殊的指引手段，那么当它的视觉和味觉由于我的诡计而发生差错时，它怎么能够又回到家呢。

过了几天，一次实验取得了成功，使我得以从一个新的角度来重新考虑这个问题。我把泥蜂的窝整个揭开来，但并没有过分破坏它的原貌。这窝埋得不深，几乎是水平放置着，而且就挖在不硬的土中，我操作起来很容易。我用刀刃把沙一点点地刮掉，于是屋顶整个都没了，地下房屋就成了一条或直或弯的小沟，像一条渠道，有两分米长，位于洞口的一端可自由进出，另一端则是封闭的小洼，幼虫就藏在那里，躺在它的食物中。

---

① 布列塔尼：位于法国西北部，至今仍保持着公元五六世纪凯尔特人的文化。——译注
② 卡纳克的巨石林有多达3000根巨石柱，是人类旧石器时期和青铜器时期的遗迹。——译注

现在隐庐暴露在光天化日之下，沐浴于阳光之中了。当母亲回来时，它会采取什么行动呢？我还是按科学的办法把问题一个个分开来吧。要进行观察可能相当麻烦，我已经看到的情况使我可以清楚地猜测到。母亲回来的目的是为了幼虫的食物，可是要走到幼虫那里，首先就要找到门。幼虫和门，我觉得，这两个问题值得单独考察。于是我把幼虫和它的食物拿走了，走道的尽头空无一物。做了这些准备工作之后，只要有耐心就行了。

泥蜂终于回来了，径直朝已经不存在、只剩下门槛的门口奔去。我看到它长时间地在表面上挖掘、打扫，把沙掀得漫天飞舞。它这样百折不挠，并不是要挖一条新的巷道，而是在寻找这扇活动的门。泥蜂只要头一拱，这门就会塌下来让它进去的。可是它遇到的不是活动的材料，而是还没有翻动过的坚实的土地。土地的坚硬使它警觉起来，于是它只是在地面上探索，不过并没有走远，始终在洞口应该在的地方附近寻找，顶多就是偏离几法寸而已。不久它又回到它已经探测、打扫了不下20次的那地方，再探测，再打扫，可就是不能下决心走出那狭窄的半径，因为它是那么执拗地深信它的门应该就在那里而不是在别处。我好几次用草根轻轻地把它拨到另一个地方，泥蜂并不上当，它立即又回到它的门所在的地点。过了许久，巷道变成了渠道，这种情况似乎引起了它的注意，不过只是稍稍注意而已。泥蜂向那里走了几步，一直在扒沙，然后又回到入口处。我看见它有两三次一直走到那条沟的尽头，到达幼虫住的小洼处，漫不经心地扒几下，然后又急忙返回入口处继续寻找。它的那种执着劲，连我都不耐烦了。一个多小时过去了，坚忍不拔的泥蜂始终在那已不存在的大门口所在地寻找。

当它见到幼虫时会怎么样呢？这是第二个问题。继续用同一只泥蜂做实验，也许得不到所要求的万无一失的效果。泥蜂由于徒劳的寻找变得更加固执，我觉得它现在被一种固定的想法纠缠着，这肯定就是它困惑不解的原因，我很想弄明白。我需要一只新的未受到过分刺激、完全受最初的冲动所驱使的实验对象。机会很快就出现了。

我前面已经说过，窝已经完全掀开了，但我没有碰窝里的东西，幼虫仍然留在原来的地方，食物也没动；屋里一切井然有序，少的只是屋顶而已。好了，面对着这露天小屋，目之所及，一切细节一览无遗：前庭、巷道、尽头的卧室、幼虫以及成堆的双翅目昆虫猎物；房屋成了小沟，小沟尽头，幼虫在炙热的阳光下焦躁不安地乱动。可是母亲丝毫没有改变行为，它停在原来的大门所在地，就在那里挖掘、扫沙；它在半径几法寸远的周围试了试之后总是回到原地。它根本不到巷道里探索，根本不操心受煎熬的幼虫。那表皮娇嫩的幼虫，刚刚从温暖潮湿的地下骤然来到酷热的阳光下，正在已咀嚼过的双翅目昆虫堆上扭动着身子，可母亲却不管它。对于母亲来说，这就跟散乱在地上的小砾石、土块、干泥巴等随便碰到的东西一样，没有什么特别的，不值得注意。

这个费尽力气要去婴儿摇篮跟前的母亲，这个温情而忠实的母亲，目前需要的是入口的门，它已经习以为常的门，是这门而不是别的任何东西。这母亲的一门子心思全放在找到它所认识的通道上。可是这条路是通行无阻的，没有什么会阻挡住这个母亲；在它眼前，幼虫正在痛苦地挣扎，而幼虫正是母亲忐忑不安的最终目标啊。它只要一跃就会来到这不幸者跟前，而那不幸者正在求援呢。为什么它不跑到它疼爱的婴儿身旁呢？它如果挖一个新窝，那么很快就可以把婴儿隐蔽在地底下。可是它没这么做，孩子就在它眼前受着太阳的炙烤，而母亲却固执地寻找一条已不存在的通道。

在动物所具有的感情中，母爱是最强烈，最能激发才智的，看到做母亲的这样冥顽不灵，我的惊奇难以言表。要不是我对节腹泥蜂、大头泥蜂以及各种泥蜂都做过反复多次的测试，眼前的这事，我还真不能相信呢。

更妙的是，泥蜂母亲经过长时间的犹豫之后，终于走进了如今已成为小沟的过道里。它往前走，往后退，再向前，漫不经心，不停地东扫一下，西扫一下。它那模模糊糊的记忆，也许再加上双翅目昆虫堆发出的野味香，把它偶然间带到了巷道的尽头幼虫躺着的地点。现在，母亲和孩子在一起了。在经过长时间焦虑不安之后的相会时刻，有没有殷切的关怀、温情的抒发、亲子之乐的任何表示呢？谁如果认为会有，那么只要重新做一次我的实验，就会打消这个念头的。

泥蜂根本认不出它的幼虫，对于它来说，幼虫是毫无价值的，甚至是绊腿绊脚的东西，是纯粹的障碍物。它匆匆忙忙地走来走去，从幼虫身上踩过，毫不留情地践踏它。如果它想在房间的尽头进行搜索，便粗暴地一蹬腿，把幼虫踢到后面去；它推搡幼虫，把幼虫踢翻，撵走。对于一块妨碍它工作的大卵石，它也是这么对待的。受到这样粗暴的对待，幼虫想自卫。我曾看到幼虫抓住母亲的一只腿，它咬双翅目昆虫的腿时也是用的这种办法。争斗是激烈的，但凶狠的大颚终于松开了，惊慌失措的母亲扑着翅膀，发出尖锐的叽叽声逃走了。

儿子咬母亲或者试图吃母亲，这种有悖伦常的场面是少有的，是由于特殊情况所引起的，所以观察者不应惹出这种事端来。观察者常常可能看到的，就是泥蜂对子女的漠不关心和对待幼虫这个碍手碍脚的东西粗暴的蔑视。一旦用耙对过道尽头探索一番之后，泥蜂又回到家门口这心爱的地点去，重新进行劳而无功的寻找。至于幼虫，它被母亲摔到哪里，就在那里挣扎、扭动。它会这么死去，而不会得到母亲的任何救助。母亲因为没有找到平常走的通道，已经不认得它了。我们如果第二天再到那里去，便会看到幼虫在沟的尽头，被太阳烤成了干炙，已经成为小蝇的食物，而它自己原先则是把蝇作为食物的。

这便是本能行为之间的联系，哪怕面临最严重的情况，这些行为还是按照无法打乱的顺序互相呼应。泥蜂归根到底要找的是什么呢？显然是幼虫。但是，要走到幼虫跟前，就要进窝，而要进窝，首先就要找到门。虽然在母亲的面前，巷道已经敞开，畅通无阻，它储备的食物、它的幼虫就摆在那里，可它仍然执拗地寻找入口的那扇门。在这时，成为废墟的房屋、处于危难中的幼虫，它都视若无睹；对它来说，至关重要的是找到熟悉的通道，穿过流沙的通道，如果通道找不到，住屋和居住者全都完蛋也无所谓！

它的行为就像一系列按照固定的顺序互相引起的回声，只有前一个回声响起之后，后一个回声才会响起来。这并不是由于障碍物的缘故，因为房屋是敞开的；而是由于习惯作为开头的第一个行为没有完成，于是下面的行为也就不能继续，第一个回声不响，其他的回声也响不起来。智慧与本能真是有着天渊之别啊！房屋已经变成废墟般的残砖断瓦，泥蜂母亲如果是由智慧指引，就会直接向它的孩子扑去；可是在本能的指引下，它却固执地停在家门所在的地方。

第二十章 石蜂

雷沃米尔[1]曾用了一卷的篇幅，叙述他称为筑巢蜂的石蜂。我打算重新讲讲它的故事，作为补充，主要是从这位著名的观察者完全忽略的角度来谈。首先我想说一说我是怎样和这种膜翅目昆虫结识的。

那是在1843年左右，当时我刚刚进入教书行业。从沃克吕兹师范学校毕业几个月后，我被派到卡班特拉去教中学的附小。当时我18岁，带着证书和幼稚的热情出发了。说实话，这是所奇怪的学校，尽管有着高级小学夸张的头衔，但它像个宽敞的地窖，由于背靠临街的喷泉，湿气很重。为了采光，在季节允许的时候门大大敞开，墙上有一扇狭窄的监狱式带铁条的窗户，菱形的玻璃镶在铅窗棂上。四周墙上钉着木板作为板凳，屋中间放一张没有草垫的椅子、一块黑板和一根粉笔。

早上和傍晚，听到钟声，50来个顽皮的小孩就被送到这里来。这些孩子因为还读不懂《罗马史简编》[2]和《历史简编》，所以像当时人们所说的，要专心致志地“好好学几年法语”。罗莎[3]笔下的废物玫瑰花来我这里学写几个字，稚童和少年们乱糟糟地集中在这

① 雷沃米尔（1683—1757）：18世纪初期法国科学家和最著名的昆虫学家，1734年出版《昆虫志》第一卷，此书后又出版5卷，虽未完成，但仍为昆虫学史上的一部划时代著作。——译注

② 《罗马史简编》：用简单的拉丁文写的用于教学的书。——校注

③ 罗莎（1615—1673）：意大利画家、诗人，著有《讽歌集》，曾以玫瑰讽喻无知识的人。——译注

里，他们的文化水平参差不一，但全都一门心思要作弄这个老师，这个跟他们中某些人年龄一般大，甚至没有他们大的老师。

我教年纪小的念音节，教大一点的小孩正确地拿笔在膝盖上听写几个字；对于少年，我向他们揭示分数的秘密，甚至直角三角形弦的奥秘。为了让这群不安分的学生敬服，为了根据每个人的能力给他们布置作业，为了使他们集中注意力，最后，为了使他们在这阴森森的大厅里不感到厌烦，大厅的墙壁湿漉漉还不说，更可怕的是令人觉得抑郁愁闷，我唯一的办法就是说话，唯一的工具就是粉笔。

在所有班级里，孩子们对一切不是用拉丁文或者希腊文写的东西全都不屑一顾。今天的物理学已有了长足的发展，而在当时，这门学科是怎么教的呢，我举一个例子就足以说明。这所中学的主要教师是个杰出的牧师，他不想亲自负责绿豌豆和肥肉之类的事，把做羹汤的工作完全交给他的一个亲戚，自己则一门心思教物理。

我们来听听他的一堂课，一堂关于晴雨表的课。正巧学校里有一支晴雨表，这支旧玩意满是灰尘，挂在墙上，一般人的手都够不到。在晴雨表的板上刻着粗大的字母，写着“风暴”“下雨”“晴天”。

“晴雨表嘛，”这位教学经验丰富的牧师对他的学生们说道，很奇怪，他用“你”来称呼他们，“晴雨表是告诉我们晴天还是雨天的，你看板上写着的晴、雨这些字，巴斯蒂安，你看到了吗？”

“看到了。”最调皮的孩子巴斯蒂安答道。他已经浏览了一遍课本，对于晴雨表比牧师了解得更清楚。

“晴雨表是由拱起来的玻璃管构成，管里装着水银，水银柱根据天气的情况上升或者下降。这管的小支管是开着的，另一个，另一个……哎，我们去看看就得了。你，巴斯蒂安，你个子高，你爬到椅子上看看，那长的管子是开着的还是闭着的，我记不清了。”

巴斯蒂安爬到椅子上，尽量地踮着脚，用手指拍拍长管的顶部，然后他刚长出小胡子的下巴露出了喜不自禁的微笑。

“是的，”巴斯蒂安说道，“是的，就是这样。长管的上部是开着的，我能摸到凹陷的地方。”

巴斯蒂安为了把他骗人的话说得活灵活现，继续用食指在管的上部捣弄。跟他一道捣鬼的那些同学拼命按捺住，不让自己笑出来。

牧师面无表情地说：“行了，下来吧，巴斯蒂安。先生们，在你的笔记本上写上晴雨表的长管是开着的。否则，你会忘掉的，我自己就忘记了。”

物理课就是这样教的。不过，事情在不断改善，他们有了一个老师，一个无论如何还知道晴雨表的长管是封闭的老师。我自己去弄来了几张桌子，这样我的学生们就可以在桌子上写字而不是趴在膝盖上涂鸦了；我这个班的人数每天都在增加，最后不得不分成两个班。后来我有了一个助手，由他来照顾最小的学生，混乱的状况才有所改变。

教学的内容方面，在田野里教几何，是老师和学生都特别高兴的课程。学校里没有任何必要的教具，可是既然我的薪水那么高，请注意有700法郎，所以这笔开销我可不能犹豫。量地的带子和标杆、卡片和水准仪、直角器和指南针，我全都掏腰包买来了。一台几乎没有巴掌大却要100个苏的小型测角器是由学校提供的；没有三脚架，我叫人做出来。总之，我现在配备齐全各种工具了。

5月，我们每周一次离开阴暗的教室，到田野里去。多么欢乐的日子啊！学生们争着扛起三支一束的标杆，他们感到非常光荣，因为在穿过城市时，所有的人都会看到他们肩上扛着这些标志着博学多才的几何杆。不瞒大家说，我自己小心翼翼地扛着最精密、最宝贵的仪器，价值100个苏的著名的量角器时，也不是没有某种自我满足感的。进行测量的地方是一处没种庄稼，遍地卵石，当地人称为“秃地”的平原。那里没有任何绿篱或者灌木丛会妨碍我监视我的学生；那里还具有一个必不可少的条件，我用不着害怕有绿色的杏子会引诱我的学生们。平原又长又宽，只有开着鲜花的百里香和圆圆的石蛋子。那里，场地空旷，可以设置各种各样的多边形，梯形和三角形可以用任何方式结合在一起，而且平常无法走到的距离，在这里就像是跨半米路那么容易；甚至一座破旧的房子、从前的鸽子棚都可以用它的垂直线来让量角器大显身手。

第一次活动时，就有某些可疑的东西引起了我的注意。一个学生被派到远处去插一根标杆；我看到他一路上停下来好多次，弯下身子，直立起来，寻找着，又弯下，忘记了对齐标杆和做记号。另一个负责收起测杆的学生忘记了铁叉，捡起来的却是一块卵石；再一个学生不去测量角，而是在手掌上搓一块泥土。我发现大部分的学生都舔着一根麦秸。多边形被搁在一边，对角线没有画出来。这究竟是怎么回事呢？

我走过去看个究竟，一切都明白了。学生们从小就喜欢到处搜索，认真观察，老师不知道的东西，他们早就知道了。在秃地的石子上，一种大黑蜂在筑土窝。窝里有蜜；我的测量员们打开蜂窝，用麦秸把蜂房掏空。我由此知道了，蜂蜜虽然比较稠，却是完全可以吃的。我自己也吃出滋味来了，便跟着他们一道找蜂窝去，过一会儿再量多边形吧。就这样，我第一次看到了雷沃米尔的筑巢蜂，可我对它的生活一无所知，也不知道为它写生活史的人。

这种漂亮的膜翅目昆虫长着深紫色翅膀，穿着黑绒服装，在阳光普照下的百里香丛中、在卵石上建造简陋的窝。它的蜜给摆弄指南针和直角器这枯燥乏味的生活带来了乐趣，这一切在我脑海里留下了深刻的印象，于是我想多了解它的情况。我的学生们教我的，只是用一根麦秸把蜜从蜂房里掏出来。正巧书店里在卖一本关于昆虫的出色的书：卡斯特诺、布朗夏尔、吕卡合写的《节肢动物博物学》。书中图文并茂，令人目不暇接。可是，嗨，价格也太贵了！啊，价格真贵！管他呢，精神食粮和物质食粮，我那700法郎的丰厚收入是根本无法面面俱到的，我在某一方面多花了一些，就要在另一方面扣下来。无论是谁，凡是靠科学来谋生的人，都只好这样来取得收支平衡。这一天，我的薪水大大出了一次血，我把一个月的薪金都拿来买了这本书。这一大笔透支，以后要千方百计地精打细算才能弥补得过来。

我一口气把书读完，就像俗语说的狼吞虎咽。从书里，我知道了这种黑蜂的名字，我第一次读到关于高墙石蜂习性的细节，我在书中发现了雷沃米尔、于贝尔[①]、杜福尔这些闪着光环的尊敬的名字。当我第一百遍翻阅这本书时，我内心有一个声音隐隐约约地对我轻声说道：“你也会成为昆虫的博物学家的。”啊，这种天真的幻想，如今怎么样了呢！不过我们还是把这既悲伤又甜蜜的回忆搁到一边，仍旧回到黑蜂的伟绩上来吧。

高墙石蜂

“石蜂”[②]，原意是用石子、混凝土、灰浆造成的房子，这个名

① 于贝尔：瑞士博物学家，以研究蜜蜂著名。——校注
② 石蜂：法文为Chalicodome，原意指石屋子。——校注

称用来指采用类似我们的建筑材料来筑窝的膜翅目昆虫。除了没有掌握希腊语精华的人会觉得奇怪之外，这种表达方式，真是再好不过。这些昆虫的作品是泥水匠的成果，不过它们是粗劣的泥水匠，更精于筑干打垒而不是砌石工程。由于在科学的分类中还没有它的位置，雷沃米尔对它也不甚了解，于是便根据作品给作者命名，把这些垒土巢的建筑者称为筑巢蜂。这简直太妙了，用一个词就把这种昆虫描绘出来了。

西西里石蜂

这种蜂我们家乡有两种：一种是雷沃米尔出色地描述了其历史的高墙石蜂，另一种是西西里石蜂[①]。后者从它的名字就可以知道是埃特拉[②]地区所特有的，不过这种蜂在希腊、阿尔及利亚和法国的地中海地区特别是沃克吕兹省也有。沃克吕兹的5月，它是数目最多的膜翅目昆虫之一。高墙石蜂雌雄颜色不同，一个观察新手看到它们从同一个窝里出来会感到惊奇，会以为两者不是同类的昆虫。雌蜂身披黑绒，两翅深紫；雄蜂身上没有黑绒，而是相当鲜艳的铁红色绒毛。西西里石蜂个子小得多，雌雄没有截然相反的颜色，而是穿着同样的服装，混杂着棕色、深红色和灰色。翅膀的末端，深色的底色上有点淡紫，略微像前一种石蜂那种丰富多彩的紫红色。这两种石蜂在同一时期，接近5月初的时候开始筑巢。

雷沃米尔告诉我们，北方省份的高墙石蜂选择朝阳没有涂泥灰的墙作为窝的支座。由于泥灰会剥落，蜂房就不可能牢固。它只把窝建在牢固的基础上，建在裸露的石头上。我在法国南部也看到石

① 在卷三第七章，法布尔对西西里石蜂这一名称有更详细的解释说明。——校注

② 埃特拉：意大利西西里东北部的火山。——校注

蜂采取同样谨慎的措施，可我不明白，我们这里的石蜂为什么不利用砌墙的石块，而是把窝建在另一种基础上。一块几乎不比拳头大多少的圆卵石，由于冰川冲泻而把罗讷河谷台地覆盖起来的卵石，这就是它所喜爱的支座。石蜂的这种选择，可能跟这里有很多这样的卵石有关系；所有不太高的高原，所有长着百里香的干旱土地上，全都堆满红土黏结着的卵石。在河谷中，石蜂还可以利用急流冲刷下来的石子。例如在奥朗日附近，石蜂特别喜欢的地方是埃格河[①]冲积地，河水已经退落，地面铺着一层圆石头。如果没有卵石，筑巢蜂就把窝砌在随便一块石头上，砌在田边，砌在一堵围墙上。

西西里石蜂选择的范围更广，特别喜爱在屋顶飞檐的瓦片下面筑窝。每年春天，它们一群一群地在那里筑窝，砌好的窝一代一代传下来，而且逐年扩大，终于占了大片地方。我曾看见一个窝筑在一个大棚的瓦下面，有五六平方米。正在筑窝的一窝窝蜂乱飞，一边干活，一边嗡嗡叫，那声音简直震耳欲聋。高墙石蜂也喜欢在阳台下面、在废弃的窗洞里筑窝，如果窗户是百叶窗就更好，这样它们可以自由出入。这是群英荟萃的地方，数百数千个工人在那里干活。如果只有一只，这种情况也不少见，西西里石蜂便在随便一个角落里筑窝，只要那里地基牢固，暖和就行。至于地基的性质，则完全无所谓。我曾看到有的窝建在光秃秃的石头上，有的建在护窗板上，有的甚至建在屋子的方格玻璃上。唯一对它们不适合的，就是我们房屋的泥灰。西西里石蜂跟高墙石蜂一样谨慎，在它们看来，把窝建在有可能掉下来的支座上面是可怕的事，蜂房会有坍塌的危险。

---

① 埃格河：罗讷河的支流，流经塞里昂的原野，在奥朗日附近流入罗讷河，法布尔常去河边观察昆虫。——校注

西西里石蜂经常彻底改变建筑物的基础，它为什么要这样做，我还无法做出充分的解释。它那用泥浆建造的沉重的房屋，看上去得以岩石作为牢靠的支座，可它却把房屋建在空中，挂在一根树枝上；篱笆的小灌木，不管是什么灌木，英国山楂树、石榴树、铜钱树，都可以作为它的基座，基座通常在一人高处。如果窝建在麻栎或者榆树上，那就更高一些。在浓密的灌木丛里，它们选择麦秸那么粗的树枝，然后就在这狭窄的基础上，用泥浆建造房屋，这泥浆跟它们在阳台下面或者屋顶飞檐处建造房屋用的泥浆一样。造好的窝是一团泥，树枝就从泥中横穿过。一只蜂造的窝有杏子那么大，如果几只蜂一道造的窝就有拳头大小；但后一种情况很少见。

这两种石蜂使用的是同样的材料：石灰质黏土。泥瓦匠在土中加上一点沙，用唾液粘住。石蜂不愿在潮湿的地方造窝，虽然潮湿的地方便利操作，而且可以节省拌泥浆的唾液；它也不使用新鲜的泥土来造房子，就像我们的建筑工人不使用开裂的石膏和受潮的熟石灰一样，因为这种水分饱和的材料凝固得不够好；它们需要的是干的土粉，这种土粉可以充分吸收吐出来的唾液，唾液含有蛋白质，于是土粉就变得像速凝水泥，一种我们用生石灰和蛋清做出来的油灰。

在人来人往的路上，石灰质卵石被脚踩被轮子碾，路面变得像是铺了一整块石板似的那么平整，这就是西西里石蜂最喜欢的采石场。石蜂不管是在篱笆中的一根树枝上定居，还是在农家屋顶的飞檐下筑窝，总是到附近的小径、路边、公路上去找建造房屋的材料，从不会因为行人或者牲口不断走过而丢下工作。路面在炙热的阳光照射下泛着白光，可石蜂仍然积极地工作。在作为建筑工地的农场和作为砂浆搅拌场的公路之间，石蜂发出嗡嗡的叫声，熙熙攘攘，不停地来来往往。工人们仿佛一阵风似的在空中快速地飞来飞去。飞走的石蜂带着像射兔子的铅砂那么大的沙粒离开，飞来的立即停到最硬最干的地方。它们全身颤动，大颚刨啄，前腿扒拉，把采来的泥沙放在颚间翻动，用唾液搅和成一团匀称的砂浆。石蜂的劳动热情是那么高，它宁愿被行人踩死也不愿放弃它的工作。

与西西里石蜂相反，高墙石蜂喜欢孤独，远离人们的住屋，很少出现在人来人往的路上，也许是因为这些地方离它们筑窝地太远的缘故。只要在附近能找到适合把窝建在上面的卵石，找到含有许多砾石的干土，这就够了。石蜂可以在一块还没有筑过窝的地方盖一个完全新的窝，或者把旧窝修补一下，利用原有的蜂房。我们先看看前一种情况。

高墙石蜂

选好卵石后，高墙石蜂口衔一团砂浆，把砂浆放在卵石上做成一个圆垫子。它用前腿，尤其是用作为泥瓦匠首要工具的大颚，对材料进行加工，一点点吐出来的唾液使这材料保持着塑性。为了巩固黏土建筑物，石蜂把扁豆大带棱角的砾石一粒粒地镶上去，不过只是镶在外面，镶在软土块上。接着以这第一层石子为基础，一层层垒上去，直至蜂房达到所要求的二三厘米的高度。

我们的砌石工程是把石头垒起来，再用石灰粘住。石蜂的作品可与我们的建筑物媲美。为了节省劳动力和砂浆，石蜂的确使用了大材料，体积庞大的卵石，这对于它来说真是待琢的石头呢。它仔细地一一挑选，石头相当硬，几乎都有棱角，彼此咬合，互相支撑，从而使整个建筑十分牢固。一层层砂浆精打细算地浇在上面，使得卵石十分平整，于是，蜂窝的外观像是粗糙的建筑工程，天然凹凸不平的石头突出来；可是内部要求表面精细以免伤害幼虫娇嫩的皮肤，所以涂上了一层纯浆的泥灰。另外内部的涂层是漫不经心地用抹刀随随便便地涂上去的，所以当蜜浆吃完时，幼虫必须造个茧，给粗糙的内壁挂上丝质壁毯。相反，条蜂和隧蜂因为幼虫不织茧，所以它们的蜂窝内面已被母亲仔细涂抹得像经过加工的象牙那样光滑。

窝的形状根据基座的情况而有不同，但轴线几乎总是近于垂直，洞口朝上，因此，流汁的蜜就不会流出来。窝如果是建在水平的平面上，形状就像个圆形小塔；如果是建在垂直或者倾斜的平面上，它就像半个垂直切开的顶针，而那个作为基座的卵石就把窝的墙壁堵得严严实实的。

蜂房建好后，石蜂立即忙着储备食物。蜂窝附近的各种花，尤其是在5月把急流冲积的平原点缀得一片金黄的金雀花，给它提供甜汁和花粉。它回到了窝里，蜜囊里装满了蜜，黄色的腹部下面沾满花粉。它先把头伸进去，过了一会儿，它身子一抖，表明它把蜜浆吐出来了。蜜囊空了之后，它从蜂房出来，马上又钻进去，不过这次它是后退着进去的。现在它用两条后腿刷着肚子下部，把身上的花粉刷下来。接着它再次出来，又一次头先进入蜂房。这次它是要用大颚这把勺子把蜜浆搅拌均匀。搅拌工作并不是每一次飞回窝都要进行，而是间隔越来越长，当材料积累到相当数量时才进行。

蜂房装得半满后，粮食的储备就足够了，剩下的事就是在蜜浆的表面产卵，并把窝封闭起来。石蜂说干就干。围墙是一个纯蜜浆的盖子，从周边到中心逐步造起来。我发现所有这些工作至多两天就干好了，除非这期间天气不好，下雨或者仅仅因为多云便会打断它的工作。然后，背靠着第一个蜂房，石蜂建造第二个蜂房，并以同样的方式储备粮食。第三个、第四个蜂房……一个接着一个地，备好食物，产下卵，把蜂房封住，然后再盖下一个蜂房。工作只要开始了就会进行下去，直至完全做好为止。石蜂总是在前一个蜂房的四项作业，即建筑、备粮、产卵和封闭蜂房全都结束之后，才盖新的蜂房的。

高墙石蜂总是独自在它选好的卵石上筑窝，而且甚至很不乐意在它的蜂窝旁边有别的石蜂来筑窝，所以在同一块石头上毗邻而盖的蜂房数目不会多，最常见的是6～10个。那么一只石蜂的整个家是不是就只有大约八只幼虫呢？或者这只石蜂以后会在别的卵石上为更多的子女筑窝呢？如果它要产卵，这块石头有足够大的面积给再盖的蜂房做基座；它在这里完全有充裕的地方盖房子，用不着去寻找另一块地基，用不着离开它常来常往、已经熟悉的那块卵石。因此我认为石蜂的家庭人口不多，在同一块石头上就可以全都安置好，至少当它新盖一座蜂窝时是这样的。

由8～10个蜂房组成的蜂窝覆盖着卵石外层，十分牢固，但是蜂窝的墙壁和外盖厚度至多只有两毫米，当气候恶劣时，要保护幼虫似乎不太够。蜂窝盖在露天石头上，无遮无挡。在炎热的夏日，蜂窝的每个蜂房成了闷热的烘箱，接着秋天的雨水又会使蜂窝慢慢腐烂，然后冬天的冰冻将使秋雨没有侵蚀的部分一块块掉下来。水泥再硬能经受住这些破坏因素吗？即使经受得住，幼虫躲在非常薄的墙里，难道它夏天不怕酷热，冬天不怕严寒吗？

石蜂并没有进行这些推理，可它却十分明智。盖好所有的蜂房后，它在整个蜂窝上用一种水浸不进、热透不过的材料，砌了一层厚厚的罩子，从而既防潮、防热又防寒。这材料就是用唾液拌和泥土做成的灰浆；但这一次，灰浆里面没有混合着小石子。石蜂把灰浆一小团一小团、一抹刀一抹刀地在成堆的蜂房上面铺了厚一厘米的涂层，蜂房被这矿物盖子埋住完全看不见了。涂了罩子之后，窝就像一个粗糙的圆穹形建筑物，有半个橙子那么大。人们会以为这是一团泥，如果把它摔在一块石头上，蜂窝会半裂开，立即变干，从外部丝毫看不出里面有什么东西，丝毫没有蜂房的样子，丝毫看不出劳动的痕迹。在没有经过训练的眼睛看来，这只不过是一块随便碰到的土旮旯而已。

整个罩子就跟速凝水泥一样很快干燥了，于是蜂窝就硬得像一块石头；没有坚固的刀，就根本破坏不了它。最后我必须指出，根据最终的形状，蜂窝丝毫没有蜂房的样子，以至于我们会把那开始时用石子铺面的像标致小塔般的蜂房，和结束时表面上像是一团泥的圆穹物，当成两个不同类型的作品呢。但是，如果把这水泥层刮掉，我们就会发现，里面的那些蜂房和蜂房的细石层完全可以辨认得出来。

高墙石蜂更喜欢使用没有受到严重损坏的旧窝，不想在光秃秃的卵石上建造新窝。圆穹状的窝砌造得非常牢固，多少还保留着最初的样子，不过里面凿了一些圆洞，那便是上一代幼虫居住的房间。这就是石蜂所要的小窝，只要稍加修复就可以了；这样可以节省大量的时间，少费许多力气，因此高墙石蜂就寻找这样的旧窝。只有在找不到旧窝时，它才决心建造新的。

从同一个圆穹形的窝里出来了好些居民，兄弟和姐妹，红棕色的雄蜂和黑色的雌蜂，全都是同一个石蜂的后代。雄蜂过着无忧无虑的生活，什么活都不会干，它回到土房子里来，只是为了向女士们献殷勤，根本不关心被抛弃的房子是什么样子。它们所需要的是花朵中的花蜜，而不是在大颚中咀嚼的灰浆。家庭的未来只有母亲操心。这所房屋，这个旧窝的遗产，将归谁所有呢？它们是姐妹，对于遗产具有平等的权利。我们的司法制度由于摆脱了上古时代的影响，取得了巨大的进步，除去了长子的唯一继承权。可是石蜂对于所有制的概念一直处于最原始的状态，权利属于第一个占有者。

当产卵的时刻来到时，石蜂遇到一个适合它的窝就强占下来，在那里定居；而后来的石蜂，不管是邻居还是姐妹，要想跟它抢夺，那就自认倒霉吧。一阵穷追猛打，来客很快就会被赶跑。圆穹上的那些蜂房像一口口井似的半张开着嘴，它目前只要一间房就足够了，可是石蜂计算得非常清楚，剩下的蜂房以后可以用来装其余的卵，所以它小心翼翼、十分警惕地监视着所有的蜂房，把前来造访的石蜂从窝里赶走。因此我根本没有看到过两只筑巢蜂同时在一块卵石上劳动。

现在石蜂的工程非常简单，它检查旧蜂窝内部，找出需要修补的地方。它把挂在墙壁上的碎茧扯下来，把以前的居民戳破穹顶穿出蜂窝时扒拉下来的土屑清除出去，把破损的地方涂上泥灰，把洞口修补一下，全部工程仅仅就是这些。接下来就是储备粮食、产卵和把房间封闭起来。当所有的蜂房像这样一个接着一个地装好粮食和卵后，如果有必要，对整个蜂窝的灰浆圆罩子稍加修理，就大功告成了。

西西里石蜂不喜欢孤独的生活，常跟许多同伴在一起。它们几百只，往往是几千只一道在草料棚的瓦片或者屋顶的飞檐下面定居。这可不是出于共同利益、所有成员有着共同目标的真正群居，它们只不过是聚在一起而已，大家各干各的事，从不管别人。总之这是一堆乱哄哄的劳动者，只是由于数目众多和劳动热情高，才显得像是一窝蜂的样子。它们所使用的灰浆跟高墙泥蜂的灰浆相同，一样坚固，一样不透水，不过更细腻而且没有石子。它们最初先使用旧窝，把所有的房间都修缮一新，备好粮食然后密封起来。但是旧窝远远不够住，西西里石蜂的数目逐年迅速增长，灰浆圆罩下住房日渐短缺，于是根据产卵的需要，便在旧居表面上建造起新的蜂房。这些新蜂房水平或者大致水平地横卧排列，彼此毫无秩序地紧挨着。每个建筑者都可以完全自由地愿意盖在哪里就盖在哪里，只要不妨碍邻居的工作就行，否则受影响的石蜂就会大声吆喝要它注意秩序。蜂房是在工地上随意堆起来的，工地的布局完全没有整体性。蜂房的形状像个沿轴线切开的顶针，一部分围墙由相邻的蜂房，或者旧窝的表面构成。蜂房外表粗糙，露出彼此重叠的砌缝，这就是一层层的灰浆。蜂房内部，墙壁抹平了但并不光滑，幼虫以后要用茧来弥补墙面不光滑这个缺点。

就像前面说到的高墙石蜂那样，西西里石蜂每建好一个蜂房，就立即储备粮食并把蜂房封闭起来。5月的大部分时间都用来做这样的工作。最后，所有的卵都产下来了，石蜂不管这些卵是它的还是别人的，大家一道给整个蜂房群做个罩子。这个厚厚的灰浆层填满了所有的间隙，把所有蜂房都盖住。最后这共同的窝外形像块干土板，很有规则地隆起，中间部分是最初的蜂房，稍微厚些，边上的是一些新盖的蜂房，比较薄。蜂窝的长度各有不同，根据劳动者的数目，即根据第一个窝建造的年限而定。有的窝还没有巴掌大，有的占了屋顶飞檐的大部分，有几平方米。

独自劳动的情况也不少见，西西里石蜂在废弃的窗户外板上、在石头上、在篱笆的枝丫上筑窝的方式跟高墙石蜂一样。比方说，如果是在枝丫上建窝，它先是用泥灰把蜂房的地基牢牢地粘在狭窄的基座上，然后搭一个形状像塔一样的建筑物。在第一个蜂房备好粮食，密封起来后，另一个新蜂房便接着盖起来。这时蜂房的基座就不仅是枝丫，还有已经建好的工程。6～10个蜂房就这样一个挨着一个地聚集在一起，然后它们再做一个灰浆罩子把所有的蜂房都罩起来，把枝丫也包了进去，于是蜂窝便有了一个牢固的支撑点。

第二十一章 实验

高墙石蜂的窝盖在小卵石上，可以随便搬动，互相调换，而不会打扰工匠的工作，也不会影响蜂房里居民的休息，所以可以方便地进行实验。只有这种方法可以揭示昆虫本能的特性。要研究昆虫的心理特性并想取得一些成果，仅仅利用观察时偶然碰到的情况是不够的，还必须会制造各种环境，尽可能变化各种环境，并将这些环境进行对照；总之必须进行实验，以使科学具有牢靠的事实基础。这样，在精确的资料面前，有一天我们会发现书本上充斥着荒诞不经的陈词滥调，例如：圣甲虫请同伴助一臂之力，把粪球从车辙里拉出来；胡蜂把捉到的苍蝇弄碎以便减小风的阻力，把苍蝇运走；以及其他许许多多把无中生有的事，硬加在昆虫身上的无稽之谈。因此我们必须准备材料，学者运用这些材料，总有一天会把那些建立在虚无缥缈的基础上的不成熟理论抛到一旁。

雷沃米尔常常局限于记录自然地出现在他面前的事实，而没想到使用人工设置的条件，更深入地探索昆虫的本能。在他那个时代，一切都有待发现。收获是那么大，这位著名的收获者最迫切需要做的，就是把庄稼收回来，而把对麦粒和麦穗的详细检查留待后来者。但是关于高墙石蜂，他提到他的朋友杜·阿梅尔进行的一次实验。他叙述了怎样用一个玻璃漏斗把高墙石蜂的窝罩起来，然后用一块纱布把漏斗口塞住。他从蜂窝里取出三只雄蜂，这些石蜂从硬得像石头般的灰浆里出来，却不打算戳破一块薄薄的纱布，或许它们认为这是办不到的事。这三只石蜂在漏斗里死掉了。雷沃米尔进一步指出，昆虫通常只会做在自然条件下需要做的事情。

这个实验并没有令我满足，理由有二。首先，一个工人配备的工具，足以戳穿跟凝灰岩一样硬的土块，可是叫它剪一块纱布却不一定能做到；我们不能要求挖土工用锄头做裁缝用剪子做的工作。其次，我认为透明的玻璃牢房选得不对。当昆虫穿过厚厚的沙土圆屋顶，为自己开辟了一条通道时，便处在光天化日之下，处在光线之中；而白天，光线对于它来说，就意味着最终的解脱，就是自由。它碰到的是一个看不见的障碍；对于它来说，玻璃并不是什么阻挡它的东西。透过玻璃，它看到了充满着阳光的自由空间，它竭力要飞到那自由的空间去，可它根本不明白，那要冲破这看不见的奇怪障碍的企图，是劳而无功的，最后它精疲力竭地死了。而在它坚持不懈的努力中，它根本没有向那块堵住锥形烟囱的纱布看一眼。实验应当在更好的条件下重新进行。

我选择的障碍物是普普通通的灰色纸，这纸不透明，足以使石蜂一直处在黑暗中；但纸相当薄，囚犯可以不太费力就戳破。就障碍物的性质而言，纸墙跟土质穹顶相差甚远，所以我们先要看看，高墙石蜂知道不知道，或者更准确地说，能不能够从这样的隔墙穿出来。大颚是可以挖开坚硬的灰浆的锄头，是不是也可以作为切开一张薄膜的剪刀呢？这就是我首先要了解的问题。

2月，当石蜂已经发育完全时，我从蜂房里取出一定数量的茧，把它们分别放到一节芦竹里。芦竹节一端封闭，另一端敞开。芦竹节的薄膜代表蜂窝的蜂房。放茧时我让石蜂的头朝洞口，最后我把人造蜂房用不同的方式封闭起来：有的用捏好的土块做塞子，干土块的厚度和硬度相当于自然蜂窝的灰浆天花板；有的用至少厚一厘米的圆柱塞起来，材料是做扫把的高粱秆；还有的用几块灰色纸片蒙着，四边牢牢固定住。所有这些芦竹节彼此挨着，垂直放在一个盒子里，我制造的隔墙盖在上面。这样昆虫的姿势就跟它们在原先的窝里一样了。它们必须像我没有插手时那样给自己打开一条通道，挖掘位于它们头上方的墙壁。我把盒子放在一个玻璃罩下面，然后等待着5月石蜂出茧的时刻到来。

结果远远出乎我的预料，我手捏的土塞子被戳了一个圆洞，跟石蜂在自然的灰浆圆屋顶上打开的洞，没有任何区别。植物塞子，圆柱形的高粱秆，是我的囚犯完全没有见过的，也同样被打开了一个口子，就像是用钢钎打开似的。至于纸盖子，石蜂不是把它撞破，猛力撕裂，而是钻成一个大小一定的圆孔。可见我的石蜂能够做不是它们天生会做的事；为了走出芦竹制造的蜂房，它们干了它们的种族可能从来没有干过的事：凿开高粱秆的髓质墙壁，在纸盖上钻洞，就跟它们在土质天花板上戳洞一样。当解放自己的时刻来临时，不管什么性质的障碍物都阻挡不了它们，只要它们有办法战胜这些障碍；所以，从此以后，不能说它们无法在一个简单的纸壁上钻洞了。

在制造用芦竹节做的蜂房的同时，我还准备了两个完好无损的窝，把它们放在罩子底下。我用一张灰纸紧紧贴在一个窝的泥灰圆屋顶上，石蜂必须先戳破土壳，然后钻破紧贴着土壳中间没有空隙的纸张。我用一个同样是灰纸做的小圆锥体，把另一个石头上的窝整个罩住，再粘起来；跟前面的窝一样，这个窝也有双重的围墙，但不同的是，这两扇围墙彼此不是紧贴在一起，而是有空隙；在锥体底部，空隙有一厘米宽，而锥体越往上，空隙越小。

在这两种条件下做的实验，结果完全不同。在用纸紧紧蒙在圆屋顶上、纸与圆屋顶之间没有空隙的窝里，石蜂戳破双重墙壁出来了。第二面墙壁即纸壁上被穿了一个清清楚楚的圆洞，就像芦竹节蜂房纸盖上的洞那样。于是，我可以再次确认，石蜂之所以在纸的障碍物前面止步，不是因为它无法战胜这样的障碍。相反，在罩着锥体的窝里，石蜂在穿过土质圆屋顶之后，发现远处有纸挡住，可它们根本没有打算去戳破这个障碍；如果纸是紧贴在窝上，那么，这个障碍它们是非常容易克服的。它们没有进行解放自己的尝试，就在纸罩底下死去了。雷沃米尔的石蜂就是这样死在玻璃的漏斗中的，它们本来只要戳破一层薄纸就可以自由的啊。

我认为，这一事实具有重大的意义。这是怎么回事呢！这么壮实的昆虫，要戳通凝灰岩简直就像玩游戏似的；那些软木塞和纸隔墙，尽管材料不同，它们要钻洞时也容易得很；可是这些强壮的穿墙凿壁者，为什么却傻乎乎地心甘情愿在锥形囚牢里死去呢？这个囚牢只要大颚一咬就可以咬破，它们是能够咬破墙壁的，可是它们却这样愚蠢地束手待毙，其原因只能是它们没想到要这么做。昆虫天生有卓越的工具，也具有本能的能力完成变态的最后过程，从茧和蜂房里出来。在它的大颚里有剪子、锉刀、鹤嘴镐、撬棍，不管是它的茧和泥灰墙，还是其他任何不太硬用来代替蜂窝的自然墙壁，它都能够切开、戳破、拆毁。另外，还有最重要的条件，没有这条件，工具就会一无用处，那就是它具有一种敦促它使用工具的内在刺激，我不想说是使用工具的意志。当出窝的时间到来时，刺激苏醒了，于是昆虫便着手凿洞。

这时，要戳破的材料，不管是凝固的自然灰浆、髓质的高粱秆还是纸，对它来说都无关紧要，把它囚禁起来的盖子不用多久就被戳破了。即使障碍物再厚一点，即使用一层纸再盖在土墙上，也没关系。在石蜂看来，这两个彼此间没有空隙隔开的障碍物只是一道墙而已，石蜂就从那里钻出来；因为解放自身，破茧而出的行为是一下子完成的。如果用锥体纸罩罩着，墙壁离得稍远一点，条件就变了，虽然整个墙壁实质上仍然一样。石蜂一旦从它的土房子出来，便已经做了它为解放自身而天生应该干的一切事情；在灰浆的圆屋顶上自由地走动，就是解放行动的终结，就是钻洞行为的结束。在窝的四周还有另一个障碍物，圆锥形的墙；可是要戳破这面墙，就必须再重复刚刚已经做过的行为，而这种行为，石蜂一生只该做一次的；总之，必须重复做根据它的本性只能做一次的行为，石蜂办不到，仅仅是因为它不愿这么做。高墙石蜂因为没有丝毫的智慧而死掉了，可今日的时尚，却要在这奇怪的智力中找出一丝半点人类的理性来！时尚会过时的，事实却将永存，这使我又想起了“万物有灵、命运注定”这十分古老陈旧的说法。

雷沃米尔还叙述说，一只身体部分进入窝里的高墙石蜂，头先伸入，把花粉装在窝里，他的朋友杜·阿梅尔用镊子夹住石蜂，把它放到离窝相当远的一间小房间。石蜂从窗户飞走了，逃离这小房间。杜·阿梅尔立即赶往蜂窝那里，高墙石蜂几乎跟他同时到达蜂窝，然后重新进行工作。叙述者最后说，这石蜂只是显得稍微吃惊罢了。

可敬的大师啊，你怎么没有在这里，跟我一道在这埃格河畔呢！这里一大片地方，一年有四分之三的时间铺着干干的卵石，而一下起雨来则成为汹涌的急流；如果你在这里，我向你展示的情形，会比那只从镊子下逃脱的流亡者让你看到的要妙得多。那只被放到附近小房间的石蜂，逃脱出来后立即返回它的窝，它对窝周围的情况十分熟悉；如果你来到这里，你看到的，不是高墙石蜂这种短暂的飞行，而是它沿着完全陌生的路所进行的长途跋涉，那么你将会跟我一样惊奇不已。你会看到，被我特意放到远处的石蜂返回它的家，它那地理学本领，连燕子、雨燕、信鸽都会佩服的；那时你就会跟我一样思忖，那种指引泥蜂母亲去寻找蜂窝的方向感，是多么令人不可思议啊！

我用事实来说话吧，现在我对高墙石蜂重新进行实验，就像我从前对节腹泥蜂所做的实验一样。我把石蜂放在黑暗的盒子里去到离它的窝老远的地方，在给它做了标记后，就把它放走了。如果有谁想再做一做测试，我可以把我的操作方法传给他，他在开始时就不会长时间地犹豫不决了。

要进行长途旅行的昆虫，抓它的时候一定要小心，不能用镊子和钳，否则可能会弄坏翅膀，把它扭伤，从而影响它的飞行力。当石蜂在它的窝里埋头劳动时，我用一个小玻璃试管把它罩住，石蜂飞起来就会飞到试管里去，这样我就可以不碰着它，并把它立即放到一个纸杯里，然后迅速把纸杯盖起来。我把我的囚犯各自放在一个个纸杯里，然后装在一个采集植物标本的白铁盒中，把它们运走。

余下最难办的工作是在出发点进行的：在释放囚犯前，给每只石蜂做标记。我使用细粉白垩，把它溶解在阿拉伯树胶的浓溶液里，然后用稻草秸把粉浆滴在石蜂身体的某个部位，留下一个白点。白点很快就干了，跟石蜂身上的皮毛粘在一起。如果给石蜂做标记是为了在短时间的实验中，不让它跟别的石蜂混淆起来，我只要在石蜂头朝下，身子半伸进窝时，用蘸了颜色的稻草秸碰一碰它腹部的末端就行了。这样轻微的碰一碰，石蜂根本觉察不出来，它继续劳动，谁都没有被惊动；但是这种标记不牢，而且点到的部位不利于保存，因为石蜂老是要把花粉从它的腹部刷下来，迟早会把标记擦掉的。为了使标记经过长途旅行而不会褪掉，我得把白粉浆点在翅膀之间的中胸。

戴着手套做这项工作几乎是不可能的，手指必须十分灵巧才能小心地抓住动个不停的石蜂，不让它挣扎但又不会捏得太用力。做这个实验，如果说没有别的好处，至少会有被石蜂蜇刺的收获。灵活一点可以避开螫针，但并不一定每次都能够避得开，只好听天由命了，何况石蜂远没有蜜蜂蜇得那么疼呢，于是我就把白点点在石蜂胸部。高墙石蜂飞走了，标记在路上就干了。

第一次我在离塞里昂不远的埃格河冲积地抓了两只高墙石蜂，当时它们正在筑于卵石上的窝里忙碌。我把它们带到奥朗日的家里，做了标记后将它们放走。根据军事地图，这两点之间的直线距离约四公里。我是在将近傍晚，石蜂开始结束白天的工作时，把它们放走的，因此这两只石蜂可能要在附近度过夜晚。

第二天早上，我去到了蜂窝那里。天还十分凉，还不能工作。当露水干了的时候，石蜂开始干活了。我看到了一只石蜂，不过身上没有白点，它带着花粉来到一个窝里，我所等待的远行者就是从这两个窝里抓到的。这是一只外来者，它发现屋主被我抓走的蜂房空着，便在那里安居下来。它把这个窝作为自己的产业，却不知道这已经是另一个业主的家。也许它昨夜就在这窝里储备粮食了。将近10点钟，天气十分炎热，宅主突然回来了。对于我来说，它对窝的优先拥有权是用不可置疑的字写在胸部上的，那就是滴在胸部的白垩点。这是我的一只旅行者回来了。

石蜂穿过麦浪，穿过玫瑰红驴食草的田野，飞了四公里，现在它回到它的窝了。一路上它还采了蜜，这只英勇的石蜂到达时，肚子上全是黄色的花粉。从天涯海角返回自己的家，这真是奇迹；回家还带着花粉，这种理财术真是了不起。对于石蜂来说，一次旅行，即使是被迫的旅行，也是充满收获的远行。它在窝里发现了外来者。“你是什么家伙？尝尝我的厉害吧！”业主狂怒地向那只石蜂扑过去，外来者也许没有想到自己干了坏事。于是这两只石蜂在空中展开激烈的角逐，有时它们在空中相距两寸处，面对面几乎动不动地对峙着，无疑它们在用眼睛互相打量，发出嗡嗡叫声彼此对骂。然后它们俩，时而是这一只，时而是那一只，又回到有争议的蜂窝上来。我料想它们会肉搏起来，彼此用螫针来攻击。可是我的期待落空了，对于它们来说，产卵是迫切的使命，不允许展开一场生死攸关的决斗，只为了洗刷侮辱而冒生命的危险。对抗只限于一些敌对的表示，来几下没有什么严重后果的争斗而已。

但是，真正的业主似乎从自己的优先权中吸取了双倍的勇气、双倍的力量。它牢牢地站在窝的上面，决心再也不离开。每当另一只石蜂胆敢走近时，它便激怒地扑打着翅膀来迎接，明确无误地表明了它理所应当的愤慨。外来者失去了勇气，终于放弃了，于是这个泥瓦匠立即开始工作。它干起活来是那样的积极，就好像没有刚经过长途跋涉似的。

关于产权问题的争斗，我再讲两句。我经常可以看到，当一只高墙石蜂外出时，另一只无家可归的流浪者前来光顾这个窝，觉得这窝合它的意，便在那里干起活来。如果有好几个蜂房，它有时在同一个蜂房，有时在旁边的蜂房工作。通常旧窝有好几个蜂房是很常见的。第一个占有者回来时，总是要驱赶不速之客，后者总是溜之大吉。蜂窝主人对所有权的意识是那么的强烈，那么的执着。与普鲁士人的野蛮格言“力量胜过权利”相反，对于石蜂来说，权利胜过力量，否则就无法解释为什么篡夺者总是退却，尽管它力气丝毫不比真正的业主小。它之所以没那么大勇气，是因为它觉得自己没有权利这个至高无上的力量的支持。在同类中，乃至于昆虫之间，权利都要行使权力的。

我的另一个旅行者，在第一个旅行者到达的那一天和以后都没有出现。

我决定再次进行测试，这一次用了五只石蜂。出发地、到达地、距离、时间，全都一样。接受实验的五只石蜂中，我第二天在它们的窝里只找到了三只，另两只没有见到。

因此，我完全可以确认，高墙石蜂被送到四公里远处，在它肯定没有见过的地方释放了，它还会返回自己的窝。可是为什么先是两只中有一只，然后五只中有两只没有回来呢？这只石蜂知道干的，另一只会不知道吗？对它们而言，在陌生的环境中指引方向的能力是不是有所不同呢？或者说它们的飞行力有差别呢？我突然想起，石蜂在出发时，并不是全都一样兴高采烈。有的一从我的手指间逃脱出来便猛地飞到空中，转眼之间不见了踪影；有的在飞了几步之后就掉在我身旁。事情很清楚，可能因为盒子里热得像火炉，这些石蜂在运输过程中受到了损伤；也可能是我在做标记时把它们的翅膀弄坏了，做标记这个操作真是难，因为你还得留意不被螫针蜇着。这些石蜂可能是在附近的驴食草中踯躅的瘸子、残废者，而不是适合长途旅行的强有力的飞行者。

我需要再做实验，只观察那些精力充沛，纵身一跃立即从我手指间飞走的石蜂。那些彳亍不前的，那些拖拖拉拉地停在灌木丛旁边的，全都不算。另外，我试图尽可能地计算出回窝所需要的时间。要做这样的实验，就得有大量的石蜂，羸弱的和瘸腿的都得扔掉，而这些可能相当多。要收集这么多的实验品，光找高墙石蜂是不行的。高墙石蜂不多见，而且我不想打扰这个小部落，因为我要在埃格河边用它来进行别的实验。幸运的是，在我家草料棚顶的飞檐下，有一个非常好的西西里石蜂窝，石蜂正在热火朝天地筑巢。那里居民人口众多，我想要多少就有多少。西西里石蜂个子小，比高墙石蜂小一半多；没关系，要是它们能够飞越四公里路后返回窝来，那么它们的功劳就更大了。我抓了40只石蜂，像通常一样，一只只分别放在纸袋里。

我把一架梯子靠在墙上好爬到窝那里去。这梯子是给我的女儿阿格拉艾用的，有了这梯子，她就可以观察第一只石蜂回窝的准确时间。烟囱上的挂钟和我的手表配合使用，来比较出发和到达的时刻。事情布置好后，我带着我的40个囚犯前往埃格河冲积地高墙石蜂劳动的地点。走这趟路有两个目的：观察雷沃米尔的高墙石蜂和释放西西里石蜂。因此，西西里石蜂返回的距离还是四公里。

我的囚犯终于被释放了，它们胸部中央事先全都点了一个大白点。用指尖一只只摆弄这40只暴躁的石蜂并不是没事找事干，它们会立即拔剑出鞘，挥动起有毒的螯针；而且常常是标记还没做好，手指已经被蜇了。我疼痛的手指不由自主地做出防卫的反应，我小心翼翼地去抓，不是怕损伤石蜂，而是怕自己的手指被蜇伤。我有时抓得重了些，没有顾及我的旅行者。进行实验以便有可能把真理的帷幕掀开一小角，真是美好而高尚的事情，可以使人们置许多危险于不顾；但是，如果在短短一段时间里，手指尖就被蜇了40下，也会令人受不了的。对于责备我大拇指用劲太大的人，我建议他也去试一试，那他自己就会知道这种不愉快的景况是什么滋味了。

总之，或者是由于运输过程中身体疲劳，或者是由于我的手指用力太大，结果损坏了石蜂的关节，40只石蜂中只剩下20只飞跃得快捷有力，其他的都在附近的草丛中游荡，不太能保持平衡。我把它们放在柳树上，它们就一直待在那里，即使我用麦秸去赶，它们也不打算飞走。这些羸弱不堪者，这些肩膀脱臼的残疾者，这些被我的手指弄得伤残者，都应该从名单上删除掉。从那里毫不犹豫地飞走的石蜂，只有20只左右，这已经足够了。

在刚出发时，石蜂飞行并没有明确的方向，并不像节腹泥蜂那样直接向它们的窝飞去。石蜂一得到自由，便有的朝这个方向，有的朝相反的方向，四处乱逃，仿佛十分惊慌。尽管它们飞得那么急，可是我认为还是可以看到，朝与窝相反的方向飞的石蜂迅速掉头回飞，大部分似乎是朝窝那个方向飞。不过石蜂飞到20米远就看不见了，对此我只好存疑。

直至此时，天气平静，实验进行得很顺利；可是现在麻烦来了。天气闷热，暴雨欲来，天昏地黑，狂风从南边，从我的石蜂们往它们的窝飞的方向刮来。它们能够顶着这股逆风往前飞吗？如果要这样做，它们就必须贴着地面飞行。石蜂现在正是这样飞的，而且还继续采着蜜。当它们高飞的时候，我可以清清楚楚地辨别地点；可是现在，我根本办不到了。于是我在埃格河畔试图再了解一些高墙石蜂的秘密之后，便带着对实验能否成功惴惴不安的心情返回奥朗日了。

我一回到家便看到阿格拉艾满面春风，她激动地说："两只，有两只是2点40分到的，肚皮下面还沾着花粉呢。"这时我的一个朋友来了，这是一位搞法律的严肃人物。他知道这件事后，把他的法典和贴了印花的文书都忘掉了，也想亲眼看看我的信鸽们的到达。此事的结果比有关调解共有的墙这样的官司更使他感兴趣。这时候烈日当空，围墙内热气蒸人好似火炉，他不戴帽子，靠灰色浓密的长头发来挡太阳，而且每隔五分钟，他就要爬上梯子。原先我是唯一坚守岗位的观察者，如今又有两双明亮的眼睛监视着石蜂的返回了。

我是在将近2点钟的时候放走石蜂的，而头一批是在2点40分回到窝里，可见它们飞四公里用大约三刻钟的时间就够了。这个结果很惊人，尤其是考虑到石蜂一路上还要采蜜，这从它肚子上沾着黄黄的花粉可以看得出来；而且，旅行者还要逆风飞行，就更是令人惊奇了。我亲眼看到另外三只回来，也都带着一路劳动的证明，身上装载着花粉。日近黄昏，无法继续观察了。事实上，当太阳落山时，石蜂便会离开窝，各奔西东，不知躲到何处，也许到屋顶的瓦片下面或者墙旮旯里去了。我只能在阳光普照时，才能知道其他的石蜂有没有回来。

第二天，当太阳召唤分散各处的工人回到窝里来时，我对胸部标着白点的石蜂重新进行登记。实验的成功远远超出了我的期待，我看到有15只，15只昨天被赶出窝的石蜂正在储备粮食或者筑窝，就好像什么异乎寻常的事都没有发生过似的。之后，山雨欲来风满楼，暴风雨很快来临，而且一连几天雨都下个不停，我无法继续观察。

即便如此，这个实验也足以说明问题。我放飞的石蜂中，有20只当时看来是可以长途旅行的，至少有15只回来了：两只立即回来，三只在傍晚，其余的在第二天早上。尽管逆风，尽管更严重的困难是，我把它们运往的地方对它们来说完全陌生，但它们还是回来了。我选来作为出发地的埃格河畔的柳林，对它们来说无疑是初次旅行，它们从没有离开这么远过。在我家草料棚顶的飞檐下筑窝和备粮，一切必需品都在手边，墙脚的小路提供灰浆，房屋四周开满鲜花的草地提供花蜜和花粉。它们十分节约时间，不会舍近求远到远离四公里的地方去寻找离窝几步路多得是的东西。何况我每天都看到它们从小路上取得建筑材料，在草地的花朵，特别是在草地植物上，采集花蜜和花粉。由此看来，它们远征的范围方圆不会超过100米。那么被我带到异地的这些昆虫是怎么回来的呢？是什么给它们指路呢？肯定不是记忆，而是一种特殊的能力。我们只能根据惊人的结果确认有这种能力，而别想加以解释，因为这种能力是我们的心理学解释不了的。

第二十二章 换窝

我继续进行关于高墙石蜂的实验。高墙石蜂的窝建在可以随意移动的卵石上，我们可以进行最有意思的实验。下面是第一个实验。

我把一个窝换个位置，把作为窝的支座的石头挪远两米。建筑物和地基结合在一起，搬家对于蜂窝没有造成任何的影响。蜂窝放在露天里，就像在自然的位置上一样，完全可以看得清清楚楚，石蜂采蜜归来一定会看得见的。

几分钟后，屋主来了，径直朝窝原先的地方飞去。它在已经空空如也的位置上方，无精打采地盘旋，进行观察，然后准确地落到原先放石头的地方。它在那里用脚执拗地长时间寻找，然后又飞起来，飞到远处，不过时间很短，它又回来，重新寻找，飞着寻，用脚找，但总是在窝原先所在的位置。它又一次气上心头，猛的一下飞过柳林；但一会儿它又回来了，始终在被移走的卵石所遗留的旧痕迹处，重新进行徒劳无功的寻觅。这一次次突然的飞走，迅速的返回，对空空如也的地方执着的检查，长时间，非常长时间地重复着，直至高墙石蜂确信它的窝已经不在那里为止。它肯定看到了那个被移动了的窝，因为它曾经从离窝几法寸的上方飞过，可是它毫不在意；对于它来说，这个窝并不是它的窝，而是另一只石蜂的家。

实验要结束了，石蜂对被移动位置，挪到二三米远处的卵石，甚至连简简单单地查看一下都没有，它飞走了再也没有回来。如果距离近一点，比方说一米，那么高墙石蜂迟早都会落脚在它的蜂窝上。它查看它前不久曾储备粮食或者正在建筑的蜂房，它多次把头伸进去。它一步一步地检查卵石的表面，在久久犹豫不决之后，它又到它的窝原来在的地方去寻找。不在老地方的窝被彻底放弃了，即使那窝离旧址相距只有一米。石蜂多次在那里驻足，可也没有用；它无法承认那窝是自己的。我在实验过了好几天之后，看到蜂窝仍然是我把它移动时的模样，我对此深信不疑了。已经储备了半窝蜜的蜂房一直敞开，听任蚂蚁把蜜掠夺走；正在建筑的蜂房一直没有完成，而没有再将建筑完成的尝试。事情清楚得很，石蜂可能回到这里来过，可它没有恢复工作，移动过的蜂窝被永远放弃了。

能够从遥远的地方重新找到窝的高墙石蜂，我不认为它能够找到距离一米的窝，对事实的解释根本不会导致这样的推论。我认为，结论可能是这样的：石蜂对窝的位置保留着经久不灭的印象。它带着难以摆脱的执着劲回到旧址，即使窝已经不在那里了。它对于窝本身只有十分笼统的概念，认不出它用自己的唾液加以揉捏并亲自砌筑的工程，认不出它亲自堆积起来的蜜浆。它徒劳地查看它的作品，它的蜂房；它把窝放弃了，不把它视为自己的，因为卵石已经不是放在原来的地方了。

我得承认，昆虫的记忆力是奇怪的记性，它对于地点具有清晰的了解，而对自己家的了解却如此有限。我倾向于称之为地形学本能，这种本能对当地的地图可以了如指掌，而对亲爱的窝——自己的房屋本身却一无所知。泥蜂已经让我们得出了这样的结论。面对置于露天下的窝，它们根本不管子女，不管那辗转在烈日炙烤下的幼虫。它们不认得幼虫，它们认得的，它们极其准确地寻找和找到的，是入口的位置，虽然门已经荡然无存，甚至连门槛都没有了。

除了卵石所在的位置外，高墙石蜂无法认出自己的窝，如果对此还有怀疑，那么看看下面的介绍就清楚了。我把旁边一只高墙石蜂的窝拿来代替这只高墙石蜂的窝，两者在砌造和储粮方面都尽可能一样。调换窝以及我还要说的事情，当然都是在业主不在的时候进行的。石蜂毫不犹豫地在新窝里安居下来，虽然蜂窝放在原址上但并不是自己的窝。如果高墙石蜂在筑窝，我就给它一个正在建造的蜂房，它便把已经进行的工程当作自己的作品，以同样的精心，同样的热情，在那上面继续砌造。如果它带着蜜和花粉来，我便给它提供一个已经有部分储粮的蜂房，它继续来来往往地奔走，蜜囊里装着蜜，肚子下面带着花粉，来把别人的仓库装满。

可见石蜂并没有怀疑窝被换了，它对自己的东西和别人的东西无法加以区别，它以为它正在为自己的蜂房工作。我让它占有别人的窝，过了一段时间后，我再把它的窝还给它。石蜂并不了解这一新的变化，它在被替换的窝里工作到什么程度，在还给它的窝里照样接着干。通过这样交替轮换，时而是别人的窝，时而是石蜂自己的窝，只不过窝的位置是相同的，我完全相信，石蜂不会辨别哪个是自己的作品，哪个不是。不管窝属不属于它，它都以同样的热情干活，只要建筑物的基座卵石一直处于最初的位置。

我可以利用相邻的两个工程进度大致相同的窝，把实验进行得更有意思些。我把这两个窝彼此对调，两者的距离几乎不到一肘[①]。两者离得那么近，石蜂可以同时看到这两个窝并进行选择，可是这两只石蜂到达时，立即各自停在被替换了的窝上，继续干起活来。不管把这两个窝调换多少次，我都会看到这两只石蜂总是守在它们所选择的位置上，轮番地时而为自己的窝，时而为别人的窝工作。

---

① 肘：法国古长度单位，从肘部到中指端，约半米长。——校注

人们可能会认为，产生这样的混淆是由于两个窝太相像了，因为在最初进行实验时，我根本没有料到这样的结果，而是唯恐石蜂不肯来，便选择了尽可能一样的两个窝来彼此替换。我这般小心，是因为我设想石蜂具有想象不到的洞察力。现在我拿了两个极不相像的窝，唯一的条件是，工人觉得这两个窝与它目前所进行的工作相符。第一个窝是老窝，圆顶上有八个洞，这是上一代的蜂房的洞口。这八个蜂房中有一个经过修复，石蜂在那里储存了粮食。第二个窝是新造的，没有泥浆圆屋顶，只有一个带石头保护层的蜂房。石蜂在这窝里同样忙着堆放蜜浆。这两个窝彼此间的区别实在太大：一个有八间空卧室，还有宽大的土屋顶；另一个只有一间卧室，完全裸露，而且粗糙得像一个橡栗。

好了，面对着这两个相隔几乎不到一米、彼此被调换过的窝，石蜂并没有犹豫很长时间。它们各自都来到自己住宅的位置。老窝的原主人在它的家里只找到一个蜂房。它迅速检查一下卵石，便毫不客气地，先是把头伸进别人的蜂房里，把蜜吐出来，然后肚子探进蜂房里，把花粉卸下来。然而，这并不是由于必须把一个沉重的负担尽快卸下来而不得已的行动，因为石蜂再度飞走，很快又带着新的收获回来，细心地把它存放起来。这种为别人的食品储存室提供粮食的行为，只要我愿意，便可以多次重复进行下去。另一只石蜂发现它的窝变成了有八间套间的宽敞的建筑物，开始时感到相当为难：这八间蜂房哪个好呢？已经开始堆放的蜜浆是在哪一间呢？于是石蜂一间间地视察卧室，一直探测到尽头，终于遇到了它寻找的东西，它最后一次远行时窝里所存在的东西，刚开始储存的粮食。从这时起，它就像它的邻居一样，继续把蜜和花粉运到不是它建造的仓库里去。

我们把这些窝放回原位，然后彼此再对调一下。这两个窝的差别太大，每只石蜂不免有所犹豫，但是在短暂的迟疑之后，各自先是在自己建造的蜂房里，然后交替着又在别人的蜂房里继续干活。最后卵产下来，蜂巢封闭起来了，当粮食储备足够时，它们并不在意这个窝究竟是谁的。石蜂能够如此准确地返回它的窝所在的位置，却不能区别它的窝和别人的窝，尽管彼此间的差别是这么大。这些事实能充分说明，我为什么不把这种能力称为记忆力的原因。

现在我从另一个心理学的角度，对高墙石蜂进行实验。这里是一只正在筑窝的高墙石蜂，它正在建造蜂房的第一层。我用一个不仅已经建造好而且几乎装满了蜜的蜂房来代替它，这蜂房是我刚刚从大概很快就要产卵的石蜂那里偷来的。看到我慷慨地赠送的礼品，使它不必辛辛苦苦地筑窝采蜜，高墙石蜂会有什么反应呢？大概会把灰浆扔掉，把蜜浆堆放好，产卵并把蜂房封闭起来吧。错了，大错特错了，我们的逻辑对于昆虫来说却是非逻辑的。昆虫服从本能的、无意识的驱动，它对于它该干什么不会进行选择，它不会区别什么是合适的，什么是不合适的；它顺着为实现目标而预定的道路走下去，无法有任何别的行动，就像顺着斜坡一直滑下去似的，我下面叙述的事实将提供充分的证明。

我把已经完全盖好并装满了蜜的蜂房给石蜂，可正在筑窝的这只石蜂并不因此而放弃灰浆。它正在从事砌造的工作，一旦站在这斜坡上，它受着无意识的推动，就必须砌造下去，即使它的工作是无用的，多余的，不符合它的利益的。我给它的蜂房已经完全盖好了，即使根据泥瓦匠师傅自己的意见也是如此，因为被我调换蜂房的那只石蜂，已经在里面完成了储蜜的工作。对这蜂房做修改，尤其是在上面增添东西，纯属多此一举，而且还很荒谬。可是，正在筑窝的石蜂仍然继续筑窝。它在蜂蜜仓库的洞口上放上第一块灰浆团，然后又砌一块，再添一块，以至堆得蜂窝比正常的高度多了三分之一。现在砌造工程完工了，当然，如果石蜂在换窝时又重打地基，那么这个工程相比之下当然没有那么大，可毕竟建造面积已足以说明，建筑者是服从本能的驱动。现在要储粮了，当然储存也少了些，否则，两只石蜂的采集物都放到一起，蜜就要溢出来了。由此可见，我把已经盖好并装了蜜的蜂房给开始筑窝的石蜂，丝毫没有改变它的工作程序。它先是砌造，然后储粮，只不过缩减了些，因为它的本能提醒它，蜂房的高度和蜜的数量开始显得不寻常了。

反过来所做的实验也一样有说服力。我把一个刚开始建造，还完全不能装蜜浆的蜂房，交给正在储粮的石蜂。这个蜂房的最后一层，建造者的唾液还没干；蜂房可以是跟别的含有卵和蜜并刚刚封起来的蜂房为邻，也可以不是。只装了一半蜜，仓库却被替换的石蜂，带着收获品来到被替换的蜂房前时，看到这个没有做好的小杯子一点也不深，没地方装食物，困惑得很。它检查这蜂房，用目光探测它的深度，用触角测量它的大小，终于承认它的容积不够大。它犹豫了许久，走开，回来，再飞走，立即又返回，急于要把身上带着的宝物卸下来。石蜂的困惑很明显。“把灰浆拿来吧，”我不禁自言自语道，“把灰浆拿来，把仓库盖好吧。只要一会儿工夫，你就有足够深的储藏库了。”石蜂却有不同的意见，它正在储粮，它无论如何必须储粮，它永远也不会放下花粉刷而拿起灰浆抹刀的，它永远也不会停住它目前全力以赴的收获而去从事造房工作，因为造房的时候还没来到。它宁愿去找一个符合要求但属于别人的蜂房，即使被突然来到的蜂房主人狂怒地赶跑。果然它走去冒险了。我祝愿它成功，正是由于我，它才做出这种绝望的行动。由于我的好奇心，一个正直的工人变成一个小偷了。

事情还可能变得更加严重，因为这种立即把收获物放到安全地方的愿望太强烈，太不可抑制。石蜂不满意那个未完成的蜂房，被用来代替它自己已经造好并装了部分蜜的仓库；我前面说过，这蜂房有时会跟别的里面装着卵和蜜浆、刚刚封闭起来的蜂房在一起。在这种情况下，我曾经看到过这样的事，虽然并不经常发生。石蜂看到未完工的蜂房不够用，便去咬盖旁边一个蜂房的土盖子。它用自己的唾液把灰浆盖子的一处泡软，十分耐心地在坚硬的墙壁上一点一点地挖掘。工程进展得十分缓慢，半个小时过去了，挖出来的小孔还没有大头针头大。我继续等候，然后我不耐烦了；而且我相信石蜂的企图是打开这个仓库，便决心帮它一把，以加快进度。我用刀尖把盖子撬开，蜂房顶也连着盖子被撬掉了，蜂房边上缺了一个大口。我笨手笨脚地使精美的花瓶成了缺口的烂罐子。

我判断得很对，石蜂的企图就是把门撞开。果然它现在不要操心挖洞了，它立即在我替它打开的蜂房里安居下来。它多次把蜜和花粉送来，虽然里面的粮食已经很满了。最后，它在这个已经装有一个不是它的卵的蜂房里产下了自己的卵，然后它尽可能地把有缺口的洞封好。我使这只储备粮食的石蜂无法继续它的工作，可它面对这不可能发生的事却毫无所知，它既不能止步不前，又不肯去把那个替代品，那个未完工的蜂房造好。对于自己正在做的步骤，它坚持要干下去，而不管有什么障碍。它把它的工作进行到底，不过却采取了最荒谬的办法。它撬门凿墙进入他人的家，在已经要满的仓库里继续储备粮食，在真正的业主已经产了卵的蜂房里产下卵，最后把大缺口，把蜂房上面的那个大洞封起来。在这个不可抗拒的斜坡上，昆虫如此唯命是从，这难道不正是我们所需要的证据吗？

昆虫的某些快速而连续的行为，彼此联系得如此紧密，以至于要做第二个行动就必须事先做第一个行动，即使第一个行动已经没有作用了。我已经叙述过，在黄足飞蝗泥蜂运来了蟋蟀之后，我恶作剧地立即把蟋蟀拿走，可黄足飞蝗泥蜂仍然十分固执地要独自下到地穴里去。它一而再，再而三地遇到沮丧的事情，并没有使它放弃预先查看住宅，虽然这动作已经重复了十次、二十次，已经完全没必要。高墙石蜂以另一种形式再现了类似的重复，重复一个无用的但对下一个行动是必不可少的前奏。

高墙石蜂带着收获物返回时，会进行两次储藏行动：首先，它把头先伸进蜂房以便把蜜囊中的蜜吐出来，然后，它出去，接着立即后退着回来，以便把腹部装回来的花粉刷下来。就在石蜂即将再进入蜂房时，我用麦秸把它拨开，这样它的第二个行动就干不成了。石蜂重新开始全套动作，头先伸进蜂房里，虽然它的蜜囊刚刚掏空，已经没有东西吐得出来了。这个动作做完后，轮到肚子进去，这时，我再一次把它拨开。石蜂又再次重复这个动作，总是头先进去；我再次用麦秸把它拨开。这一切，观察者想进行多少次都行。当石蜂就要把肚子伸进蜂房时把它拨开，它就来到洞口而且坚持要头先下到家里去。有时头全都进去了，有时只进入一半，有时只做做样子，头在洞口弯一弯；不管是不是全进去，这个行动已经没有必要了，可它在后退入窝卸下花粉之前，却千篇一律地必须有这个行动。这几乎是一种机械的运动，机器的齿轮只有当控制齿轮的轮子开始转动时才运转起来。

附录

我认为如下的膜翅目昆虫在动物志里是新的种类。下面是对这些昆虫的描述：

安多尼娅节腹泥蜂

长16～18毫米。黑色，斑点密集，色深。额突翘起如鼻，即有突出的隆起，底宽顶尖，好像半个沿中轴垂直切下的锥体。触角之间的脊突凸出。脊突之上有一根线条，面颊上和在每只眼睛后面有一个大点，均为黄色。额突黄色，尖端黑色。大颚铁黄色，末端黑色。触角的前四至五节铁黄色，其余为棕色。

在前胸、翅膀的鳞片和后盾片上有两个点，黄色。腹部的第一节有两个点状斑。随后的四节在后部的边沿上有一条黄色的带明显地折成三角形，有的甚至中断，靠前的体节更是如此。

身体下部黑色。所有的足呈铁黄色。翅膀末端颜色略深。雌性。

我没见到雄性。

这种节腹泥蜂与大唇节腹泥蜂颜色相近，差别在于额突的形状有所不同和它的个子大些。7月在阿维尼翁城郊观察到。我把这个种类献给我的女儿安多尼娅，她在我的昆虫学研究中经常给予我宝贵的帮助。

朱尔节腹泥蜂

长7～9毫米。黑点密集，色深。额突平整。面部覆盖一层银色细绒毛。眼睛内眶有一条黄色窄带。大颚黄色，末端棕色。触角上部黑色，下部淡橙黄色；足的基节黄色。

前胸、翅膀的鳞片和后盾片上有两个明显的小点，黄色。腹部第三节有一条黄色的带，另一条在第五节；这两条带前部边沿深深下折，第一条折成半圆形，第二条呈三角形。

身体的腹面黑色，腹部端部黑色，后腿黑色，前面的两对腿基部黑色，胫节和跗节黄色。翅膀略呈黑色。雌性。

变体：1. 前胸无黄点；2. 腹部第二节有两个小黄点；3. 眼睛内眶的黄带宽些；4. 额突前面镶着黄边。

我未见到雄性。

这种节腹泥蜂是我们地区最小的，用最小的豆象和梨象来喂养幼虫。在卡班特拉郊区观察到，这种节腹泥蜂在9月，在俗称为花绀青的嫩陶土中筑窝。

朱尔泥蜂

长18～20毫米。黑色，头部、胸部和腹部第一节有淡白色的毛。上唇长，黄色。额突呈驴背状，形成三面体的角，前边那一面黄色，其他两面各有一个大长方形黑点，与旁边那一面相接，两者形成一个橡子；两个黑点和两颊都盖着一层银色细绒毛。面颊和触角之间的中线为黄色。眼睛后部边沿有长长的黄线。大颚黄色，末端棕色。黄色触角的柄节和梗节一面黄色，一面黑色；鞭节为黑色。前胸黑色，前胸的侧板和背板黄色。中胸黑色，那个起茧的点和中足基部、中胸各侧的小点为黄色。后胸黑色，后部的两个点，以及在后腿基部、后胸两侧一个大些的点为黄色。有时后部的那两个点没有。

腹部的背板黑得发亮；除了第一节的边沿有淡白色的毛，其余体节没有毛；所有体节都有波纹状的横带，边上的比中间的宽些，越到后面的体节，就越接近后部边沿。在第五节上，黄带和后部边沿碰到一起。肛门体节黄色，腹面黑色，在整个背部有铁红棕色结节，着生纤毛。在第五节的后部边沿上也有一排同样长着纤毛的结节。腹部的腹面黑得发亮；中间四个体节的每一边有一个三角形的黄点。

腹部端部黑色，后腿基节前部黄色，后部黑色；胫节和跗节黄色。翅膀透明。

雄性。额突上呈椽子状的黑点窄一些，或者完全消失；面部为黄色。腹部的那些带子的黄色非常淡，几乎成了白色。第六体节像前面的体节一样有一条带，但较短而且往往短到只有两截。第二体节的下部有一个纵向的流线体，向后翘起呈回旋状。肛门体节有一个相当厚的有棱角的隆起物。其余部分与雌性同。

这种膜翅目昆虫的体形大小和黑黄颜色的分布情形与铁色泥蜂十分接近，它与后者的不同在于额突为三面体的角，后者的额突则是圆凸状。另外，这种泥蜂在腹面有一条像椽子似的宽黑带，带子由两个彼此相接的长方形的黑点构成，上有银色绒毛，在光线照耀下非常亮。肛门体节有隆起和红棕色的毛；第五体节的后部边沿也是如此；大颚只是在末端有黑点，铁色泥蜂则是全黑的。两者的习性也大不相同。铁色泥蜂主要捕猎牛虻；朱尔泥蜂从不以双翅目昆虫为猎物，而捕捉各式各样个子小的虫子。

这种泥蜂在安格尔的沙地上、在阿维尼翁郊区和奥朗日的丘陵上常可见到。

朱尔砂泥蜂

长16～22毫米。腹部的结节由第一节和第二节的一半构成。第三个尺骨向基部收缩。头黑色，面颊上有银色绒毛。触角黑色。胸部黑色，三个胸节有横条纹，前胸和中胸条纹明显些。前胸侧面有两个黑点，中胸两侧后部有一个黑点，黑点上有银色绒毛。腹部无毛，发亮。第一节黑色。第二节在缩成结节的部分和宽大的部分为红色。第三节为红色。其他各节呈漂亮的金属湛蓝色。足黑色，腹部端部有银色绒毛。翅膀略带淡红色。于10月筑窝，每个蜂房中储备两只不大的幼虫。

身材大小接近柔丝砂泥蜂，不同处在于足的颜色完全是黑色，头和胸部的毛没有那么多，胸部的三个体节有横条纹。

我想用我儿子的名字朱尔来命名这三种膜翅目昆虫，我把这些昆虫献给他。

亲爱的孩子，我很高兴看到你这么小就热爱花草和昆虫，你是我的合作者，你明察的目光能够发现一切；我要为你写这本书，书里的故事将使你高兴无比；而你本应该把这本书继续下去的。唉，你才看到这本书的头几行，就已经到天堂去了！但愿你的名字会在这本书中出现，因为你如此热爱的灵巧而美丽的膜翅目昆虫，它们就是以你的名字命名的。

法布尔

1879年4月3日于奥朗日

给我的儿子朱尔[1]

亲爱的孩子，非常热爱昆虫的合作者，对植物具有敏锐的观察力的助手，我是为了你才开始写这本书的；为了纪念你，我怀着丧子的悲伤写这本书，我将继续写下去。啊！死亡把盛开的鲜花掐掉是多么可恶啊！你的母亲和你的姐妹把花圈放在你的墓上，这些花朵是在曾经让你得到莫大乐趣的田间花圃里采撷的。我把这本书放在这些被阳光照枯的鲜花上。我希望这本书会取得硕果。在我看来，这也就是继续我们共同进行的研究，因为我坚定不移地深信，你会在冥间苏醒，使我增添力量。

法布尔

对于所有关心昆虫的人来说，灵巧的昆虫在劳动中表现出精妙的技能，展示出既奇怪又异常重要的场面，大自然所提供的本能被发挥得如此淋漓尽致的例子，会令具有理智的人类惊讶不已。当我们耐心细致地观察具有高超本能的昆虫，观察它们生命的各个细节时，我们的思想就会感到更加困惑。

布朗夏尔

① 朱尔：法布尔最宠爱的儿子，天资聪颖，才华横溢，是得力的研究助手，1878年《昆虫记》第一卷完成的那一年不幸病逝，令法布尔悲痛欲绝。事隔多年，法布尔忆起朱尔，悲恸仍然充盈他的心。——校注